Kyra Sänger, Christian Sänger

SONY α6300
DAS HANDBUCH ZUR KAMERA

Impressum

Wir hoffen, dass Sie Freude an diesem Buch haben und sich Ihre Erwartungen erfüllen. Ihre Anregungen und Kommentare sind uns jederzeit willkommen. Bitte bewerten Sie doch das Buch auf unserer Website unter **www.rheinwerk-verlag.de/feedback**.

An diesem Buch haben viele mitgewirkt, insbesondere:

Lektorat Lars Wolf, Alexandra Bachran, Franziska Schaller
Korrektorat Marita Böhm, München
Herstellung Kamelia Brendel
Einbandgestaltung Silke Braun
Coverfotos iStock: 70410009©Robert Ingelhart; Sony; Kyra und Christian Sänger
Typografie und Layout Vera Brauner
Satz Hanno Elbert, rheinsatz, Köln
Druck Firmengruppe Appl, Wemding

Dieses Buch wurde gesetzt aus der The Sans (10 pt/15 pt) in Adobe InDesign CS6.
Gedruckt wurde es auf matt gestrichenem Bilderdruckpapier (115 g/m^2).
Hergestellt in Deutschland.

Das vorliegende Werk ist in all seinen Teilen urheberrechtlich geschützt. Alle Rechte vorbehalten, insbesondere das Recht der Übersetzung, des Vortrags, der Reproduktion, der Vervielfältigung auf fotomechanischem oder anderen Wegen und der Speicherung in elektronischen Medien.

Ungeachtet der Sorgfalt, die auf die Erstellung von Text, Abbildungen und Programmen verwendet wurde, können weder Verlag noch Autor, Herausgeber oder Übersetzer für mögliche Fehler und deren Folgen eine juristische Verantwortung oder irgendeine Haftung übernehmen.

Die in diesem Werk wiedergegebenen Gebrauchsnamen, Handelsnamen, Warenbezeichnungen usw. können auch ohne besondere Kennzeichnung Marken sein und als solche den gesetzlichen Bestimmungen unterliegen.

Bibliografische Information der Deutschen Nationalbibliothek:
Die Deutsche Nationalbibliothek verzeichnet diese Publikation in der Deutschen Nationalbibliografie; detaillierte bibliografische Daten sind im Internet über http://dnb.d-nb.de abrufbar.

ISBN 978-3-8362-4346-9

1. Auflage 2016; 2. Nachdruck 2019
© Rheinwerk Verlag, Bonn 2016

Informationen zu unserem Verlag und Kontaktmöglichkeiten finden Sie auf unserer Verlagswebsite **www.rheinwerk-verlag.de**. Dort können Sie sich auch umfassend über unser aktuelles Programm informieren und unsere Bücher und E-Books bestellen.

Liebe Leserin, lieber Leser,

darf ich Ihnen etwas verraten? Ihre »kleine« α6300 von Sony ist in Wahrheit eine ganz Große! Davon hat sie mich bereits nach ein paar wenigen Testaufnahmen überzeugt. Und dank des kompakten Designs haben Sie nun auch keine Ausrede mehr, Ihre Kamera nicht immer dabei zu haben! Die beeindruckenden Funktionen, die Sony der α6300 gegönnt hat, werden Sie mit Sicherheit schnell überzeugen. Ein Wermutstropfen ist allerdings das etwas verworrene Einstellungsmenü, in dem Sie das Auffinden einer bestimmten Funktion manches Mal sprichwörtlich an die Suche nach der Stecknadel im Heuhaufen erinnern mag.

Damit Ihnen das genau nicht passiert und Sie Ihre neue Kamera immer sicher im Griff haben, haben die passionierten Fotografen Kyra Sänger und Christian Sänger dieses Buch für Sie geschrieben. Sie zeigen Ihnen Schritt für Schritt, wie Ihnen mit der α6300 tolle Bilder gelingen. Landschaft, Nachtaufnahmen, Makro- und Architekturfotos – die ganze Welt steht Ihnen fotografisch offen, und in diesem Buch lesen Sie, mit welchen Techniken Sie sie gekonnt einfangen. Nehmen Sie Ihre α6300 in die Hand, und probieren Sie das Gezeigte am besten gleich aus. Beherrschen Sie erst einmal alle Funktionen Ihrer neuen Kamera, können Sie sich auf Ihrer nächsten Fototour voll auf Ihre Motive konzentrieren.

Dieses Buch wurde mit großer Sorgfalt geschrieben und hergestellt. Sollten Sie dennoch Fehler oder Unstimmigkeiten entdecken, so freue ich mich, wenn Sie mir schreiben – ebenso, wenn Sie allgemeine Anregungen, Lob oder Kritik loswerden möchten. Aber jetzt wünsche ich Ihnen erst einmal viel Erfolg und vor allem viel Spaß beim Fotografieren mit Ihrer α6300!

Ihre Franziska Schaller
Lektorat Rheinwerk Fotografie

franziska.schaller@rheinwerk-verlag.de
www.rheinwerk-verlag.de
Rheinwerk Verlag · Rheinwerkallee 4 · 53227 Bonn

Inhaltsverzeichnis

Vorwort 13

1 Die Sony α6300 im Überblick 15

Die Bedienelemente in der Übersicht 16

Bildkontrolle über Sucher und Monitor 21
Informationsanzeigen von Sucher und Monitor 22
LCD-Anzeige im Wiedergabemodus 24

EXKURS: Besondere Eigenschaften der Sony α6300 26

2 Die Sony α6300 optimal einstellen 29

Das Bedienkonzept der α6300 30
Bedienelemente für den direkten Zugriff 30
Schnelleinstellungen über das Quick-Navi-Menü 31
Detaillierte und umfangreiche Bedienung über das Kameramenü 33

Die Kamerabedienung individuell anpassen 34

Das Quick-Navi-Menü umgestalten 35

Qualität, Bildgröße und Seitenverhältnis 37
Die Wahl der Bildqualität 37
Die Bildgrößen der α6300 38
Qualitäten und Bildgrößen in der Übersicht 39
Bilder im Seitenverhältnis 16:9 39

EXKURS: Datenbankdatei, Ordnersystem und Formatieren 41

3 Richtig belichten mit der Sony α6300 43

Verwacklungen vermeiden ohne und mit Bildstabilisator 44

Die Schärfentiefe stets im Blick 47

Bildqualität und Sensorempfindlichkeit	48
ISO-Wert und ISO-Automatik situationsbezogen einstellen	49
Verwacklungsfrei fotografieren mit Mindestverschlusszeit	50
Das Bildrauschen unterdrücken	51
Rauschminderung bei Langzeitbelichtung	55
Motivabhängige Belichtungsmessung	55
Multi, das Allround-Talent	56
Präzisionsarbeit mit der Spotmessung	57
Mittenbetonte Messung	59
Die Belichtung mit dem Histogramm kontrollieren	60
Belichtungswarnung bei über- und unterbelichteten Bildern	61
Bildanalyse mit dem Farbhistogramm	62
Die Bildhelligkeit anpassen	63
Typische Situationen für Belichtungskorrekturen	63
Die Lichtwertstufen	65
EXKURS: Belichtungskontrolle mit dem Zebra	66
Das Zebra als Überbelichtungswarnung	66
Zebra-Belichtungskontrolle bei kontrastarmen Motiven	66
Individuelle Zebra-Werte speichern	67

4   Wege zur perfekten Schärfe   69

Wie die Schärfeebene das Bild beeinflusst	70
Automatisch scharfstellen	71
Mit dem Fokusmodus zur perfekten Schärfe	72
Die Scharfstellung mit dem Fokusfeld lenken	72
Statische Motive zuverlässig scharfstellen	75
Gezielt fokussieren mit Flexible Spot	76
Schärfekontrolle mit der Fokusvergrößerung	77
Die Schärfe zwischenspeichern	78
AF-Hilfslicht als Fokushilfe bei wenig Licht	79
Beschleunigt der Vor-Autofokus die Scharfstellung?	79

Gesichter im Fokus	80
Gesichter registrieren und priorisiert fokussieren	81
Mit dem Augen-AF noch gezielter scharfstellen	83
Schöne Selbstauslöser-Fotos ohne oder mit Lächelerkennung	83
Actionmotive im Fokus halten	86
AF-Verriegelung: den Fokus mit dem Motiv mitführen lassen	87
Motivverfolgung mit der Mittel-AF-Verriegelung	90
Die Kunst des manuellen Fokussierens	91
Per Hand scharfstellen mit dem Fokusmodus Manuellfokus	92
MF-Unterstützung durch Fokusvergrößerung	93
Fokushilfe anhand farblich abgesetzter Schärfekanten	94
Direkte manuelle Fokussierung (DMF)	95
EXKURS: Wie die α6300 die Schärfe ermittelt	96

5   Das richtige Programm für jedes Motiv — 99

Sofort startklar mit der Vollautomatik	100
Die SCN-Programme im Einsatz	101
Porträt	102
Sportaktion	102
Landschaft	102
Handgeh. bei Dämm.	103
Sonnenuntergang	103
Nachtszene	104
Nachtaufnahme	104
Anti-Beweg.-Unsch.	104
Makro	105
Mehr Spielraum mit P, A, S und M	106
Spontan reagieren mit der Programmautomatik (P)	106
Mit der Blendenpriorität (A) die Schärfentiefe lenken	108
Mit der Zeitpriorität (S) zum kreativen Schärfeeffekt	110
Schwierige Situationen mit der Manuellen Belichtung (M) meistern	111
Eigene Programme entwerfen	113

EXKURS: Bilder betrachten, schützen und löschen 116
Wiedergabezoom 116
Übersicht im Bildindex 116
Schutz vor versehentlichem Löschen 117
Löschfunktionen 117

6   Schöne Farben und reines Weiß 119

Mit dem Weißabgleich die Farben steuern 120
Situationen für den automatischen Weißabgleich 121
Wie sich die Weißabgleichvorgaben auf das Bild auswirken 122
Weißabgleichanpassungen vornehmen 125

Situationen für den benutzerdefinierten Weißabgleich 126

Kreativmodi für besondere Farbeffekte 128

Individuelle Fotos mit Bildeffekten gestalten 131

EXKURS: Welcher Farbraum für welche Aufgabe? 134

7   Kreativ blitzen mit der Sony α6300 137

Der integrierte Kamerablitz der α6300 138

Blitzlicht automatisch hinzusteuern 139

Die Blitzmodi in der Übersicht 140

Kreativ blitzen in den Aufnahmemodi A, S und M 143
Blitzen mit unterschiedlicher Schärfentiefe im Modus A 143
Kreative Wischeffekte mit der Zeitpriorität (S) plus Blitz 144
Modus M: flexible Steuerung der Hintergrundhelligkeit 145

Das Blitzlicht fein dosieren 147
Unabhängige Steuerung von Umlicht und Blitz 148
Wenn es sehr hell ist: HSS aktivieren 150

Indirekt blitzen für weiche Schattenverläufe 151

Drahtlos blitzen leicht gemacht	152
Option A: einfacher Drahtlosblitz	153
Option B: Master plus Servo-Blitz	153
Option C: Master-Remote mit Verhältnissteuerung	154
Bessere Lichtqualität mit dem Drahtlosblitz und einer Softbox	155
Systemblitzgeräte für die Sony α6300	158
EXKURS: Die Blitzsteuerung der α6300 im Detail	161

8 Objektiv & Co.: das richtige Zubehör für die Sony α6300   163

Die α6300 mit einem Wechselobjektiv ausstatten	164
Praktische Tipps zur Objektivwahl	164
Der Sony-Objektiv-Code	166
Verbindendes Element, das E-Bajonett	167
Ultraweitwinkel für Landschaft und Architektur	168
Normalzoomobjektive, die vielseitigen Allrounder	169
Objektive für Porträt und Reportage	170
Objektive für Makro und Porträt	171
Objektive für Sport- und Tieraufnahmen	173
Superzoomobjektive für die Reise	174
Die Möglichkeiten mit Adaptern erweitern	175
Den Autofokus adaptierter Objektive exakt anpassen	176
Adapter für Objektive anderer Hersteller	178
Akku und mobiles Laden	180
Speicherkarten für die α6300	180
Das richtige Stativ für jede Situation	181
Bessere Bilder mit der Fernbedienung	184
Sinnvolle Objektivfilter	185
WLAN-Verbindung mit Smartgerät, Internet und Computer	187
Bilder auf das Smartgerät übertragen und teilen	187
Die NFC-Schnellverbindung nutzen	190

Die α6300 direkt mit dem Internet verbinden	191
Bilder per WLAN auf den Computer übertragen	192
Den Funktionsumfang mit Apps erweitern	**193**
Wie kommt die App auf die α6300?	194
Objektiv-, Kamera- und Sensorreinigung	**195**
Behutsame Reinigung der Objektivlinsen	196
Die behutsame Reinigung des Sensors	196
EXKURS: Firmware-Updates durchführen	**199**

9 Bilder gestalten und Motive gekonnt in Szene setzen ... 203

Grundlagen einer gelungenen Bildästhetik	**204**
Den Horizont gerade ausrichten	204
Die Drittel-Regel und Bilddiagonalen als Gestaltungshilfe	205
Porträts und Gruppen vor der Kamera	**207**
Die richtigen Grundeinstellungen für Porträts und Gruppenbilder	207
Bildaufbau für Schulterporträts	209
Den Bildausschnitt automatisch bestimmen lassen	210
Was tun bei starkem Sonnenschein?	211
Hautweichzeichnung mit dem Soft Skin-Effekt	212
Unterwegs in Stadt und Land	**213**
Stürzende Linien vermeiden	213
Grauverlaufsfilter	215
Den Mond im Visier	218
Nah- und Makrofotografie	**220**
Die α6300 für Makroaufnahmen vorbereiten	220
Die Rolle des Abbildungsmaßstabs	221
Manueller Fokus bevorzugt	222
Makroaufnahmen aus der freien Hand	222
EXKURS: Feuerwerk fotografieren	**224**

10 Fototipps für Fortgeschrittene … 227

Hohe Kontraste? Dank DRO kein Problem! … 228
Kontraste verbessern mit der Dynamikbereichoptimierung DRO … 228
Kontraste mit der automatischen DRO-Reihe managen … 230

Kontrastmanagement mittels HDR … 231
Mit Auto HDR unkompliziert zum Ergebnis … 232
Wege zu professionellen HDR-Ergebnissen … 233

Beeindruckende Panoramen erstellen … 235

Tipps für tolle Actionfotos … 239
Bewegungen einfrieren – mit perfekter Schärfe … 240
Ein wenig Bewegungsunschärfe zulassen … 241
Serienaufnahmen anfertigen … 242
Die Kamera mit dem Motiv mitziehen … 244

EXKURS: Bildvergrößerung mit dem Digitalzoom … 246

11 Digitale Dunkelkammer: Bilder nachbearbeiten … 249

Die Sony-Software im Überblick … 250

Bildübertragung auf den PC … 250

RAW-Entwicklung mit dem Imaging Edge Edit … 253
Imaging Edge Edit in der Übersicht … 253
Helligkeit und Kontrast optimieren … 255
Den Weißabgleich richtig einstellen … 256
Bilder mit einer Kontrast- und Dynamikbereichoptimierung
  auffrischen … 257
Die Bildschärfe optimieren … 258
Was die Rauschunterdrückung leistet … 260
Bildspeicherung in einem verlustfreien Format … 261

EXKURS: Programmalternativen … 262

12 Einfach filmen mit der Sony α6300 — 265

Filmaufnahmen realisieren — 266

Mehr Einfluss auf die Videogestaltung — 268

Filme optimal scharfstellen — 272
Filmen mit manueller Schärfeführung — 273
Hilfsmittel für eine ruhige Kameraführung — 274

Empfehlungen zu den Videoformaten — 275
Welches Aufnahmeformat für welchen Zweck? — 279
Welche Bildrate ist die beste? — 281
Filmaufnahmezeiten und Überhitzungsprobleme — 282
Einfluss des Videosystems — 282

Spannende Zeitlupenvideos drehen — 283

Der gute Ton — 285
Den Ton selbst steuern — 286
Unabhängige Mikrofone und XLA-Mikrofone — 287

EXKURS: Fotoprofile situationsbedingt einsetzen — 289
Individuelle Profile erstellen — 291

Die Menüs im Überblick — 293

Das Menü Kameraeinstellung 🗀 — 294

Das Menü Benutzereinstellung ⚙ — 301

Das Menü Drahtlos 📶 — 307

Das Menü Applikation ▦ — 308

Das Menü Wiedergabe ▶ — 309

Das Menü Einstellung 🧰 — 310

Glossar — 316
Stichwortverzeichnis — 324

Abbildung 1 >
Dank der Sensordynamik und der flexiblen Bedienung der α6300 lassen sich die Aufnahmeeinstellungen schnell und optimal an Ihre Motive anpassen.

Vorwort

Zwei Jahre nachdem die α6000 im Segment der spiegellosen APS-C-Systemkameras für Furore gesorgt hat, schickt Sony nun die α6300 ins Rennen, mit nichts weniger als dem Anspruch, die schnellste Systemkamera der Welt zu sein. Also haben wir uns die elegante Schwarze gleich besorgt und uns durch Stadt und Land fotografiert, um zu sehen, ob in dem schlanken Gehäuse tatsächlich drinsteckt, was Sony in der Werbung so verspricht.

Zuerst einmal hat uns leicht enttäuscht, was nicht drinsteckt, nämlich der wirklich nützliche Bildstabilisator, den wir seinerzeit in der α7 II außerordentlich zu schätzen gelernt haben. Aber in den wirklich sehr kompakten Body passte der wohl schlichtweg nicht hinein. Schade, aber verschmerzbar.

Die beiden bemerkenswertesten Eigenschaften der α6300 sind in unseren Augen der schnelle und präzise Autofokus und die modernen und umfangreichen Videofunktionen, die mit 4K eine klasse Filmqualität bieten. Überhaupt ist das Thema Geschwindigkeit von Sony sehr gut umgesetzt worden. Die Serienbildgeschwindigkeit ist überzeugend, der Autofokus bei vernünftigen Lichtbedingungen sehr flink, und selbst die AF-Steuerung wurde so optimiert, dass alles ein bisschen schneller von der Hand läuft. Lediglich bei schlechten Lichtverhältnissen tritt das alte Kontrastautofokusleiden noch auf, da ist eine DSLR- oder SLT-Kamera der α6300 weiterhin einen Schritt voraus. Alles in allem hat uns Sonys handliches Kraftpaket aber voll überzeugt. Chapeau!

Nun ist es an Ihnen, liebe Leserin, lieber Leser, mit der geballten Leistungsfähigkeit und den technischen Optionen der α6300 einfache wie auch anspruchsvolle fotografische Situationen gekonnt zu meistern und Ihre fotografischen Vorstellungen kreativ umzusetzen. Dabei möchten wir Ihnen mit den folgenden 340 Seiten zur Seite stehen und hoffen, dass dieses Buch ein wertvoller Begleiter bei all Ihren fotografischen Abenteuern sein wird. Wir wünschen Ihnen dabei jede Menge Vergnügen und allzeit gut Licht.

Zu guter Letzt möchten wir es nicht versäumen, uns bei unserem Lektor Lars Wolf ganz herzlich zu bedanken, dessen ausgezeichnete Betreuung maßgeblich zum Gelingen dieses Buches beitrug.

Herzlichst
Ihre Kyra & Christian Sänger
www.saenger-photography.com

Kapitel 1
Die Sony α6300 im Überblick

Die Bedienelemente in der Übersicht	16
Bildkontrolle über Sucher und Monitor	21
EXKURS: Besondere Eigenschaften der Sony α6300	26

Die Bedienelemente in der Übersicht

Die Sony α6300 ist ausgepackt, der Akku wurde geladen, und eine Speicherkarte ist ebenfalls eingelegt. Jetzt kann es eigentlich sofort losgehen mit dem Fotografieren. Wenn Sie zuvor jedoch noch keine spiegellose α-Kamera besessen haben, ist an dieser Stelle zu empfehlen, sich die wichtigsten Bedienelemente für die Einstellung der Kamerafunktionen kurz zu Gemüte zu führen. Zunächst einmal vermitteln die Übersichtsbilder die wichtigsten Begriffe rund um die Bedienelemente der α6300. Anschließend stellen wir die Hauptsteuerungen genauer vor. Was hinter den vielfältigen Funktionen steckt, wird im Laufe dieses Buches an geeigneter Stelle noch ausführlich besprochen.

Abbildung 1.1 >
Die Sony α6300 frontal ohne Objektiv

❶ **Auslöser**: halb herunterdrücken zum Fokussieren, ganz durchdrücken für die Bildaufnahme
❷ **ON/OFF-Schalter**: schaltet die Kamera ein oder aus
❸ **AF-Hilfslicht**: leuchtet in dunkler Umgebung kurz auf, um den Autofokus zu unterstützen, alternativ als *Selbstauslöserlampe*, um die verstreichende Vorlaufzeit zu verdeutlichen
❹ **Mikrofon (Stereo)**: für vertonte Filmaufnahmen
❺ **Ansetzindex**: für die Anbringung des Objektivs
❻ **Bildsensor**: enthält 24,2 Millionen lichtempfindliche Fotodioden zur Bildaufnahme im Seitenverhältnis 3:2
❼ **Objektivkontakte**: zur Kommunikation zwischen Kamerabody und Objektiv

❽ **Objektiventriegelungsknopf**: zum Abnehmen des Objektivs
❾ **Wi-Fi-Antenne**: für die kabellose Verbindung zum Internet oder die Datenübertragung zwischen der α6300 und einem Mobilgerät
❿ **Fernbedienungssensor**: für die infrarotgesteuerte Fernsteuerung mit Hilfe eines optionalen Fernauslösers

< Abbildung 1.2
α6300 mit dem Objektiv Sony E PZ 16–50 mm F3,5–5,6 OSS

❶ **Zoomhebel**: zum Einstellen der Brennweite über die elektronische Powerzoom-Steuerung
❷ **Zoom-/Fokussierring**: für die manuelle Einstellung der Brennweite und die manuelle Scharfstellung
❸ **C1-Taste**: belegt mit der Funktion **Fokusmodus** (**Einzelbild-AF** (**AF-S**), **Nachführ-AF** (**AF-C**), **Direkt. Manuelf.** (**DMF**) oder **Manuellfokus** (**MF**)), kann aber individuell mit einer anderen Funktion verknüpft werden
❹ **Drehregler** 🎛: dient der schnellen Auswahl von Aufnahmeparametern, zum Beispiel der Blende in den Modi **A** und **M**
❺ **Moduswahlrad**: zum Einstellen des Foto- oder Filmaufnahmeprogramms
❻ **Integrierter Blitz**: wird mit der Blitztaste auf der Kamerarückseite aus dem Gehäuse geklappt und durch sanften Druck von oben wieder im Gehäuse versenkt
❼ **Multi-Interface-Schuh** (mit eingeschobener Schutzkappe): dient zum Anschließen von Zubehörteilen wie Blitzgeräten, Funkauslösern oder externen Mikrofonen
❽ **Bildsensor-Positionsmarke** ⊖: verdeutlicht die Lage der Sensorebene

Abbildung 1.3 ›
Rückansicht der Sony α6300

❶ **Monitor**: Breitbild-TFT mit 7,5 cm Diagonale (Typ 3,0) und 921 600 Bildpunkten, kann um 90 Grad nach oben und um 45 Grad nach unten geneigt werden

❷ **Elektronischer Sucher**: zeigt das Motiv, das durch das Objektiv auf den Sensor projiziert wird, sowie zusätzliche Aufnahmeinformationen in Echtzeit und mit einer Auflösung von 2 359 296 Bildpunkten an

❸ **Augensensor**: schaltet das Sucherbild automatisch ein, wenn Sie sich dem Sucher nähern

❹ **Dioptrien-Einstellrad**: passt die Sucherbildschärfe an Ihre Sehkraft an, so dass das Bild auch ohne Brille scharf zu sehen ist. Drehen Sie das Rad nach links oder rechts, bis Sie die Anzeige im Sucher scharf erkennen können.

❺ **Blitztaste**: zum Ausklappen des integrierten Blitzgeräts

❻ **MENU-Taste**: Aufrufen des Kameramenüs

❼ **Schalthebel AF/MF/AEL mit Aktionsknopf**: Steht der Hebel auf **AF/MF**, wird der manuelle Fokus beim Drücken des Knopfes temporär aktiviert, ist der Hebel auf **AEL** positioniert, bewirkt der Knopfdruck eine temporäre Speicherung der Belichtungswerte. Bei der Wiedergabe dient die Taste ⊕ dem Vergrößern der Bildansicht.

❽ **Fn-Taste**: öffnet das **Quick Navi**-Menü, in dem häufig benötigte Belichtunseinstellungen flink geändert werden können. Im Wiedergabemodus dient die Taste zum Senden des Bildes an ein Smartphone.

❾ **DISP-Taste**: zum Umschalten der Monitoranzeige im Aufnahmemodus oder im Wiedergabemodus; dient auch als Pfeiltaste ▲

- ❿ **Einstellrad** ◎: dient zum Einstellen von Menüfunktionen, kann aber auch mit einer anderen Funktion belegt werden
- ⓫ **ISO-Taste**: ermöglicht die direkte Auswahl des ISO-Wertes, der die Lichtempfindlichkeit des Sensors definiert; dient auch als Pfeiltaste ▶
- ⓬ **Mitteltaste** ●: dient der Bestätigung einer veränderten Einstellung
- ⓭ **Belichtungskorrekturtaste** für das Anpassen der Bildhelligkeit, dient im Wiedergabemodus dem Aufrufen des **Bildindex**
- ⓮ **C2-Taste**: belegt mit dem **Weißabgleich** zur Anpassung der Farben an die vorhandene Lichtquelle, kann aber individuell mit einer anderen Funktion verknüpft werden. Im Wiedergabemodus dient die Taste 🗑 dem Löschen von Bildern oder Filmen.
- ⓯ **Wiedergabetaste** ▶: Anzeige der aufgenommenen Bilder und Filme; dient auch als **Pfeiltaste** ▼
- ⓰ **Bildfolgemodus-Taste** ⏱/🗗: Einzelaufnahme, Serienaufnahme, Selbstauslöser, Selbstaus(Serie), Serienreihe, Einzelreihe, Weißabgleichreihe, DRO-Reihe; dient auch als Pfeiltaste ◀

- ❶ **Lautsprecher** (Mono)
- ❷ **Multi/Micro-USB-Buchse**: zum Anbringen von Zusatzgeräten wie zum Beispiel dem mitgelieferten Ladegerät oder anderer Micro-USB-kompatibler Geräte
- ❸ **Ladekontrollleuchte**: leuchtet durchgehend orange, solange der Akku geladen wird, und erlischt, wenn der Akku ganz aufgeladen ist
- ❹ **HDMI-Mikrobuchse**: zur Übertragung der Bilder oder Filme mit Hilfe eines HDMI-Kabels auf das Tablet beziehungsweise den PC oder Fernseher
- ❺ **Mikrofonbuchse** ✎: zum Anschließen externer Mikrofone
- ❻ **MOVIE-Taste** ●: Per Tastendruck kann aus jedem Aufnahmeprogramm heraus eine Filmaufnahme gestartet werden.
- ❼ **N-Zeichen** N: markiert die Stelle, die mit einem NFC-tauglichen Smartphone berührt werden muss, um eine Verbindung mit der α6300 aufzubauen

▲ Abbildung 1.4
Seitenansichten der Sony α6300

▲ Abbildung 1.5
Unterseite der Sony α6300 mit eingelegtem Akku und Speicherkarte

❶ **Akku NP-FW50**: zum Einsetzen den blauen Hebel zur Seite drücken, den Akku in das Akkufach hineindrücken, bis er einrastet

❷ **Speicherkarte**: zum Einsetzen die Kartenkontakte in Richtung des Akkus ausrichten, Karte in den Speicherkartenschlitz hineinschieben, bis sie einrastet; zum Entnehmen auf die Karte drücken und diese herausziehen

❸ **Anschlussplattendeckel**: wird aufgeklappt, um das Kabel des optionalen Netzteils AC-PW20 durch den geschlossenen Akkudeckel hindurchzuleiten. Das Netzteil ersetzt den Akku und liefert Strom aus der Steckdose.

❹ **Zugriffslampe**: leuchtet, wenn die α6300 auf die Speicherkarte zugreift

❺ **Stativgewinde** (1/8 Zoll): zum Befestigen der α6300 direkt an einem Stativkopf oder zum Anbringen einer Stativplatte, die ihrerseits am Stativkopf befestigt wird. Die verwendete Schraube sollte nicht länger als 5,5 mm sein.

▲ Abbildung 1.6
Über das Moduswahlrad werden die Aufnahmemodi der α6300 eingestellt.

Auf der Oberseite der α6300 befindet sich das Moduswahlrad. Über dieses Bedienelement legen Sie fest, in welchem Aufnahmemodus die Bilder fotografiert werden. Ein Dreh auf AUTO stellt beispielsweise den Modus **Automatik** ein, bei dem die Kamera fast alle Einstellungen selbst erledigt. Daneben gibt es die Szenenprogramme **SCN**, bei denen die Kameraeinstellungen auf bestimmte Fotosituationen, zum Beispiel eine Landschaft oder ein Porträt, automatisch abgestimmt werden. Wie Sie später in diesem Buch noch sehen werden, bringen die Automatik und die **SCN**-Modi nicht immer die besten Bildergebnisse. Daher sei an dieser Stelle schon auf die Programme **P** (**Programmautomatik**), **A** (**Blendenpriorität**), **S** (**Zeitpriorität**) und **M** (**Manuelle Belichtung**) hingewiesen, die Ihnen viel mehr fotografische Freiheiten verschaffen als die automatischen Modi. Nicht zuletzt runden zwei individuell speicherbare Programmplätze **1** und **2** und ein spezieller Modus für das Erstellen eines **Schwenk-Panoramas** ⌐ die Anwendungsmöglichkeiten der α6300 ab. Und wenn Sie alle verfügbaren Optionen zur Aufnahme von Filmen nutzen möchten, können Sie ebenfalls über das Moduswahlrad, flink den **Film**-Modus aktivieren.

Bildkontrolle über Sucher und Monitor

Beim Einschalten der α6300 befinden Sie sich stets im Aufnahmemodus, und die Belichtungseinstellungen erscheinen auf dem Monitor oder im Sucher. Allerdings variieren die Anzeigeelemente je nach Aufnahmemodus und Situation, es sind also nicht immer alle Symbole zu sehen. Änderungen an den Aufnahmeeinstellungen, beispielsweise bei der Korrektur der Bildhelligkeit, werden ebenfalls direkt angezeigt. Das Sucherdisplay zeigt den Bildausschnitt aufgrund seiner höheren Auflösung noch detailgenauer an als der Monitor und ermöglicht es, die Bildgestaltung selbst bei starkem Gegenlicht schnell und sicher zu beurteilen. Daher können wir Ihnen den Einsatz des Suchers guten Gewissens empfehlen. Sehen Sie im Folgenden, welche Informationen Ihnen der Sucher beim Fotografieren übersichtlich anzeigt.

❶ **Aufnahmemodus**: wird mit dem Moduswahlrad eingestellt
❷ **Speicherkarte**: Wenn keine Speicherkarte eingelegt ist, erscheint der Hinweis **NO CARD**.
❸ **Verfügbare Restbildzahl**: Anzahl möglicher Aufnahmen, die noch auf die Speicherkarte passen
❹ **Seitenverhältnis** von Standbildern
❺ **Bildgröße** von Standbildern in Megabyte
❻ **Bildqualität** der Standbilder
❼ **Filmqualität**: Bildgröße von Filmen
❽ **Restladungsanzeige**: wird als Symbol und als prozentualer Wert angegeben
❾ **Fokusindikator**: Wenn die Scharfstellung erfolgreich ist, leuchtet der Punkt konstant.
❿ **Belichtungszeit**: Dauer der Belichtung
⓫ **Blendenwert**: Je größer die Zahl ist, desto stärker wird die Blende im Objektiv geschlossen und desto höher ist die Schärfentiefe.
⓬ **EV-Skala**: zeigt an, ob das Bild korrekt (**0**), unter- (**–**) oder überbelichtet (**+**) aufgenommen wird. Eine manuelle Belichtungskorrektur ist in den Modi **P**, **A**, **S**, **M**, **Schwenk-Panorama** ◻ und **Film** 🎬 möglich.
⓭ **Fokusfeld**: leuchtet grün bei erfolgreicher Scharfstellung
⓮ **ISO**: Je höher der Wert ist, desto lichtempfindlicher ist der Sensor, bei **ISO AUTO** wird der Wert erst bei der Bildwiedergabe angezeigt.

▲ Abbildung 1.7
Im Sucher der α6300 werden alle wichtigen Aufnahmeparameter angezeigt.

Informationsanzeigen von Sucher und Monitor

Die Darstellungsform der Monitor- und Sucheranzeige kann sehr individuell gesteuert werden. So können Sie stets entscheiden, wie viele Informationen zusätzlich zum Echtzeitbild präsentiert werden. Um die Anzeigeform zu wechseln, drücken Sie die **DISP**-Taste. Dadurch gelangen Sie in der Aufnahmeansicht am Monitor beispielsweise von der Darstellung **Alle Infos anz.** ❶ zur Anzeige **Daten n. anz.** ❷ und weiter zu **Histogramm** ❸, **Neigung** ❹ und **Für Sucher** ❺. Durch mehrfaches Drücken der **DISP**-Taste springen Sie somit von einer Anzeigeform zur nächsten und wieder zurück auf die erste, und das gilt gleichermaßen für die Sucheranzeige und die Bildanzeige im Wiedergabemodus.

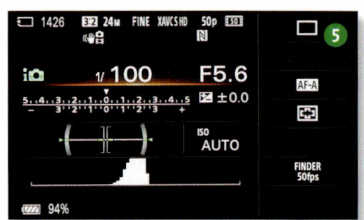

▲ **Abbildung 1.8** ▶
In der Standardeinstellung der α6300 sind fünf Monitoransichtstypen freigeschaltet.

 Vorteile der Option »Für Sucher«

Die Monitoransicht **Für Sucher** ❺ bietet die umfangreichste Sammlung an Aufnahmeinformationen. Mit der **Fn**-Taste (Fn) können Sie zudem die am rechten Rand angeordneten Optionen schnell ansteuern und ändern. Wer viel mit dem Sucher fotografiert, profitiert somit von der Möglichkeit einer sehr schnellen Steuerung aller wichtigen Aufnahmeparameter.

Das Menü der α6300 ist generell auf sehr viel Individualität ausgelegt und gibt Ihnen auch hinsichtlich der Ansichtsoptionen die Freiheit, selbst festzulegen, welche Darstellungstypen Sie nutzen möchten und welche nicht (siehe die folgende Schritt-für-Schritt-Anleitung »Die Ansichtsoptionen aktivieren oder deaktivieren«).

Die Ansichtsoptionen aktivieren oder deaktivieren
SCHRITT FÜR SCHRITT

1 Das Menü aufrufen
Drücken Sie die **MENU**-Taste, und navigieren Sie mit der Pfeiltaste ▲ des Einstellrads ◎ auf den Karteireiter für das Menü **Benutzereinstlg.** ✿. Gehen Sie mit Hilfe der Taste ▼ eine Ebene nach unten, und wählen Sie mit der Taste ▶ den 2. Reiter aus. Aktivieren Sie dann mit der Taste ▼ den Eintrag **Taste DISP**. Drücken Sie die Mitteltaste ●. Steuern Sie im nächsten Menüfenster die Option **Monitor** oder **Sucher** an, um die Anzeigeformen für die Monitor- oder die Sucherdarstellung auszuwählen.

2 Anzeigeformen auswählen
Im Menü **Monitor** oder **Sucher** können Sie nun mit den Pfeiltasten ▲/▼/◀/▶ die einzelnen Darstellungstypen ansteuern und mit der Mitteltaste ● ein Häkchen ❶ setzen. Hier wurde die Option **Neigung** aktiviert, mit der die elektronische Wasserwaage im Monitor oder Sucher eingeblendet werden kann.

3 Auswahl speichern
Nachdem alle gewünschten Optionen mit einem Häkchen versehen sind, gehen Sie zur Schaltfläche **Eingabe** und drücken die Mitteltaste ●. Damit wird die Auswahl gespeichert, und Sie gelangen automatisch wieder zur Monitoransicht zurück.

Schieflage trotz Wasserwaage?
Die elektronische Wasserwaage im Ansichtsmodus **Neigung** ist unserer Auffassung nach etwas zu grob gerastert oder reagiert zu träge. Daher ziehen wir bei der Horizontausrichtung oftmals die **Gitterlinie** vor (Menü **Benutzereinstlg. 1** ✿ > **Gitterlinie** > **6x4 Raster**). Es gibt aus uns unerfindlichen Gründen auch keine Möglichkeit einer softwaregestützten Kalibrierung der elektronischen Wasserwaage.

LCD-Anzeige im Wiedergabemodus

Neben dem Aufnahmemodus verfügt die α6300 auch über verschiedene Darstellungsformen bei der Wiedergabe von Bildern und Filmen. Dazu drücken Sie die Wiedergabetaste ▶ und wählen anschließend mit der **DISP**-Taste eine der drei verfügbaren Informationsanzeigen aus. So können Sie das Bild oder den Film mit einer Anzeige der grundlegenden Informationen ❶ betrachten, sich die Histogrammansicht auf den Monitor holen ❷ oder das Bild ganz ohne zusätzliche Informationen ❸ anschauen.

Die umfangreichsten Informationen zum aufgenommenen Bild oder Film erhalten Sie in der Histogrammanzeige. Nutzen Sie diese Anzeigeform, wenn Sie über die grundlegenden Aufnahmeeinstellungen hinaus mehr über die Belichtung, die Objektivbrennweite oder eventuell eingetragene Druckaufträge erhalten möchten.

Wenn sich während der Aufnahme ein Fehler eingeschlichen hat, weil beispielsweise ein Bildeffekt oder die **HDR-Automatik** nicht angewendet werden konnte, erscheint ein kleines Ausrufezeichen ❗ neben dem entsprechenden Symbol. Ändern Sie dann die Aufnahmeeinstellung, die sich mit dem gewählten Effekt nicht verträgt, indem Sie beispielsweise den Blitz ausschalten, und nehmen Sie das Bild erneut auf.

Mehr Informationen über das Betrachten, Schützen und Löschen von Bildern und Filmen können Sie im Exkurs »Bilder betrachten, schützen und löschen« ab Seite 116 nachlesen.

▼ **Abbildung 1.9**
Monitoransichten im Wiedergabemodus

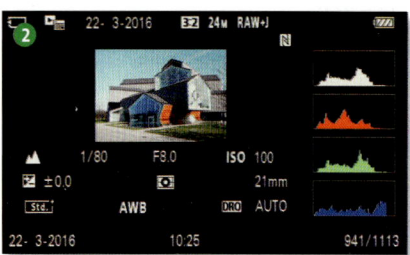

Der neigbare LCD-Monitor

Neben der Möglichkeit, durch den Sucher zu schauen, präsentiert Ihnen die α6300 das Echtzeitbild auch auf dem TFT-LCD-Farbmonitor. Mit seinen 921 600 Bildpunkten besitzt der Monitor eine gute Abbildungsqualität, die in Sachen Auflösung aber nicht ganz an den elektronischen Sucher heranreicht. Dennoch lässt sich das Fotografieren und Filmen damit prima durchführen, zumal das Display sehr gut entspiegelt ist. Durch das neigbare Display lassen sich Makroaufnahmen in Bodennähe oder Überkopfbilder ohne Nackenverspannungen anfertigen. Ziehen Sie den Monitor zum Ausklappen einfach zu sich hin, und neigen Sie ihn dann nach oben oder unten.

Bildkontrolle über Sucher und Monitor

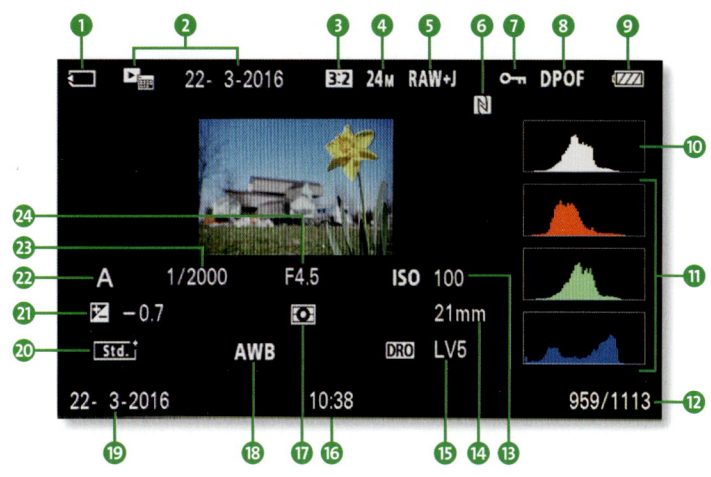

▲ Abbildung 1.10
Umfangreiche Informationen zum aufgenommenen Bild oder Film liefert die α6300 in der Histogrammansicht.

❶ **Speicherkartensymbol**: zeigt an, dass sich das Bild auf der Speicherkarte befindet

❷ **Sortierung nach Datum** mit Angabe des Aufnahmedatums (Eine Sortierung nach Speicherkartenordner oder nach den Dateitypen MP4, AVCHD, XAVC S HD oder XAVC S 4 K ist alternativ möglich.)

❸ **Seitenverhältnis**

❹ **Bildgröße**: in Megabyte

❺ **Qualität** von Standbildern (hier **RAW** und **JPEG**)

❻ **N-Symbol**: Funktion zur Datenübertragung mit NFC-tauglichen Smartphones war bei der Aufnahme aktiviert

❼ **Bildschutz**: Das Bild/der Film kann mit der Löschtaste nicht entfernt werden.

❽ **DPOF**: Bild ist für den Direktdruck aus der Kamera ausgewählt

❾ **Restladungsanzeige**

❿ **Helligkeitshistogramm**: Verteilung der Tonwerte aller Bildpixel von Schwarz (links) bis Weiß (rechts), dient der Beurteilung der Belichtung

⓫ **Farbhistogramm**: Verteilung der roten, grünen und blauen Tonwerte von Schwarz (links) bis Weiß (rechts), ermöglicht eine noch genauere Beurteilung der Belichtung

⓬ **Bildnummer/Anzahl Bilder** auf der Speicherkarte

⓭ **ISO**: legt die Lichtempfindlichkeit des Sensors fest

⓮ **Objektivbrennweite**: je geringer der Wert, desto weiter der Bildausschnitt

⓯ **Dynamikbereichoptimierung**: Status der Kontrastkorrektur

⓰ **Aufnahmezeit**

⓱ **Messmodus**: wird für das Festlegen der Belichtung durch die α6300 benötigt, verfügbar sind die Methoden **Multi**, **Mitte** und **Spot**

⓲ **Weißabgleich**: legt die Farbgebung des Bildes oder Films fest

⓳ **Aufnahmedatum**

⓴ **Kreativmodus**: bearbeitet die Bilder kameraintern hinsichtlich Sättigung, Kontrast und Konturenschärfe, wirkt sich nur auf JPEG-Aufnahmen und Filme aus

㉑ **Belichtungskorrektur**: Der Wert gibt an, wie stark die Bildhelligkeit von der Standardbelichtung abweicht.

㉒ **Aufnahmemodus**

㉓ **Belichtungszeit**: Dauer der Belichtung

㉔ **Blendenwert**: je höher der Wert, desto höher die Schärfentiefe und somit die Gesamtschärfe des Bildes

Besondere Eigenschaften der Sony α6300
EXKURS

Mit ihren technischen Möglichkeiten stößt die α6300 das Tor zur Sport- und Actionfotografie ganz weit auf. Dafür sorgt unter anderem der verbesserte *Fast-Hybrid-AF*. Der von Sony für den Autofokus verwendet Begriff *4D FOCUS* setzt sich zusammen aus der Schärfefindung im dreidimensionalen Raum verknüpft mit dem Faktor Zeit: Ein ausgeklügelter AF-Algorithmus sagt quasi die nächste Bewegung des Objekts vorher, während das Motiv mit der α6300 über eine gewisse Zeit hinweg verfolgt wird. Zum Einsatz kommen hierbei 425 Phasenerkennungs- und 169 Kontrast-AF-Punkte, die nahezu die gesamte Sensorfläche abdecken. Aufgrund der hohen Messpunktdichte kann die Schärfe noch stringenter mit dem Motiv mitgeführt werden, und die Anzahl scharfer Aufnahmen steigt (*High-density AF Tracking*). Zudem wird eine besonders schnelle Scharfstellung ermöglicht, die bestenfalls 0,05 s dauert. Auf den *Fast-Hybrid-AF* gehen wir im Exkurs »Wie die α6300 die Schärfe ermittelt« ab Seite 96 noch näher ein.

In Zuge der Ausrichtung auf actionreichere Motive hat Sony auch gleich die Stabilität des Gehäuses verbessert. Bauteile aus Magnesiumlegierung verstärken den Kamerabody und Dichtungen, und doppelte Beschichtungen schützen das empfindliche Innenleben jetzt noch besser vor Staub- und Spritzwasser. Dadurch ist die α6300 mit 404 g gegenüber ihrer direkten Vorgängerin, der α6000 (344 g), aber auch schwerer geworden. Ansonsten hat sich an der Anordnung der Bedienelemente kaum etwas geändert. So ist der Handgriff für große Hände immer noch etwas klein geraten, und wir persönlich hätten uns ein ergonomischeres vorderes Einstellrad gewünscht anstatt des hinteren Drehreglers.

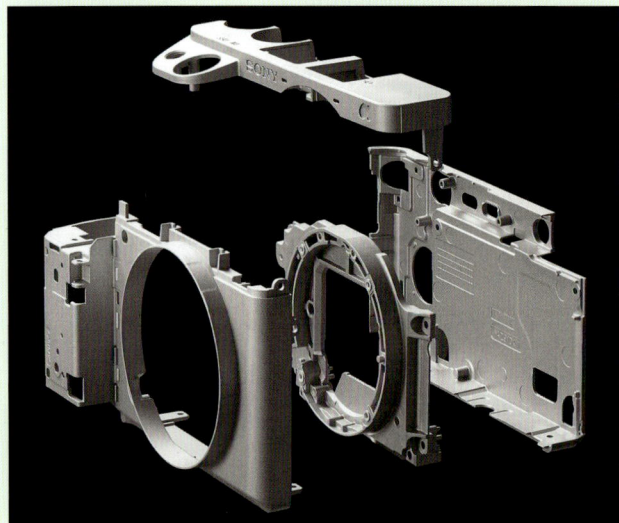

▾ **Abbildung 1.11**
Bauteile aus Magnesiumlegierung der α6300 (Bild: Sony)

Auch in nicht ganz so actionlastigen fotografischen Bereichen, wie der People-, Architektur- oder Makrofotografie, braucht sich die α6300 keineswegs zu verstecken. Dafür sorgt unter anderem der neu entwickelte *EXMOR-CMOS-Sensor* mit 24,2 Millionen bildgebenden Pixeln im APS-C-Format (23,5 × 15,6 mm). Durch eine neuartige Kupferverdrahtung und verbesserte Schaltkreise wird das Bildrauschen noch besser unterdrückt, so dass bei hoher Lichtempfindlichkeit mit ISO-Werten bis 51 200 noch mehr Details in den Bildern erhalten bleiben, als es bei der α6000 der Fall war. Die Bilddaten können aber auch besonders schnell ausgelesen werden, was wiederum dem Autofokus zugute kommt und die hohe Serienbildgeschwindigkeit von maximal 11 Bildern pro Sekunde ermöglicht. Nicht zuletzt sorgt der schnelle Sensor zusammen mit dem leistungsstarken Bildprozessor *BIONZ X* auch dafür, dass Sie bei der α6300 mit der Videoauflösung *Ultra HD* (*4 K*) filmen und Zeitlupenvideos mit Bildraten von 100 oder 120 Bildern pro Sekunde drehen können.

Eine weitere Besonderheit der α6300 ist der hochwertige elektronische Sucher *XGA OLED Tru-Finder*, mit dem Sie Ihr Motiv mit einer Auflösung von 2 359 296 Bildpunkten ins Visier nehmen können. Für die Erzeugung des Sucherbildes werden die Lichtstrahlen, die durch das Objektiv auf den Sensor geleitet werden, in Echtzeit auf das Sucherdisplay übertragen. Sie sehen quasi genau das, was der Sensor auch zu sehen bekommt. Mit all diesen verbesserten oder neuen Bauelementen unterstützt Sie die α6300 somit auf allerhöchstem Niveau bei Ihren Aufnahmen. Erfahren Sie im Laufe dieses Buches mehr über all die anderen Finessen, die die α6300 darüber hinaus noch zu bieten hat.

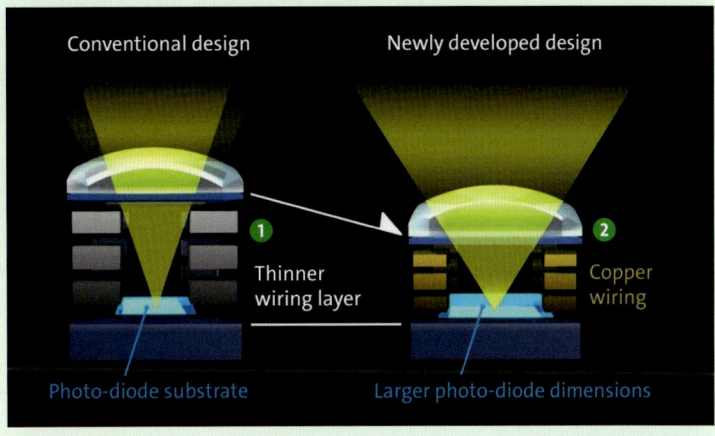

˄ Abbildung 1.12
Gegenüber einem konventionellen Sensoraufbau ❶ *mit kleineren Fotodioden sind die Sensorpixel der α6300 dünner aufgebaut* ❷*, haben eine Kupferverdrahtung und größere lichtempfindliche Fotodioden (Bild: Sony).*

Abbildung 1.13 >
Dank der hohen Bildrate von 100 oder 120 Bildern pro Sekunde lassen sich bewegte Objekte bei Serienaufnahmen und beim Filmen sehr gut verfolgen (Bild: Sony).

Kapitel 2
Die Sony α6300 optimal einstellen

Das Bedienkonzept der α6300	30
Die Kamerabedienung individuell anpassen	34
Das Quick-Navi-Menü umgestalten	35
Qualität, Bildgröße und Seitenverhältnis	37
EXKURS: Datenbankdatei, Ordnersystem und Formatieren	41

Das Bedienkonzept der α6300

Die α6300 wartet trotz ihrer kompakten Abmessungen mit einer Funktionsvielfalt auf, bei der es zu Beginn wirklich nicht ganz einfach ist, die Übersicht zu behalten. Doch mit ein wenig Einarbeitung in das Bedienkonzept der Kamera werden Sie das Leistungsspektrum Ihrer α6300 bestimmt schnell in den Griff bekommen.

Abbildung 2.1 >
Wie ein Korb voller Kirschen erscheinen die umfangreichen Funktionen der α6300, die es Schritt für Schritt zu erkunden gilt.

[40 mm | f5,6 | 1/100 s | ISO 100 | +1]

Die α6300 bietet Ihnen generell sehr viel Freiheit in der Kamerabedienung. So können Sie stets selbst entscheiden, welches Prozedere Ihnen am ehesten liegt, und dieses zukünftig einsetzen. Prinzipiell gibt es drei Wege, über die Sie die wichtigsten Funktionen erreichen und anpassen können:

- Bedienelemente (Tasten, Einstellrad) für den direkten Zugriff auf Funktionen
- Schnelleinstellungen über das Menü **Quick Navi**
- detaillierte und umfangreiche Bedienung über das Kameramenü

Bedienelemente für den direkten Zugriff

Funktionen wie den **Bildfolgemodus**, den **Weißabgleich** oder die ISO-Steuerung können Sie besonders schnell erreichen. Dafür sind bestimmte Bedienelemente der α6300 mit der jeweiligen Funktion verknüpft. Im Fall des ISO-

Wertes drücken Sie einfach die **ISO**-Taste ❶. Sofort aktiviert die α6300 das ISO-Menü, und Sie können den Wert erhöhen (Drehen des Einstellrads ◎ im Uhrzeigersinn) oder verringern (Drehen entgegen dem Uhrzeigersinn). Das war's schon, die Funktionseinstellung wird sofort übernommen, und Sie können das Bild direkt aufnehmen.

Neben der **ISO**-Taste besitzt die α6300 noch sechs weitere Bedienelemente für die direkte Einstellung oder Aktivierung von Funktionen. In der folgenden Liste sehen Sie alle Funktionen in der Übersicht:

- Taste **C1** zur Einstellung des Fokusmodus (**AF-S**, **AF-A**, **AF-C**, **DMF**, **MF**)
- Taste **C2** für die Auswahl des Weißabgleichs
- **AF/MF/AEL**-Schalthebel: auf **AF/MF** eingestellt, aktiviert die Taste den manuellen Fokus, solange sie gedrückt wird; auf **AEL** eingestellt, speichert die zugehörige Taste die Belichtung, solange sie gedrückt wird
- Bildfolgemodus-Taste ⏱/⧉ (Linkstaste des Einstellrads) für die Wahl von Einzel-/Serienaufnahmen oder des Selbstauslösers
- **ISO**-Taste (Rechtstaste des Einstellrads) für die Auswahl der Lichtempfindlichkeit
- Belichtungskorrekturtaste ⊠ (Unten-Taste des Einstellrads) für die Anpassung der Bildhelligkeit
- Mitteltaste ● (in der Mitte des Einstellrads): belegt mit der Funktion **Fokus-Standard**, um das Fokusfeld schnell an die gewünschte Bildstelle zu verschieben

▲ Abbildung 2.2
Einstellen der Lichtempfindlichkeit über die ISO-Taste ❶

Schnelleinstellungen über das Quick-Navi-Menü

Das **Quick Navi**-Menü der α6300 präsentiert Ihnen eine Auswahl an Funktionen, die häufig benötigt werden und daher schnell verfügbar sein sollten. Dazu zählt natürlich auch der ISO-Wert. Wie Sie diesen und die anderen Funktionen im **Quick Navi**-Menü anpassen können, erfahren Sie in der folgenden Schritt-für-Schritt-Anleitung.

Das Quick-Navi-Menü verwenden
SCHRITT FÜR SCHRITT

1 Quick Navi aufrufen

Drücken Sie die **Fn**-Taste auf der Kamerarückseite. Daraufhin werden alle Einstellungsoptionen des **Quick Navi**-Menüs übersichtlich aufgelistet, wobei die aktuell gewählte Funktion orange unterlegt ist.

2 Funktion schnell anpassen und das Bild aufnehmen

Wählen Sie mit den Pfeiltasten ▲/▼/◄/► die gewünschte Funktion aus, in unserem Beispiel das **Fokusfeld** ❸. Durch Drehen am Einstellrad ◎ kann die gewünschte Option, hier **Flexible Spot: M** ❶, direkt ausgewählt werden. Sollte die gewählte Funktion weitere Unterkategorien bieten, wie hier die Feldgrößen **S**, **M** oder **L** ❷, verwenden Sie den Drehregler, um Ihre Auswahl zu treffen. Die benötigten Steuerelemente zur Navigation im Menü werden Ihnen übrigens am unteren Monitorrand stets mit angezeigt ❹.

3 Erweiterte Funktionen auswählen

Alternativ können Sie auch nach der Auswahl der Funktion die Mitteltaste ● drücken. Dann gelangen Sie in das Menü der jeweiligen Funktion, das Ihnen die Optionen übersichtlicher präsentiert und, je nach Funktion, mehr Einstellmöglichkeiten bietet. Mit den Pfeiltasten ▲/▼/◄/► lassen sich alle verfügbaren Einstellungen auswählen.

4 Das Bild aufnehmen

Tippen Sie den Auslöser an, um zum Aufnahmebildschirm zurückzukommen, die Funktionsänderung wird dabei direkt übernommen. Anschließend können Sie das Bild mit der geänderten Funktion aufnehmen.

Detaillierte und umfangreiche Bedienung über das Kameramenü

Wirklich alle Optionen der α6300 stehen Ihnen erst im Kameramenü zur Verfügung, das Sie mit der **MENU**-Taste aufrufen. Um Ihnen die Suche nach den darin enthaltenen Funktionen etwas zu erleichtern, hat Sony die Einträge auf sechs übergeordnete *Menüs* ❺ verteilt. Darunter befinden sich unterschiedlich viele *Reiter* ❻ und darunter wiederum die eigentlichen *Funktionen* beziehungsweise *Menüposten* ❼, deren aktuelle *Einstellung* ❽ am rechten Rand zu sehen ist.

< Abbildung 2.3
Grundlegende Struktur des Kameramenüs der α6300 mit sechs Menüs ❺, Reitern ❻, Menüposten ❼ und aktuell gewählten Einstellungen ❽

- **Kameraeinstlg.**: enthält alle Funktionen, die für die Bild- beziehungsweise Filmaufnahme relevant sind
- **Benutzereinstlg.**: stellt unterstützende Aufnahme- und Kamerasteuerungsfunktionen zur Verfügung und enthält das Menü, mit dem Sie die Tastenbelegung anpassen können
- **Drahtlos**: enthält alle Funktionen rund um die WLAN-Funktion der α6300
- **Applikation**: ermöglicht den Zugriff auf Zusatzprogramme, die Sie aus dem Internet teils kostenpflichtig in das Menü der α6300 integrieren können
- **Wiedergabe**: enthält Funktionen für die Bildbetrachtung, zum Schützen und zum Löschen von Medienelementen
- **Einstellung**: stellt Funktionen bereit, mit denen die grundlegenden Kameraeinstellungen justiert werden, wie Datum und Uhrzeit, Signaltöne, Formatieren etc.

Zu Beginn mag das Menü etwas unübersichtlich erscheinen, aber im Laufe der Zeit werden Sie es bestimmt ganz intuitiv in Ihr Bedienrepertoire aufnehmen. Einen detaillierten Überblick über die vorhandenen Funktionen und Einstellungsmöglichkeiten, die Sie im Kameramenü vornehmen können, erhalten Sie im Anhang, »Die Menüs im Überblick«, ab Seite 293.

Die Kamerabedienung individuell anpassen

Bei dem flexiblen Bedienkonzept der α6300 gehört es zum guten Ton, dass alle zentral wichtigen Bedienelemente auch mit anderen Funktionen als der Standardeinstellung belegt werden können. Das ist vielleicht nicht gleich am Anfang das Wichtigste. Wenn Sie jedoch eine Weile mit Ihrer α6300 fotografieren und immer wieder den Schnellzugriff auf bestimmte Funktionen vermissen, denken Sie an diesen Abschnitt, und stellen Sie sich ein ganz persönliches Bedienkonzept zusammen.

Rufen Sie dazu im Menü **Benutzereinstlg. 7** ✿ den Eintrag **BenutzerKey (Aufn.)** für die Tastenbelegung beim Fotografieren oder Filmen oder **BenutzerKey(Wdg)** für die Bedienfunktionen bei der Bildwiedergabe auf. Angeordnet auf zwei Menüreitern finden Sie unter dem Menüpunkt **BenutzerKey(Aufn.)** alle Bedienelemente und deren aktuell zugeordnete Funktionen. Jedes Element kann mit der Mitteltaste ● aufgerufen und mit einer Funktion belegt werden, wobei die Optionslisten je nach Bedienelement unterschiedlich umfangreich sein können. Vielleicht interessiert es Sie ja, wie wir die Bedienung unserer α6300 umgestaltet haben. Dann können Sie sich gerne an den beiden hier gezeigten Menüabbildungen orientieren.

Da wir es praktischer finden, die vergrößerte Wiedergabe mit der Taste **C1** zu starten, haben wir das Bedienelement unter **BenutzerKey(Wdg)** entsprechend umprogrammiert.

◂▴ Abbildung 2.4
Oben: Unter **BenutzerKey(Aufn.)** haben wir die Bedienelemente der α6300 an unsere Art, zu fotografieren, angepasst. Links: Im Wiedergabemodus lassen sich nur zwei Bedienelemente anpassen.

Taste »Fokus halten«

Wenn Sie ein Sony-Objektiv mit einer *Fokushalte-* oder *Fokussperrtaste* ❶ besitzen, wie das *SEL-70200G* (*FE 70–200 mm 4 G OSS*), können Sie auch die Taste **Fokus halten** individuell belegen. Mit der Auswahl **Fokus halten** wird die Schärfenachführung gestoppt, wenn Sie beispielsweise mit dem **Nachführ-AF** (**AF-C**) ein bewegtes Objekt verfolgen. Das kann bei Sportaufnahmen praktisch sein, wenn immer wieder einmal Zuschauer oder andere Dinge die freie Sicht auf das Motiv behindern.

◀ **Abbildung 2.5**
Fokushaltetaste des SEL-70200G-Objektivs (Bild: Sony)

Das Quick-Navi-Menü umgestalten

Eine besonders komfortable Möglichkeit, schnell auf die wichtigsten Aufnahmeoptionen der α6300 zuzugreifen, bietet das **Quick Navi**-Menü. Egal, ob Sie durch den Sucher blicken oder mit dem Monitor fotografieren, mit der **Fn**-Taste gelangen Sie quasi in jeder Lebenslage direkt zu den Schnelleinstellungsoptionen.

Allerdings sind darin vielleicht nicht immer genau die Funktionen gespeichert, die Sie regelmäßig benötigen. Aber auch das ist kein Problem, denn das **Quick Navi**-Menü kann individuell mit Funktionen bestückt werden. Dazu öffnen Sie im Menü **Benutzereinstlg. 7** ✿ den Eintrag **Funkt.menü-Einstlg.**. Darin finden Sie jeweils sechs Speicherplätze für die obere Reihe (**Funktion Obere1–6**) und weitere sechs für die untere Reihe (**Funktion Untere1–6**).

 Ausnahme: »Für Sucher«

Die Menüposten der Monitoransicht **Für Sucher** können leider nicht individuell zusammengestellt werden. Aber Sie finden darin per se das größte Arsenal an schnell erreichbaren Aufnahmefunktionen, die Sie mit der **Fn**-Taste aufrufen und flink anpassen können. Daher fotografieren wir meist damit und nutzen den elektronischen Sucher für die eigentliche Bildaufnahme.

Rufen Sie im Menü die Speicherplätze, deren Funktion Sie ändern möchten, mit der Mitteltaste ● auf. Aus der folgenden Funktionsliste suchen Sie sich dann die benötigte Option heraus. Welche Funktionenbelegung sich für bestimmte Aufnahmesituationen besonders eignen, können Sie der folgenden Tabelle entnehmen.

Obere Reihe	Porträt	Landschaft	Action	Makro	Filmen	Grundeinstlg.
1	Fokusfeld	Fokusfeld	Fokusfeld	Fokusfeld	Fokusfeld	Bildfolgemodus
2	Zebra	Zebra	Zebra	Zebra	Zebra	Blitzmodus
3	🖼Qualität	🖼Qualität	🖼Qualität	🖼Qualität	Fotoprofil	Blitzkompens.
4	Geräuschlose Auf.	Geräuschlose Auf.	ISO AUTO Min.VS	ISO AUTO Min.VS	Gamma-Anz.-Hilfe	Fokusmodus
5	Blitzmodus	SteadyShot	Blitzmodus	Blitzmodus	Tonaufnahmepegel	Fokusfeld
6	Blitzkompens.	Selbst. whrd. Reihe	Blitzkompens.	Blitzkompens.	Tonpegelanzeige	Belichtungskorr.
Untere Reihe						
1	DRO/Auto-HDR	DRO/Auto-HDR	DRO/Auto-HDR	DRO/Auto-HDR	DRO/Auto-HDR	ISO
2	Bildeffekt	Bildeffekt	Bildeffekt	Bildeffekt	Bildeffekt	Messmodus
3	Kreativmodus	Kreativmodus	Kreativmodus	Kreativmodus	Kreativmodus	Weißabgleich
4	Lächel-/Ges.-Erk.	ISO AUTO Min.VS	🖼Sucher-Bildfreq.	Kantenanheb.stufe	🎬Markierungsanz.	DRO/Auto-HDR
5	Soft-Skin-Effekt	Gitterlinie	Mittel-AF-Verriegel.	Kantenanheb.stufe	Gitterlinie	Kreativmodus
6	Aufn.-Modus	Aufn.-Modus	Aufn.-Modus	Aufn.-Modus	Aufn.-Modus	Aufn.-Modus

∧ Tabelle 2.1
*Vorschläge für die Belegung der 12 Speicherplätze des **Quick Navi**-Menüs in Bezug auf gängige Aufnahmeschwerpunkte*

Qualität, Bildgröße und Seitenverhältnis

Wenn Sie mit der α6300 Fotos aufnehmen, steht als Erstes die Wahl einer geeigneten Bildqualität auf dem Plan. Ihre Wahl bei der Option **Qualität**, zu finden im Menü **Kameraeinstlg. 1** ◯, entscheidet darüber, wie stark die Dateien bereits in der Kamera bearbeitet und komprimiert werden.

Die Wahl der Bildqualität

Ganz oben in der Hierarchie steht das *Rohdatenformat RAW*. Im RAW-Format werden die Bilder mit einem Sony-eigenen Speicherverfahren verarbeitet und tragen die spezifische Dateiendung **.ARW** (*Alpha RAW*). RAW-Dateien bieten die beste Bildqualität, erfordern aber auch eine nachträgliche Bearbeitung am Computer, denn sie müssen, um etwa im Internet präsentiert werden zu können, erst in ein gängiges Bildformat wie JPEG oder TIFF umgewandelt werden. Dafür bietet Sony die kostenlosen RAW-Konverter *Image Data Converter* und *Capture One Express (for Sony)* an. Sie können aber auch auf umfangreichere Software anderer Hersteller zurückgreifen, zum Beispiel *Adobe Photoshop Lightroom*. Mehr über RAW-Konvertierung erfahren Sie im Abschnitt »RAW-Entwicklung mit dem Image Data Converter« ab Seite 253.

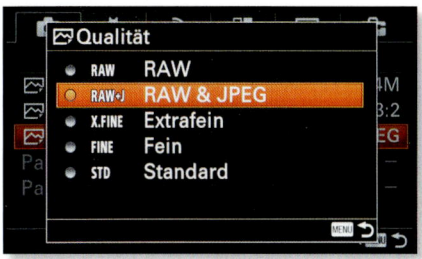

▲ Abbildung 2.6
Die fünf Bildqualitäten der α6300

JPEG-Bilder werden hingegen bereits in der α6300 fertig bearbeitet und können im Anschluss direkt für den Ausdruck oder die Internetpräsentation verwendet werden. Dabei liefert die Einstellung **Extrafein** die bestmögliche Auflösung und Schärfe und damit verbunden die höchste Bildqualität. **Fein** erzeugt stärker komprimierte Dateien mit etwa halb so großem Speichervolumen, erzielt aber immer noch gute Qualitäten. Bei der Stufe **Standard** werden die Dateien noch stärker komprimiert, so dass Auflösung und Qualität hier deutlicher sinken zugunsten eines noch kleineren Speichervolumens.

Die JPEG-Qualitäten haben zwei deutliche Einschränkungen: Aufnahmeeinstellungen wie Weißabgleich, Kreativmodus oder Bildeffekt können nicht oder nur sehr eingeschränkt geändert werden, und die nachträgliche Bildbearbeitung am Computer führt schneller zu qualitätsmindernden Artefakten. JPEG ist daher als »Out of the Cam«-Qualität prima, für anspruchsvollere Fotografen aber nicht die erste Wahl. Wenn Sie flexibel bleiben möchten, verwenden Sie beide Qualitäten parallel, indem Sie **RAW & JPEG** wählen.

< ^ Abbildung 2.7
Das RAW-Format bot genug Reserven, um die sonnigen Wolkenabschnitte strukturiert abzubilden (links). Die eingeschränkte Dynamik bei JPEG (oben) hinterließ an diesen Stellen unreparable, strukturlos weiße Flecken.

Die Bildgrößen der α6300

Neben der **Qualität** gibt es im Menü **Kameraeinstlg. 1** 📷 die Möglichkeit, drei unterschiedliche **Bildgrößen** zu nutzen: **L**arge (Groß), **M**edium (Mittelgroß) und **S**mall (Klein). Diese Einstellung gilt aber nur für die JPEG-Qualitäten **Extrafein**, **Fein** und **Standard** sowie für die bei **RAW & JPEG** parallel gespeicherte JPEG-Datei. RAW-Bilder werden dagegen immer mit der Größe **L** gespeichert.

^ Abbildung 2.8
Die Bildgrößen im Vergleich: ❶ *6000 × 4000 Pixel (24 MP),* ❷ *4240 × 2832 Pixel (12 MP),* ❸ *3008 × 2000 Pixel (6,0 MP)*

Qualitäten und Bildgrößen in der Übersicht

Alles in allem stellt die α6300 eine breite Palette möglicher Bildgrößen und Qualitätsstufen zur Verfügung. Um da nicht die Übersicht zu verlieren, gibt Ihnen die Tabelle einen Überblick in Verbindung mit der möglichen Anzahl an Bildern, die bei der jeweiligen Einstellung auf eine 8-Gigabyte-Speicherkarte passen, und der Druckgröße für Qualitätsdrucke mit einer Auflösung von 300 dpi.

Bildgröße	RAW	RAW & JPEG	Extrafein	Fein	Standard	Pixelmaße	Druckgröße (300 dpi)
L	317	233	431	875	1427	6000 × 4000	50,8 × 33,9 cm
M	–	263	709	1543	2128	4240 × 2832	35,9 × 23,9 cm
S	–	278	1112	2265	2905	3008 × 2000	25,5 × 17,0 cm

∧ Tabelle 2.2
Anzahl der Bilder, die abhängig von der Qualität auf eine 8-Gigabyte-Speicherkarte passen

Die Unterteilung in verschiedene Größen und Qualitätsstufen bringt Vorteile mit sich. Wenn Sie beispielsweise bei einer Veranstaltung unerwartet auf viel mehr spannende Fotosituationen treffen als gedacht, könnten Sie bei JPEG von **Extrafein** auf **Fein** umschalten. Schon passen etwa doppelt so viele Bilder auf die Karte. Oder Sie möchten ohne viel Aufwand ein paar Gegenstände übers Internet verkaufen. Dafür reichen kleine Bilder der Bildgröße **S** mit der Qualität **Fein** völlig aus. Die Wahl höchster Qualität wie **RAW**, **RAW & JPEG** oder **Extrafein** ist auf alle Fälle immer dann sinnvoll, wenn die Bilder vielseitigen Zwecken dienen sollen.

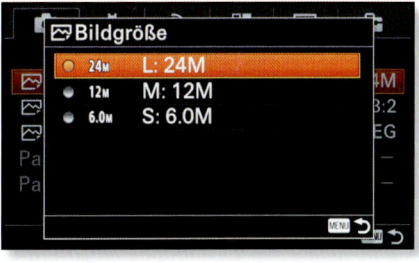

∧ Abbildung 2.9
Das Menü Bildgröße

Bilder im Seitenverhältnis 16:9

Standardmäßig erzeugt die α6300 Bilder im klassischen Seitenverhältnis **3:2**. Dabei muss es aber nicht bleiben, denn Sie können Ihre Bilder im Menü **Kameraeinstlg. 1** ◻ bei **Seitenverhält.** auch im Breitbildformat **16:9** aufnehmen und sie dann beispielsweise am Flachbildfernseher formatfüllend ohne schwarze Seitenränder präsentieren. Die 16:9-Bilder werden auf dem schmalen Monitor der α6300 dann ebenfalls formatfüllend präsentiert. Im 3:2-Sucher verbreitern sich im Gegenzug die schwarzen Streifen ober- und unterhalb des Livebildes.

So reizvoll das Seitenverhältnis **16:9** allerdings sein mag, denken Sie daran, dass dort, wo nichts war, auch nichts hinzugerechnet werden kann. Die fehlenden Ränder können bei JPEG-Bildern nicht wieder hinzuaddiert werden. Behalten Sie das **3:2**-Format daher lieber bei, und ändern Sie das Seitenverhältnis bei Bedarf nachträglich in der Bildbearbeitung. Der einzige Nachteil besteht dann darin, dass Sie sich beim Fotografieren den engeren Bildausschnitt vorstellen müssen, damit das Motiv auch im schmaleren **16:9**-Verhältnis wohlproportioniert präsentiert werden kann.

16:9 im RAW-Format

Bei der α6300 wirkt sich das Seitenverhältnis **16:9** auch auf RAW-Bilder aus, aber nur virtuell. Es wird dennoch der gesamte Sensor belichtet. Die Ränder können Sie daher mit der Sony-Software *Image Data Converter* oder anderen RAW-Konvertern wieder sichtbar machen.

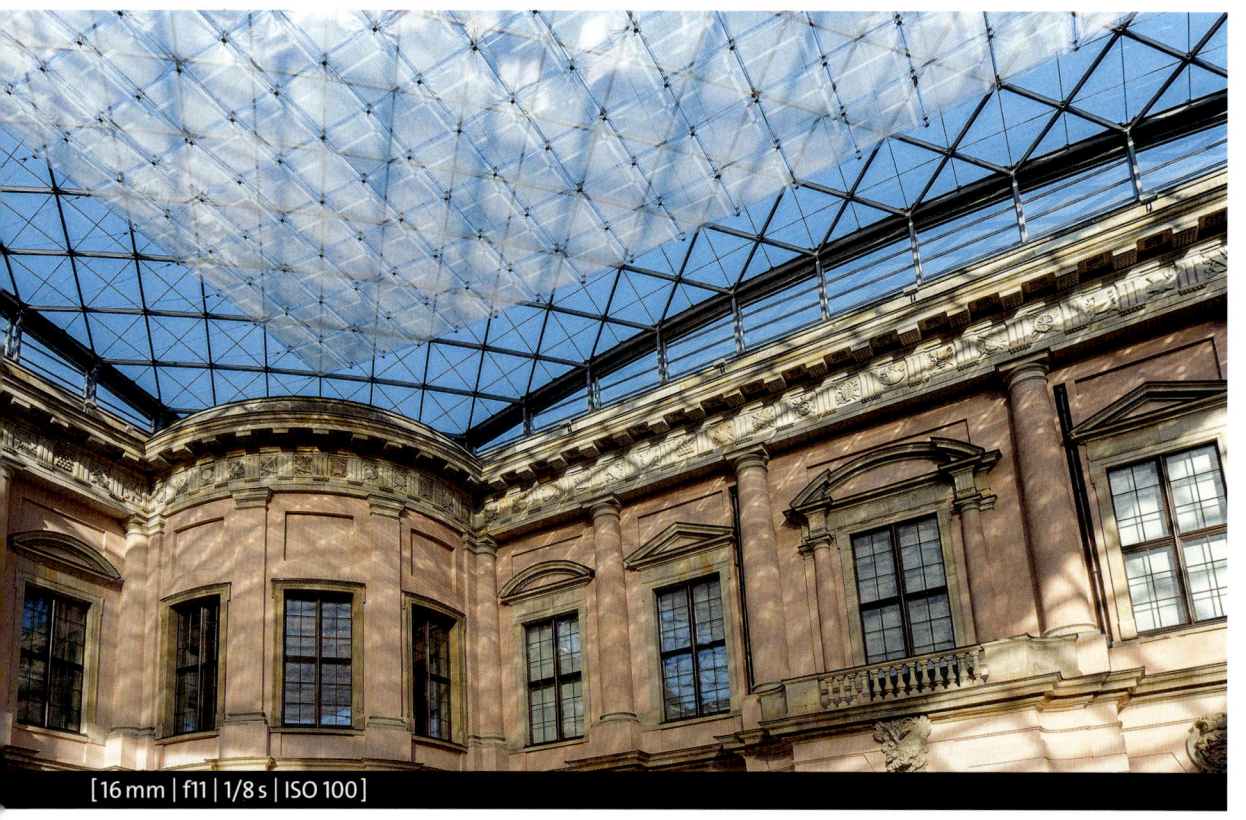

Abbildung 2.10
Architekturaufnahme im Seitenverhältnis 16:9

[16 mm | f11 | 1/8 s | ISO 100]

Datenbankdatei, Ordnersystem und Formatieren
EXKURS

Damit die Bilder korrekt und sicher auf der Speicherkarte landen, müssen alle benötigten Dateiordner des Sony-eigenen Ordnersystems darauf angelegt werden. Dazu erscheint am Monitor der Hinweis **Vorbereitung der Bilddatenbankdatei. Bitte warten...** Sollte nach dem Einschalten der α6300 die Fehlermeldung **Bilddatenbankdatei-Fehler** angezeigt werden, bestätigen Sie getrost die Schaltfläche **Eingabe** mit der Mitteltaste ●. Führen Sie anschließend am besten auch gleich noch eine Speicherkartenformatierung durch, zu finden im Menü **Einstellung 5** 🧰 bei **Formatieren**. Die so frisch aufgesetzte Speicherkarte ist nun aufnahmebereit für all Ihre foto- und videografischen Unternehmungen.

Die Bilder und Filme werden in der *Bilddatenbank* auf der Speicherkarte anhand des folgenden Ordnersystems abgelegt: Standbilder landen im Ordner **DCIM** und den darin enthaltenen Unterordnern. Filme im MP4-Dateiformat werden im Ordner **MP_ROOT** und den dort untergeordneten Verzeichnissen abgelegt. Videos im AVCHD-Format sind im Ordner **PRIVATE** bei **AVCHD** zu finden und XAVC S-Filme im Unterordner **M4ROOT**. Da sich die Dateien von AVCHD- und XAVC S-Videos über mehrere Unterordner verteilen, übertragen Sie die Filme am besten mit der Sony-Software *PlayMemories Home*, damit nichts verloren geht (siehe den Kasten »Videoübertragung und -präsentation« auf Seite 280).

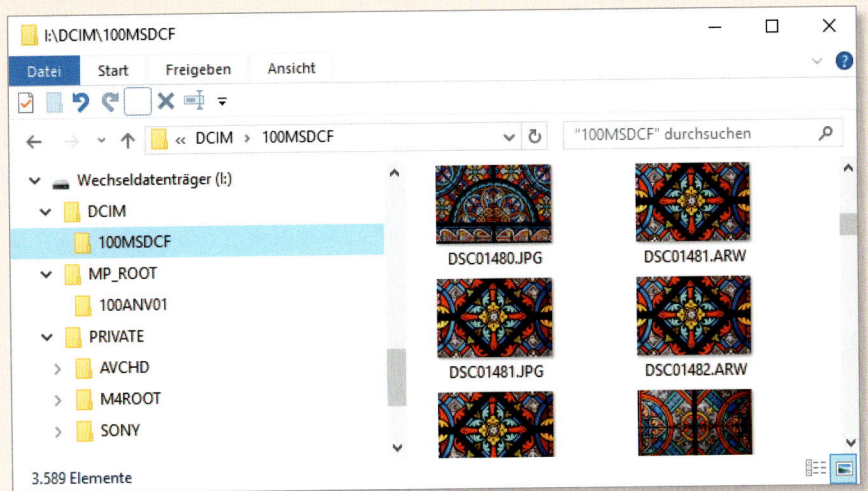

< **Abbildung 2.11**
Die von der α6300 auf der Speicherkarte angelegten Ordner für Filme und Bilder

Kapitel 3
Richtig belichten mit der Sony α6300

Verwacklungen vermeiden ohne und mit Bildstabilisator 44

Die Schärfentiefe stets im Blick 47

Bildqualität und Sensorempfindlichkeit 48

Motivabhängige Belichtungsmessung 55

Die Belichtung mit dem Histogramm kontrollieren 60

Die Bildhelligkeit anpassen 63

EXKURS: Belichtungskontrolle mit dem Zebra 66

Verwacklungen vermeiden ohne und mit Bildstabilisator

In den allermeisten Situationen sorgt die α6300 eigenständig dafür, alle wichtigen Belichtungsparameter wie die *Belichtungszeit*, die *Blende* und die *Lichtempfindlichkeit* des Sensors (ISO) optimal aufeinander abzustimmen und ein scharfes Bild mit korrekter Helligkeit zu erzeugen. Es kann aber nicht schaden, hierbei ab und zu auf die angezeigte Belichtungszeit zu achten. Denn bei wenig Umgebungslicht steigt die Gefahr von *Verwacklungsunschärfe*.

Leider hat Sony zugunsten eines kompakteren Gehäuses keinen *Bildstabilisator* verbaut. Wenn auch das Objektiv keinen Bildstabilisator besitzt, hilft es nur, sich grob an der sogenannten *Kehrwertregel* zu orientieren, um die Verwacklungsgefahr gering zu halten. Die Regel lautet: *1/(Objektivbrennweite × Cropfaktor 1,5) = Belichtungszeit*. Das bedeutet, dass bei 50 mm Brennweite eine Belichtungszeit von 1/80 s mit hoher Wahrscheinlichkeit verwacklungsfreie Bilder liefert: 1/(50 mm × 1,5) = 0,013 ≈ 1/75 s (entspricht einstellbaren 1/80 s).

⌄ Abbildung 3.1
Durch Ausrichten der Belichtungszeit nach der Kehrwertregel entstand auch ohne Bildstabilisator ein scharfes Bild des schlecht beleuchteten Kirchenmotivs.

[50 mm | f5,6 | 1/80 s | ISO 5000]

Natürlich werden die Zahlenwerte in der Realität nie so genau getroffen. Das ist aber auch nicht der Sinn der Regel. Sie soll lediglich eine Hilfestellung geben. Mit ihr können Sie den Grenzwert auf die Schnelle und zugegebenermaßen eher grob einschätzen, um herauszufinden, ab wann ohne weitere Bildstabilisation mit Verwacklungsunschärfe gerechnet werden muss.

Hilfreiche ISO-Automatik

Wenn Sie die ISO-Automatik verwenden, orientiert sich die α6300 automatisch an der Kehrwertregel, zumindest solange das Licht für die maximale Lichtempfindlichkeitsstufe nicht zu schwach wird. Erfahren Sie mehr dazu im Abschnitt »ISO-Wert und ISO-Automatik situationsbezogen einstellen« ab Seite 49.

Wenn Sie ein Objektiv mit eingebautem Bildstabilisator *OSS* (OSS = *Optical SteadyShot*) besitzen, wie etwa das *E PZ 16–50 mm F3.5–5.6 OSS*, können Sie von einer guten objektivbasierten Stabilisatorwirkung profitieren. Sogenannte *Gyrosensoren* im Objektiv steuern ein beweglich gelagertes Linsenelement der horizontalen (x-Achse) und vertikalen (y-Achse) Verwacklungsrichtung entgegen.

^ **Abbildung 3.2**
Mit Bildstabilisation wurde die Aufnahme scharf (❶, ❷), während bei ausgeschaltetem SteadyShot deutliche Verwacklungsspuren zu sehen sind (❸, ❹).

Ganz konservativ betrachtet, lässt sich damit die per Kehrwertregel ermittelte Belichtungszeit um etwa zwei Stufen (+2 EV) verlängern, beispielsweise von 1/80 s ohne auf 1/20 s mit Stabilisator. In der Praxis können aber durchaus längere Belichtungszeiten möglich sein, was von der eigenen ruhigen Hand und der Kamerahaltung abhängt. Mit dem Sucher am Auge lässt sich die α6300 oftmals stabiler halten als mit ausgestreckten Armen.

Wenn Sie möchten, testen Sie selbst einmal aus, wie gut Sie die α6300 noch verwacklungsfrei halten können, indem Sie im Modus **Zeitpriorität** (**S**) bei aktiver ISO-Automatik mit verschiedenen Belichtungszeiten Bilder mit oder ohne Bildstabilisator aufnehmen und vergleichen. Ein- und Ausschalten lässt sich der **SteadyShot** im Menü **Kameraeinstlg. 8** ◻. In der Tabelle 3.1 finden Sie zur Orientierung einige Belichtungszeiten, die mit hoher Wahrscheinlichkeit zu scharfen Bildern führen.

Brennweite	Zeit ohne Bildstabilisation	Zeit mit Bildstabilisation
200 mm	1/320 s	1/80 s
100 mm	1/160 s	1/40 s
70 mm	1/100 s	1/25 s
50 mm	1/80 s	1/20 s
35 mm	1/50 s	1/13 s
28 mm	1/40 s	1/10 s
18 mm	1/30 s	1/8 s

∧ **Tabelle 3.1**
Anhaltspunkte für zuverlässig freihändig haltbare Belichtungszeiten ohne beziehungsweise mit Bildstabilisator. Die Zeitangaben richten sich nach den bei der α6300 tatsächlich einstellbaren Werten.

SteadyShot beim Stativeinsatz – ein oder aus?

Sony empfiehlt, bei Stativaufnahmen den Stabilisator auszuschalten. Aus unserer Erfahrung ist dies aber nur bei Langzeitbelichtungen mit Belichtungszeiten von 1/5 s oder länger notwendig, also beispielsweise nicht bei einem Selbstauslöserbild in heller Umgebung. Werfen Sie zur Sicherheit am besten stets einen kurzen Blick auf die vergrößerte Wiedergabeansicht.

Die Schärfentiefe stets im Blick

Über die *Blende* lässt sich die *Schärfentiefe* des Bildes beeinflussen. Das ist der Bildbereich, der sich vom Fokuspunkt ausgehend nach vorn und hinten ausdehnt und von unserem Auge noch als scharf wahrgenommen wird. Die Schärfentiefe ist beispielsweise der Schlüssel dafür, Motive vor einem unscharfen Hintergrund prägnant freistellen zu können. Mehr dazu lesen Sie im Abschnitt »Mit der Blendenpriorität (A) die Schärfentiefe lenken« ab Seite 108.

Praktischerweise haben Sie bei der α6300 die Möglichkeit, die optische Wirkung der Blende auf die Schärfentiefe vor der Aufnahme zu prüfen. Dazu drücken Sie einfach den Auslöser bis zum ersten Druckpunkt herunter. Die Blende schließt sich daraufhin auf den gewählten Wert und erzeugt eine große (Blende offen, Schärfentiefe gering) oder kleine runde Öffnung (Blende geschlossen, Schärfentiefe hoch). Möglich ist aber auch, eine benutzerdefinierte Taste, zum Beispiel **C1**, mit der Funktion **Blendenvorschau** zu belegen. Öffnen Sie dazu im Menü **Benutzereinstlg. 7** ✿ die Rubrik **BenutzerKey(Aufn.)**, und programmieren Sie die gewünschte Taste mit der Funktion.

Wenn Sie nun vor der Aufnahme die mit der **Blendenvorschau** belegte Taste drücken, springt die Blende im Objektiv auf den eingestellten Wert, und der Sucher beziehungsweise LCD-Monitor präsentiert Ihnen die Szene mit der zu erwartenden Schärfentiefe. Dabei werden alle störenden Einstellungsinformationen ausgeblendet, und somit wird absolut freie Sicht auf das Motiv gewährleistet.

▲ Abbildung 3.3
Wenn der Auslöser halb heruntergedrückt wird, sind die Blendenlamellen des Objektivs und die Blendenöffnung in der Mitte von außen gut zu sehen.

▲ Abbildung 3.4
***Blendenvorschau** mit der gewählten Taste verknüpfen*

▲ Abbildung 3.5
*Kontrolle der Schärfentiefe durch Drücken der neu definierten Taste **Blendenvorschau***

> **Automatische Blendenvorschau in den Modi A und M**
>
> In den Modi **Blendenpriorität (A)** und **Manuelle Belichtung (M)** schließt sich die Blende beim Einstellen des Blendenwertes auch, wenn der Auslöser nicht gedrückt wird. Die Belichtung wird in diesem Fall bei der jeweiligen *Arbeitsblende* (der von Ihnen gewählten Blendenöffnung) und nicht bei *Offenblende* (Blende ganz offen, niedrigster Wert) gemessen.

Bildqualität und Sensorempfindlichkeit

Der Sensor der α6300 ist in Sachen *Lichtempfindlichkeit (ISO-Wert)* sehr variabel aufgestellt. Mit niedrigen Empfindlichkeitsstufen von ISO 100–400 erzielen Sie hervorragend aufgelöste und sehr scharfe Bilder in heller Umgebung oder vom Stativ aus. Bei wenig Licht hilft eine erhöhte Lichtempfindlichkeit von ISO 800–51 200 dabei, verwacklungsfrei aus der Hand fotografieren zu können, und das mit einer immer noch sehr ordentlichen Bildqualität. Erfahren Sie in diesem Abschnitt, wie Sie den ISO-Wert flexibel und sicher an die jeweilige Situation adaptieren können.

Abbildung 3.6 >
Der Aufnahme ist kaum anzusehen, dass sie mit einer extrem hohen Lichtempfindlichkeit von ISO 12 800 aufgenommen wurde.

[27 mm | f4,5 | 1/20 s | ISO 12 800]

ISO-Wert und ISO-Automatik situationsbezogen einstellen

Der ISO-Maximalwert der α6300 liegt bei ISO 51200 beziehungsweise im Modus **Film** bei ISO 25600. Der Minimalwert beträgt ISO 100. Um die Lichtempfindlichkeit manuell an die Situation anzupassen, nehmen Sie beispielsweise:

- ISO 100–400 für Landschaften, Architektur- oder Nahaufnahmen in heller Tageslichtumgebung oder wenn kurzzeitig eine Wolke vor die Sonne zieht
- ISO 200–800 für Außenaufnahmen in mäßig heller Umgebung oder hell beleuchteten Innenräumen, wie zum Beispiel einer Kirche mit sonnendurchfluteten Fenstern
- ISO 400–3200 für Innenaufnahmen mit schwächerer Beleuchtung (zum Beispiel in der Kirche) oder bei Nachtaufnahmen (beleuchtete Gebäude, Bürotürme vor dem Nachthimmel) oder für Eventfotos, bei denen mit möglichst kurzen Belichtungszeiten Bewegungen eingefroren werden sollen
- ISO 1600–51200 für Konzertaufnahmen ohne Blitz oder bei Hallensport. Je höher der ISO-Wert, desto besser kann Bewegungsunschärfe eingefroren werden. Bei den hohen ISO-Werten sinkt aber auch stets die Bildauflösung, und die Gefahr von Bildrauschen steigt.

Auswählen lässt sich der ISO-Wert flink über die **ISO**-Taste und Drehen des Einstellrads nach rechts, allerdings nur in den Modi **P**, **A**, **S** und **Film**. Alternativ finden Sie die Rubrik **ISO** im Menü **Kameraeinstlg. 4**.
Wenn Sie das Einstellrad vom Minimalwert ausgehend einen Schritt weiter nach links drehen, können Sie die ISO-Automatik (**AUTO**) aktivieren, bei der die α6300 die Lichtempfindlichkeit vollautomatisch den Lichtverhältnissen anpasst. Damit können Sie absolut flexibel bei wechselnden Lichtsituationen agieren und sogar den Minimal- und Maximalwert vorgeben, um in Abhängigkeit von der jeweiligen Fotosituation stets die bestmögliche Bildqualität zu erzielen.

Für die Einstellung des ISO-Bereichs drücken Sie nach Auswahl der ISO-Automatik (❶ in Abbildung 3.8)

◂ **Abbildung 3.7**
Auswahl der Lichtempfindlichkeitsstufe über den ISO-Wert

die Taste ▶ und wählen durch Drehen am Einstellrad oder mit den Tasten ▲/▼ den gewünschten Wert für **ISO AUTO minimal** ❷ aus. Allerdings empfehlen wir Ihnen, diesen Wert standardmäßig auf **100** zu belassen. Dann kann die α6300 bei guten Lichtverhältnissen stets die bestmögliche Bildqualität liefern. Eine Erhöhung des Minimalwertes ist nur sinnvoll, wenn Sie etwa bei einem Sportevent oder Straßenumzug im Modus **Blendenpriorität** (**A**) mit einer bestimmten Blende fotografieren möchten und die Belichtungszeit mit Hilfe der ISO-Automatik kurz halten wollen, um Bewegungen scharf einzufangen. Springen Sie danach mit der Taste ▶ zu **ISO AUTO maximal** ❸, und stellen Sie den gewünschten Wert ein. Tippen Sie den Auslöser an, um das Menü zu verlassen.

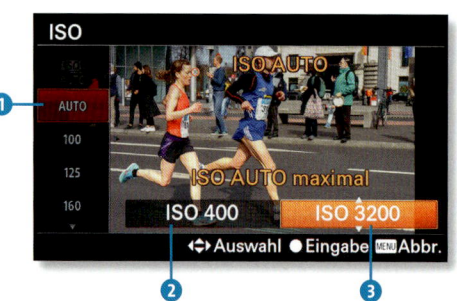

Abbildung 3.8 ▶
Einstellen der ISO-Automatik

 ISO-Automatik im Modus M

Auch bei der manuellen Belichtung (**M**) ist die ISO-Automatik verwendbar. In dem Fall stellt die α6300 die Bildhelligkeit so ein, dass die Standardbelichtung (± 0 EV) erreicht wird. Das kann bei actionreichen Szenen mit sich ändernden Lichtverhältnissen vorteilhaft sein.

Verwacklungsfrei fotografieren mit Mindestverschlusszeit

Um mit aktiver **ISO AUTO** bei Freihandaufnahmen die Belichtungszeit auf Werte zu bringen, bei denen möglichst sicher verwacklungsfreie Bilder entstehen, können Sie eine *Mindestverschlusszeit* vorgeben, zu finden im Menü **Kameraeinstlg. 4** 📷 bei **ISO AUTO Min. VS**. Geben Sie darin entweder eine bestimmte Belichtungszeit ❺ vor, beispielsweise 1/500 s bei Sportaufnahmen oder 1/30 s für statische Motive. Oder stellen Sie eine der Vorgaben **Langsamer**, **Langsam**, **Standard**, **Schnell** oder **Schneller** ❹ ein.

Abbildung 3.9 ▶
Anpassen der Mindestverschlusszeit

Wenn Sie ein Objektiv mit Bildstabilisator (*OSS*) an der α6300 verwenden, eine ruhige Hand haben und die Motive eher statisch sind, können Sie auf **Langsamer** oder **Langsam** setzen. Dann steigt der ISO-Wert generell weniger rasant an, aber die

Belichtungszeit ist auch entsprechend länger. Im Falle nicht so ruhiger Hände oder beim Fotografieren aus dem Bus heraus erhalten Sie mit den Einstellungen **Schnell** oder **Schneller** kürzere Belichtungszeiten und mehr Verwacklungssicherheit, aber mit rasanter ansteigenden ISO-Werten.

Brennweite	Langsamer	Langsam	Standard	Schnell	Schneller
16 mm	1/15 s	1/30 s	1/60 s	1/125 s	1/250 s
50 mm	1/15 s	1/30 s	1/60 s	1/125 s	1/250 s
70 mm	1/30 s	1/60 s	1/125 s	1/250 s	1/500 s
100 mm	1/40 s	1/80 s	1/160 s	1/320 s	1/640 s
200 mm	1/80 s	1/160 s	1/320 s	1/640 s	1/1250 s

◁ **Tabelle 3.2**
Belichtungszeit in Abhängigkeit von der Mindestverschlusszeit

Allerdings greift die Mindestverschlusszeit nur in den Modi **P** und **A** und auch nur so lange, bis der ISO-Wert an der Obergrenze des ISO-AUTO-Bereichs angekommen ist. Bei sehr wenig Licht wird die Belichtungszeit daher trotzdem länger, und die Verwacklungsgefahr steigt wieder.

Das Bildrauschen unterdrücken

Leider bewirken hohe ISO-Werte ein erhöhtes *Bildrauschen*. Tausende kleiner Fehlpixel führen dazu, dass Helligkeit und Farbe nicht gleichmäßig wiedergegeben werden. Bei der α6300 sind solche Bildstörungen jedoch bei ISO 100 bis 400 so gut wie gar nicht und bei ISO 800 bis 1600 immer noch sehr gering ausgeprägt. Bei ISO 3200 bis 6400 tritt das Bildrauschen dagegen deutlicher zutage, und bei ISO 12 800 bis ISO 51 200 ist es kaum mehr zu übersehen.

Allerdings werden die JPEG-Bilder in der α6300 standardmäßig mit der Funktion ⚙ **Hohe ISO-RM** entrauscht, und RAW-Bilder können im RAW-Konverter von störenden Fehlpixeln befreit werden. Bei JPEG-Fotos wird das Bildrauschen damit bereits kameraintern über den gesamten ISO-Bereich sehr gut unterdrückt, was Sie in Abbildung 3.10 in den Ausschnittsreihen ❶ bis ❸ sehen können. Ab ISO 3200 lassen die Motivdetails aber dennoch an Schärfe und Auflösung nach. Die Farbunregelmäßigkeiten, die das Bild am meisten stören, werden aber bis ISO 12 800 sehr gut kompensiert. Möchten Sie die Rauschminderungsstärke in Abhängigkeit von der ISO-Zahl wählen, rufen Sie im Menü **Kameraeinstlg. 6** 📷 die Option ⚙ **Hohe ISO-RM** auf. Hier können Sie zwei Stärken wählen (siehe Abbildung 3.11).

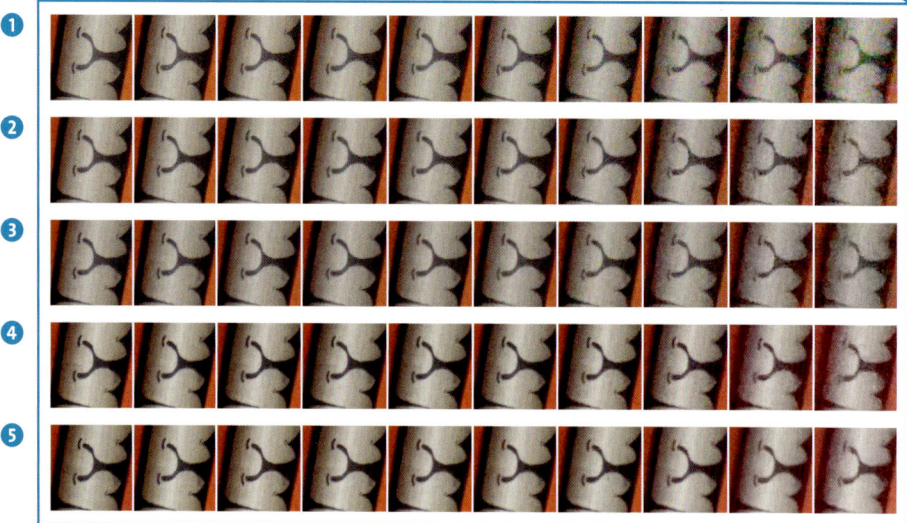

^ Abbildung 3.10
Oben: Das Testmotiv mit dem gewählten Teilausschnitt für den ISO- und Rauschminderungsvergleich. Unten: ISO- und Rauschminderungsvergleich: ❶ *Hohe ISO-RM > Aus*, ❷ *Hohe ISO-RM > Niedrig*, ❸ *Hohe ISO-RM > Normal*, ❹ *MultiframeRM > Standard*, ❺ *MultiframeRM > Hoch* (jeweils ISO 100, 200, 400, 800, 1600, 3200, 6400, 12 800, 25 600, 51 200)

Damit Ihnen die Entscheidung etwas leichter fällt, empfehlen wir Ihnen für die beiden Stärken die folgenden Kombinationen:
- **Niedrig** bei ISO 100–800
- **Normal** bei ISO 1600–51200, wobei ISO 1600 mit der Einstellung **Normal** den besten Kompromiss aus hoher Lichtempfindlichkeit und geringem Bildrauschen bietet.

< Abbildung 3.11
*Als Standardeinstellung bei **Hohe ISO-RM** eignet sich die Stärke **Normal** wirklich gut.*

Die beste Rauschunterdrückung liefert die sogenannte **Multiframe-RM**. In der Einstellung **Standard** nimmt die α6300 bei jeder Aufnahme automatisch vier Bilder auf und bei **Hoch** sogar 12 Bilder. Diese werden kameraintern zum fertigen Foto verschmolzen, weshalb die α6300 bei der Aufnahme möglichst ruhig gehalten werden sollte. Es dauert anschließend auch immer ein paar Sekunden, bis sie wieder aufnahmebereit ist. Die Funktion lässt sich mit jeder ganzen ISO-Stufe verbinden (100, 200, 400, 800, 1600, 3200, 6400, 12800, 25600, 51200). Da die **Multiframe-RM** aber einige andere Funktionen einschränkt und nicht für bewegte Motive geeignet ist, empfehlen wir Ihnen, sie erst ab ISO 3200 und höher einzusetzen.

Übrigens, die höhere Lichtempfindlichkeit geht auch immer zu Lasten der *Detailauflösung*. So verschwimmen in den gezeigten Bildausschnitten die feinen Strukturen mit steigendem ISO-Wert zunehmend. Auch aus diesem Grund ist es von Vorteil, mit niedrigen ISO-Werten zu agieren und so die bestmögliche Performance aus dem Sensor zu holen.

Luminanz- und Farbrauschen

Beim ISO-bedingten Bildrauschen treffen zwei Phänomene aufeinander: das *Luminanz-* und das *Farbrauschen*. Ersteres beschreibt die ungleichmäßige Helligkeitsverteilung der Bildpunkte, daher auch als *Helligkeitsrauschen* bezeichnet. Ungleichmäßig gefärbte Pixel treten hingegen beim Farbrauschen auf. Meist ist das Farbrauschen bei der Bildbetrachtung augenfälliger.

Fotografieren mit der Multiframe-RM
SCHRITT FÜR SCHRITT

1 Grundeinstellungen festlegen
Wählen Sie einen der Aufnahmemodi **P**, **A**, **S** oder **M** aus. Die **Multiframe-RM** steht jedoch nur zur Verfügung, wenn als Aufnahmemodus eines der JPEG-Formate gewählt wird und die Funktionen **Fotoprofil** und **Bildeffekt** deaktiviert sind. Alle anderen Funktionen, die nicht mit der **Multiframe-RM** kompatibel sind, werden in den Menüs ausgegraut.

2 Die Multiframe-RM aktivieren
Drücken Sie die **ISO**-Taste, und wählen Sie das Symbol 🔘 ❶ mit dem Einstellrad 🔘 aus. Alternativ finden Sie die **Multiframe-RM** auch im Menü **Kameraeinstlg. 4** 📷 bei **ISO**.

3 Den ISO-Wert wählen
Drücken Sie die Taste ▶, und wählen Sie durch Drehen am Einstellrad 🔘 den gewünschten ISO-Wert ❷ aus.

4 Rauschminderungsstärke wählen
Wechseln Sie nun mit der Taste ▶ zum Einstellungsfeld des **RM-Effekts** ❸, und wählen Sie durch erneutes Drehen des Einstellrads 🔘 die Stärke **Standard** oder **Hoch** aus. Anschließend können Sie gleich das Bild aufnehmen.

5 Multiframe-RM schnell (de-)aktivieren
Um die **Multiframe-RM** wieder zu deaktivieren, drücken Sie die **ISO**-Taste erneut und wählen per Einstellrad 🔘 **AUTO** oder einen anderen ISO-Wert aus dem Menü aus.

> **Multiframe-ISO-Automatik**
>
> Im Menü der **Multiframe-RM** können Sie auch den Wert 🔘 wählen. Die α6300 nutzt die gleichen ISO-Einstellungen wie die zuvor vorgestellte ISO-Automatik (lesen Sie dazu den Abschnitt »ISO-Wert und ISO-Automatik situationsbezogen einstellen« ab Seite 49), fotografiert aber jedes Mal mit der **Multiframe-RM** mehrere Bilder, die für das finale Ergebnis miteinander verrechnet werden. Geeignet ist 🔘 bei statischen Motiven und wenn die Aufnahmegeräusche der Mehrfachbelichtung nicht stören. Wenn Sie bewegte Motive vor sich haben oder im RAW-Format fotografieren möchten, verwenden Sie besser die standardmäßige ISO-Automatik.

Rauschminderung bei Langzeitbelichtung

Bei der **Langzeit-RM** werden fehlerhafte helle Pixel herausgefiltert, die bei Belichtungszeiten von 1 s und länger auftreten können. Zu finden ist die Funktion, die Sie ruhig dauerhaft aktiviert lassen können, im Menü **Kameraeinstlg. 6** . Wichtig zu wissen ist, dass bei einer Belichtung von 1 s oder länger die Bearbeitungszeit direkt nach der Aufnahme in etwa genauso lange dauert wie die Belichtung selbst. Schalten Sie die α6300 daher nicht ab, bevor die Anzeige **Verarbeitung...** erlischt. Bei Feuerwerk oder Gewittern kann es hingegen sinnvoll sein, die Funktion auszuschalten, da es sonst eventuell zu lange dauert, bis nach dem ersten Foto das nächste aufgenommen werden kann, und dadurch zu viele Fotochancen verstreichen.

< Abbildung 3.12
*Bei langen Belichtungszeiten hilft die **Langzeit-RM**, eventuelle Fehlpixel zu entfernen, die sich besonders in dunklen Bildbereichen als störend bemerkbar machen können.*

Motivabhängige Belichtungsmessung

Damit Ihre Aufnahmen stets optimal belichtet werden, hat die α6300 drei Belichtungsmessmethoden an Bord, mit denen sie das vorhandene Licht misst und daraus die Werte für die Belichtungszeit, die Blende und den ISO-Wert ermitteln kann: **Multi** (Mehrfeldmessung), **Mitte** (Mittenbetonte Messung) und **Spot** (Spotmessung). Die Hauptunterschiede bestehen darin, dass jeder **Messmodus** einen unterschiedlich großen Sensorbereich für die Ermittlung der Belichtung verwendet.

Auswählen können Sie den **Messmodus** im Aufnahmeprogramm **P**, **A**, **S**, **M**, **Panorama-Schwenk** und **Film**. Navigieren Sie dazu entweder im **Quick Navi**-Menü oder im Menü **Kameraeinstlg. 4** zur Rubrik **Messmodus**.

◁ Abbildung 3.13
Auswahl des gewünschten Messmodus im Quick Navi-Menü

Multi, das Allround-Talent

Der Messmodus **Multi** ist so etwas wie der Tausendsassa der Belichtungsmessung. Mit ihm analysiert die α6300 den gesamten Sensorbereich anhand von 1200 Zonen hinsichtlich Kontrastverteilung, Helligkeit, Motivfarben und anderer Parameter und errechnet daraus die optimale Belichtung. Dabei werden sogar zusätzliche Informationen aus der **Gesichtserkennung** oder dem aktiven **Fokusfeld** mit einbezogen. So meistert **Multi** viele gängige Fotosituationen spielend. Dazu gehören Porträts, Landschaften, typische Sightseeing-Motive oder auch Innenräume, wie zum Beispiel Kirchen oder Museen, genauso wie Sonnenauf- und -untergänge, Schnappschüsse und Situationen, in denen schnell gehandelt werden muss. Daher empfehlen wir diesen Messmodus uneingeschränkt als Standardeinstellung.

Abbildung 3.14 ▷
Der Messmodus **Multi** liefert zuverlässig gut belichtete Bilder.

Korrektur oder Moduswechsel?
Natürlich kann es vorkommen, dass die Mehrfeldmessung mit ihrer Interpretation der Motivszene auch einmal danebenliegt. Dann können Sie einen der anderen Messmodi verwenden oder, noch schneller, eine Belichtungskorrektur ⭐ durchführen. Das geht meist viel zügiger von der Hand als das Umschalten des Messmodus.

Präzisionsarbeit mit der Spotmessung

Bei Aktivierung des Messmodus **Spot** ◉ sehen Sie in der Bildmitte eine Kreismarkierung. Nur über diese kleine Bildfläche bestimmt die α6300 die Belichtung. Damit wird es möglich, kleine Areale im Bildausschnitt sehr genau anzumessen und die Umgebung dabei außer Acht zu lassen.

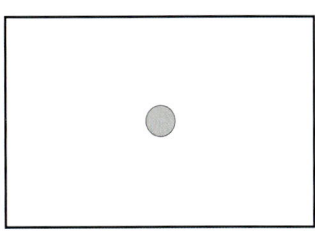

▲ Abbildung 3.15
Der Messmodus **Spot** ermittelt die Belichtung über die Sensormitte.

Die Belichtungsmessung läuft bei **Spot** unabhängig vom gewählten Fokusfeld stur über die Bildmitte ab. Daher wird es häufig notwendig sein, das Messergebnis zwischenzuspeichern, was mit der Methode der **AE-Speicherung** unkompliziert vonstattengeht (siehe dazu die Schritt-für-Schritt-Anleitung »Die Belichtung zwischenspeichern« auf Seite 58). Damit ist **Spot** beispielsweise geeignet für kontrastreiche Motive, bei denen Sie die Belichtung ganz exakt auf einen bestimmten Bildbereich abstimmen möchten, wie bei dem weißen Architekturmotiv in der folgenden Abbildung.

▲ Abbildung 3.16
Mit der Spotmessung und einer Belichtungsspeicherung konnten wir das weiße Gebäude strahlend hell und perfekt belichtet in Szene setzen.

▲ Abbildung 3.17
Ohne vorherige Belichtungsspeicherung lag das Spotmessfeld auf der weißen Fassade. Dadurch wurde das Bild zu knapp belichtet und zu dunkel.

Auch bei Aufnahmen zur Zeit des Sonnenuntergangs mit der Sonne im Bild erreichen Sie gute Ergebnisse mit der Spot-Messung, sofern Sie Ihr Messergebnis mit der **AE-Speicherung** zwischenspeichern. Messen Sie die Belichtung in diesem Fall über einen Himmelsbereich neben der Sonne. Oder Sie messen damit mehrere Bildstellen aus (*Kontrastumfang*) und errechnen daraus einen Mittelwert, den Sie in die **Manuelle Belichtung** (**M**) übertragen. Das ist zum Beispiel dann sinnvoll, wenn eine ganze Bilderserie mit gleichbleibender Belichtung im Studio produziert werden soll.

Ohne Belichtungsspeicherung kann die Spotmessung bei kontrastreichen Motiven allerdings auch extreme Ergebnisse liefern, sie ist eben sehr präzise und erfordert daher ein Quäntchen Erfahrung und das Mitdenken des Fotografen. Bei Motiven, die stark in Bewegung sind, liefert die Spotmessung instabile Resultate, da mal helle, mal dunkle Motivbereiche in den kleinen Messkreis fallen.

Die Belichtung zwischenspeichern
SCHRITT FÜR SCHRITT

1 Aufnahmemodus wählen
Die Belichtungsspeicherung ist prinzipiell in allen Aufnahmeprogrammen der α6300 anwendbar. Wählen Sie Ihren bevorzugten Modus, beispielsweise die **Blendenpriorität** (**A**). Richten Sie nun das Spotmessfeld ❶ auf einen Bildbereich aus, bei dem die wichtigen Motivstellen Ihres Bildes eine ansprechende Helligkeit aufweisen.

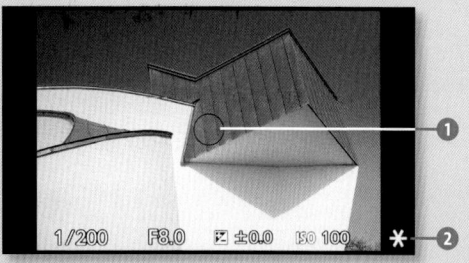

Hier haben wir einen mittelhellen Dachbereich gewählt, bei dem die weiße Fassade hell, aber nicht überstrahlt abgebildet wurde. Bei einem Porträt könnten Sie die Belichtung beispielsweise auf die Stirn oder Wange abstimmen.

2 Die Belichtung zwischenspeichern
Stellen Sie den **AF/MF/AEL**-Hebel auf **AEL**. Drücken Sie dann die **AEL**-Taste, und halten Sie diese bis zum Auslösen des Bildes gedrückt, um die Belichtung zu speichern. Es erscheint ein Sternsymbol ✱ ❷ unten rechts auf dem Monitor beziehungsweise im Sucher.

Mittenbetonte Messung

Der Messmodus **Mitte** ⊡ legt den Schwerpunkt auf die Bildmitte und gewichtet die Randbereiche abnehmend. Es werden aber weder die Position des Hauptmotivs noch die Farben, Kontraste oder eventuell erkannte Gesichter berücksichtigt. Damit ist **Mitte** dem Modus **Multi** ⊞ oftmals unterlegen. Der einzige Vorteil, der uns im Laufe der Zeit aufgefallen ist, sind Motive mit einem hellen Hauptobjekt in der Mitte und einem dunklen Hintergrund, etwa eine helle Statue vor einer dunklen Hecke, oder ein dunkles Objekt vor einem hellen Hintergrund. Der jeweils im Kontrast zum Hauptmotiv stehende Hintergrund fließt weniger in die Messung ein, so dass das Hauptobjekt marginal besser belichtet wird. Denken Sie in solchen Situationen ab und zu an diesen Messmodus, falls Sie mit **Multi** Schwierigkeiten bei der Belichtung bekommen sollten.

▲ Abbildung 3.18
Schema des Messmodus **Mitte**

3 Belichtungswerte länger speichern (optional)

In der Standardeinstellung der α6300 wird die Belichtung nur gespeichert, solange Sie die **AEL**-Taste gedrückt halten, was etwas umständlich ist. Möchten Sie Belichtungswerte über einen längeren Zeitraum speichern, ohne die **AEL**-Taste permanent drücken zu müssen, stellen Sie im Menü **Benutzereinstlg. 7** ✿ > **BenutzerKey(Aufn.)** > **Funkt. d. AEL-Taste** die Einstellung **AEL Umschalten** oder **AEL Umschalt** ein. Im zweiten Fall misst die α6300 die Belichtung, indem sie dazu temporär die **Spotmessung** ⊡ einsetzt. Damit ist eine päzise Belichtungsspeicherung also auch dann möglich, wenn mit den Messmodi **Multi** ⊞ oder **Mitte** ⊡ gearbeitet

wird. Nach kurzem Drücken der **AEL**-Taste bleiben die Belichtungswerte gespeichert, und zwar so lange, bis Sie die Taste erneut drücken.

4 Bildausschnitt wählen und auslösen

Richten Sie den Bildausschnitt mit den gespeicherten Werten wie gewünscht ein, und lösen Sie das Bild anschließend aus.

Die Belichtung mit dem Histogramm kontrollieren

Die Belichtung des gerade aufgenommenen Fotos am Monitor oder im Sucher zu beurteilen ist bei kontrastreichen Motiven oder in Situationen, in denen die Umgebung sehr hell ist, nicht immer so einfach. Dann schlägt die Stunde des *Histogramms*. Jedes Foto aus der α6300 besitzt ein solches Diagramm. Das Histogramm oder, genauer, das *Helligkeitshistogramm* listet die Helligkeitswerte aller Bildpunkte von links (schwarz) ❶ bis rechts (weiß) ❸ in Form eines Diagramms auf. Die Höhe ❷ zeigt an, ob viele oder wenige Pixel mit dem entsprechenden Helligkeitswert vorliegen. Ist im linken Bereich des Diagramms ein Berg zu sehen, enthält das Bild viele dunkle Anteile. Liegt der Berg mittig oder weiter rechts, besitzt die Aufnahme vorwiegend helle Farbtöne. Zwei oder mehr getrennte Hügel weisen auf eine kontrastreiche Szene.

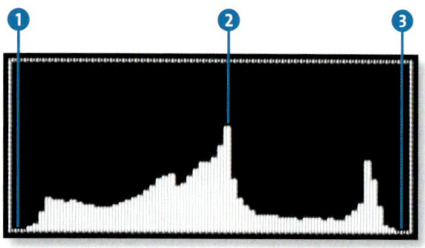

Abbildung 3.19
Helligkeitshistogramm eines kontrastreichen und gut belichteten Motivs

Um die Histogramm-Anzeige aufzurufen, drücken Sie die **DISP**-Taste des Einstellrads ◎ so oft, bis das Histogramm im Aufnahmemodus oder bei der Bildwiedergabe zu sehen ist. Sollte das Histogramm nicht aufrufbar sein, schauen Sie nach, ob im Menü **Benutzereinstlg. 2** ✿ > **Taste DISP** im Bereich **Monitor** oder **Sucher** die Anzeigeform **Histogramm** mit einem Häkchen versehen ist.

Abbildung 3.20 ▶
Histogramm eines korrekt belichteten Bildes im Aufnahmemodus (links) und in der Wiedergabeansicht

 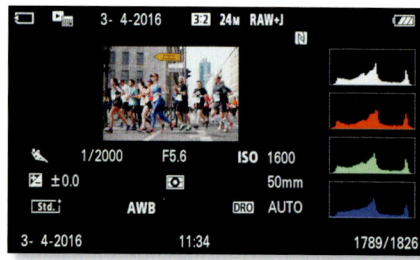

> **Kein RAW-Histogramm!**
>
> Das Histogramm der α6300 bezieht sich immer auf die JPEG-Variante Ihres Bildes, egal, ob Sie mit JPEG-, RAW- oder RAW & JPEG-Qualitäten fotografieren. Das liegt daran, dass in der RAW-Datei stets ein JPEG-Vorschaubild mitgespeichert wird, um das Motiv schnell und softwareunabhängig anzeigen zu können. Gleichzeitig erschwert dies leider die Interpretation der RAW-Belichtung. Aber Sie können davon ausgehen, dass Sie bei RAW noch Spielraum für etwa ±1,5 EV haben, wenn das JPEG-Histogramm am Rand anstößt.

Belichtungswarnung bei über- und unterbelichteten Bildern

Bei einer unterbelichteten Aufnahme verschieben sich die Histogrammberge nach links in Richtung der dunklen Helligkeitswerte. Wenn der Berg dabei an der linken Histogrammbegrenzung abgeschnitten wird, entstehen an den betroffenen Bildstellen schwarze strukturlose Bildflächen. Praktischerweise werden Ihnen diese Stellen in der Wiedergabeansicht mit Histogramm von der *Belichtungs-* oder *Leuchtdichtengrenzwarnung* weiß blinkend ❹ angezeigt. Vermeiden Sie solche Histogramme nach Möglichkeit. Korrigieren Sie die Belichtung lieber gleich nach oben, und nehmen Sie das Bild erneut auf.

Verlagert sich der Pixelberg im Histogramm dagegen nach rechts außen, vielleicht sogar über die Begrenzung des Diagramms hinaus, enthält Ihr Foto stark überbelichtete Bereiche. Diese werden in der Wiedergabeansicht durch schwarz blinkende Areale ❺ besonders hervorgehoben. Bei JPEG-Fotos kann selbst die beste Bildbearbeitung in diese Bereiche keine Strukturen mehr hineinzaubern. Vermeiden Sie daher auf alle Fälle zu lange Belichtungen, bei denen das Histogramm rechts gekappt wird. Steuern Sie in solchen Fällen gegen, und korrigieren Sie die Belichtung in solchen Fällen schrittweise nach unten, bis die Belichtungswarnung nur noch sehr kleinflächig blinkt.

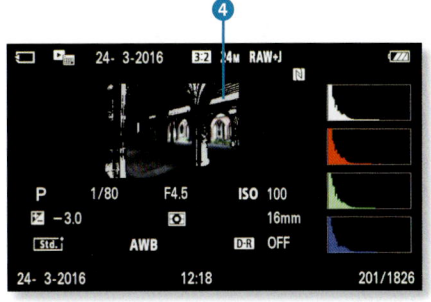

˄ Abbildung 3.21
Bei einer starken Unterbelichtung liegt der Hauptanteil der Pixel im linken Histogrammbereich, und die Belichtungswarnung blinkt weiß.

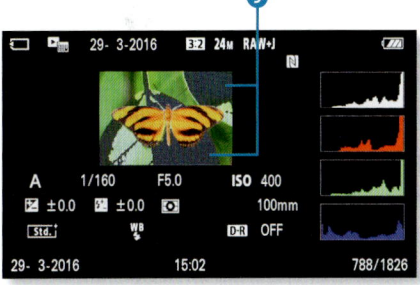

Abbildung 3.22 ˃
Schiebt sich der Pixelberg am rechten Rand aus dem Diagramm hinaus, liegt eine starke Überbelichtung vor, erkennbar an der schwarz blinkenden Belichtungswarnung.

 Der RAW-Belichtungsvorteil

Bei Bildern im RAW-Format können Überbelichtungen von +1 bis +2 EV mit dem RAW-Konverter meist noch gut gerettet werden, das heißt, es kann Zeichnung in die hellen Stellen zurückgeholt werden. Es ist sogar ratsam, tendenziell eher zu mehr Helligkeit hin zu belichten, denn das Zurückfahren heller Bereiche ruft weniger Bildstörungen hervor als das Aufhellen zu dunkler Areale.

Bildanalyse mit dem Farbhistogramm

Mit dem Helligkeitshistogramm sind die Möglichkeiten der α6300 noch nicht erschöpft. Denn auch die einzelnen Farbkanäle Rot, Grün und Blau, aus denen sich jedes Bild zusammensetzt, können als getrennte *Farbhistogramme* angezeigt werden. Diese sind hilfreich, um Farbstiche oder Farbüberstrahlungen zu erkennen.

Bei einer Farbverschiebung sind die Histogrammhügel des roten und blauen Kanals mehr oder weniger stark gegeneinander verschoben oder weisen deutlich mehr oder weniger Pixel auf wie bei der ersten Nachtaufnahme. Hier ist der rote Kanal gegenüber dem blauen nach rechts verschoben, was auf höhere Anteile an Gelb im Bild schließen lässt. Durch Umschalten des Weißabgleichs ließ sich das Motiv ohne Farbstich aufnehmen, erkennbar an den simultan verlaufenden roten und blauen Histogrammkurven. Was besser gefällt oder der realen Situation eher entspricht, steht auf einem anderen Blatt. Hier geht es einzig und allein darum, die farbliche Tendenz des Bildes in Richtung einer Gelb- oder Blautönung zu beurteilen. Der grüne Kanal entspricht übrigens in etwa dem weißen Helligkeitshistogramm und kann bei der Farbbeurteilung vernachlässigt werden.

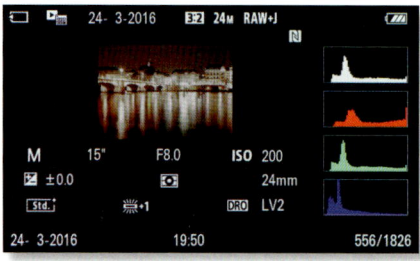 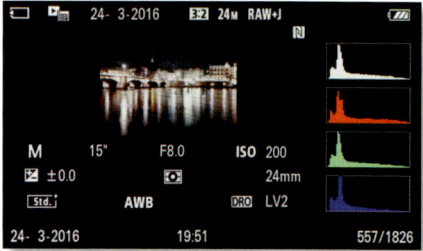

∧ **Abbildung 3.23**
Der Weißabgleich **Leuchtst.: warmweiß** hat ein Bild mit hohen Gelbanteilen erzeugt (links), während der automatische Weißabgleich **AWB** die Farben neutraler darstellt.

Hilfreich kann das RGB-Histogramm auch dann sein, wenn Sie Motive mit leuchtenden Farben aufnehmen, etwa bei Auswahl des Kreativmodus **Lebhaft** Vivid⁺ , **Landschaft** Land.⁺ oder **Herbstlaub** Autm⁺. Einzelne Farben wie Rot oder Blau können überstrahlen, ohne dass dies im Helligkeitshistogramm zu erkennen ist. Beim späteren Druck bereiten die zu kräftigen Farben dann Probleme, indem sie zeichnungslos und übertrieben intensiv wirken.

Das Farbhistogramm ist zwar etwas aufwendiger zu interpretieren, liefert dafür aber noch genauere Informationen über die Belichtungssituation. Es wird daher gerne von erfahreneren α6300-Fotografen genutzt.

> **Histogramm deaktiviert**
> Die Bildwiedergabe mit dem Histogramm steht nicht immer zur Verfügung. Sie ist zum Beispiel deaktiviert während der **Filmwiedergabe**, der **Rollwiedergabe** von Panoramabildern und einer **Diaschau**-Präsentation.

Die Bildhelligkeit anpassen

In den meisten Fällen führt die Belichtungsmessung der α6300 zu gut belichteten Bildern und Filmen. Tendenziell werden die Aufnahmen aber etwas knapp belichtet, vermutlich um vor allem unschöne Überstrahlungen zu vermeiden. Daher nutzen wir einerseits eine um −1 Stufe reduzierte **Monitor-** und **Sucher-Helligkeit** (im Menü **Einstellung 1**), damit die etwas zu dunklen Bilder auch optisch gleich als solche identifiziert werden können. Andererseits achten wir bei den Aufnahmen stets besonders auf das Histogramm und verwenden die Funktion **Zebra** (siehe den Exkurs »Belichtungskontrolle mit dem Zebra« ab Seite 66), um bei Bedarf gleich regulierend mit einer Belichtungskorrektur eingreifen zu können.

Typische Situationen für Belichtungskorrekturen

Es gibt aber auch Szenarien, in denen Sie davon ausgehen können, dass eine Korrektur der Belichtung notwendig wird. So sind sehr helle Motive (etwa ein weißes Gebäude) im Bild häufig zu dunkel abgebildet und müssen, teilweise mit +1 bis +1,3 EV recht deutlich, überbelichtet werden, damit die hellen Farben auch frisch aussehen und nicht schmutzig grau. Bei flächig dunklen Motiven (wie etwa einer schwarzen Katze) kann es hingegen dazu kommen, dass die Farben etwas zu hell dargestellt werden. Das kommt aber nicht ganz so häufig vor, und es sind meist auch nur leichte Korrekturen von −0,3 bis −0,7 EV notwendig.

Abbildung 3.24
Belichtungskorrektur um +1 EV

Die Korrektur der Belichtung ist in den Programmen **P**, **A**, **S**, **Panorama-Schwenk** und **Film** möglich. Im Modus **Manuelle Belichtung (M)** kann die Bildhelligkeit durch Ändern der Belichtungszeit, der Blende oder des ISO-Wertes angepasst werden, oder Sie aktivieren die Funktion **ISO AUTO**, dann können Sie auch im Modus **Manuelle Belichtung (M)** mit einer Belichtungskorrektur arbeiten. Drücken Sie nun die untere Belichtungskorrekturtaste des Einstellrads, und drehen Sie das Einstellrad anschließend in die gewünschte Richtung (hier **+1.0 EV**). Mit dieser Art der Belichtungskorrektur können Sie die Bildhelligkeit in den Fotoaufnahmemodi um ±5 EV anpassen, im Modus **Film** sind Belichtungskorrekturen von ±2 EV möglich. Im Sucher und auf dem Monitor der α6300 wird Ihnen der eingestellte Belichtungskorrekturwert anschließend neben dem Symbol angezeigt.

[23 mm | f5,6 | 1/200 s | ISO 100 | +1]

[23 mm | f5,6 | 1/400 s | ISO 200]

Abbildung 3.25
Links: Das Bild hat durch die Überbelichtung eine frische, helle Wirkung, auch wenn die Sonne bereits tief stand. Rechts: Ohne Belichtungskorrektur wirkt der Berliner Fernsehturm etwas düster.

Die Bildhelligkeit anpassen

Arbeitsweise des Belichtungsmessers

Begründet liegt die Notwendigkeit der Belichtungskorrektur in der Arbeitsweise des *Belichtungsmessers* der α6300. Dieser vergleicht den gemessenen Bildbereich intern mit dem Standardwert von *18 % Neutralgrau*. Anschließend wird die Belichtung des Bildes so eingestellt, dass der gemessene Bereich in seiner Helligkeit der Helligkeit von 18 % Neutralgrau entspricht. Für die meisten farbigen Tonwerte kommt eine passende Belichtung dabei heraus. Eine Wiese oder die menschliche Haut sind zum Beispiel ähnlich hell wie 18 % Neutralgrau. Logisch ist aber auch, dass bei dieser Arbeitsweise ein weißes Motiv grau abgebildet wird und ein schwarzes ebenfalls grau aussieht. Die α6300 kann ja nicht wissen, dass sie Weiß wie Weiß und Schwarz wie Schwarz darstellen soll. Denken Sie daher bei sehr hellen und sehr dunklen Motiven, die zum Beispiel in den Spotmesskreis der α6300 geraten, stets an eine eventuell notwendige Belichtungskorrektur.

Die Lichtwertstufen

Bei Belichtungskorrekturen ist stets von Belichtungsstufen die Rede. Diese werden auch als *Lichtwertstufen* bezeichnet und mit **EV** (*Exposure Value*) abgekürzt. Standardmäßig verwendet die α6300 beim Anpassen der Belichtungszeit ❶ oder der Blende ❷ keine ganzen Stufen ❸, sondern Drittelstufen ❹ – eine volle Lichtwertstufe entspricht somit drei Drittelstufen. Wenn Sie mit einer größeren Abstufung arbeiten möchten, können Sie im Menü **Kameraeinstlg. 4** bei **Belicht.stufe** auf **0,5EV** umstellen. Dann reichen zwei Schritte aus, um die Belichtungszeit oder die Blende um eine ganze Lichtwertstufe zu verstellen.

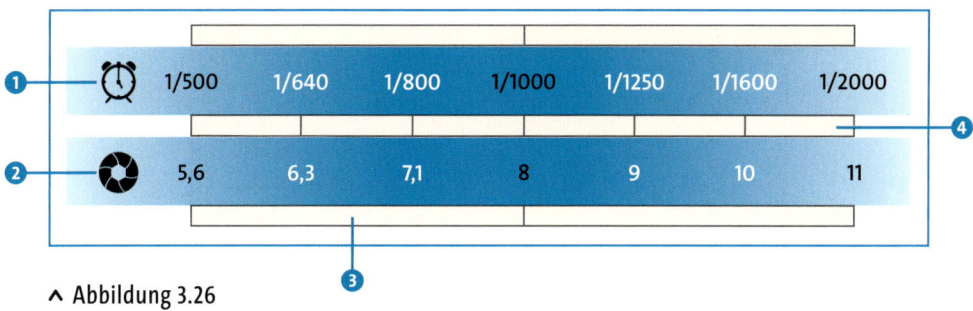

∧ Abbildung 3.26
Die Belichtungszeit ❶ oder der Blendenwert ❷ wird bei der α6300 standardmäßig in Stufen von 0,3 EV ❹ umgestellt. Drei Drittelstufen ergeben eine ganze Lichtwertstufe ❸.

EXKURS

Belichtungskontrolle mit dem Zebra
EXKURS

Die **Zebra**-Funktion der α6300 ist bei uns permanent in Aktion, denn sie bietet in der Aufnahmesituation eine wertvolle Hilfestellung zur Beurteilung der Bildhelligkeit. Dazu werden alle Motivbereiche optisch hervorgehoben, die eine gewisse Helligkeit überschreiten oder in einem gewissen Helligkeitsbereich liegen. Diese Bereiche erhalten ein sichtbares Streifenmuster, daher die passende Bezeichnung *Zebra*. Aktivieren können Sie die **Zebra**-Funktion im Menü **Benutzereinstlg. 1** ✿. Wichtig dabei ist, dass Sie sich für einen Grenzwert entscheiden, ab dem die Funktion ins Geschehen eingreifen darf. Dafür sind sogenannte *IRE*-Werte zwischen **70** und **100+** wählbar.

Das Zebra als Überbelichtungswarnung

Wenn Sie den IRE-Wert **100** wählen, markiert die α6300 alle Bildpixel mit dem Zebramuster, die in der Aufnahme weiß dargestellt werden, zum Beispiel die überbelichteten Stellen an der weißen Bluse des Beispielbildes ❶. Somit können Sie das **Zebra** prima als Überbelichtungswarnung verwenden. Steuern Sie großflächigen weißen Bereichen mit einer Unterbelichtung entgegen.

Abbildung 3.27 >
Die Markierung mit dem Zebramuster ❶ deutet auf eine Überbelichtung der Aufnahme hin.

Wenn Sie im RAW-Format fotografieren, das bekanntlich mehr Belichtungsspielraum besitzt, kann auch der Wert **100+** gewählt werden. Achten Sie aber darauf, dass dann nur kleinste Bildstellen das Zebramuster aufweisen.

Zebra-Belichtungskontrolle bei kontrastarmen Motiven

Bei kontrastarmen Motiven, zum Beispiel einem Porträt in sanfter Beleuchtung, können Sie den IRE-Wert **70** verwenden, um zu prüfen, ob die Person richtig belichtet wird. In diesem Fall wird die Haut, die von der Helligkeit dem IRE-Wert **70** entspricht, bei richtiger Belichtung mit dem Zebramuster markiert.

Individuelle Zebra-Werte speichern

Die α6300 bietet die Möglichkeit, zwei individuelle Einstellungen in der Kamera zu hinterlegen. Navigieren Sie dazu im Menü **Benutzereinstlg. 1** ✿ > **Zebra** zur Vorgabe **Anpassung 1** oder **Anpassung 2** ❷. Wenn das Zebramuster als Überbelichtungswarnung dienen soll, wählen Sie bei **Typ** ❸ die Einstellung **Untergrenze**. Dann werden alle Bildbereiche markiert, deren IRE-Wert über dem gewählten **Standard** ❹, zum Beispiel **100**, liegen. Soll das Zebra als Belichtungskontrolle dienen, um etwa die Haut bei Porträts richtig zu belichten, geben Sie **Strd+Bereich** vor. In dem Fall bestimmen Sie bei **Bereich** ❺ zusätzlich einen Streuwert. Alle Motivfarben, deren IRE-Wert dem gewählten entsprechen oder innerhalb des Streubereichs liegen, werden dann im Bild streifig markiert. Wenn der Streuwert mit ±10 sehr hoch angesetzt wird, fallen auch noch Gesichtspartien in das Streifenmuster, die leicht abgeschattet sind oder glänzen. Die vielen Streifen erschweren dann aber auch die Beurteilung des Gesichtsausdruckes oder der Schärfe.

◂ Abbildung 3.28
Für Porträtaufnahmen verwenden wir die hier gezeigte individuelle Zebra-Einstellung.

IRE-Wert, was ist das?

Die Einheit IRE, benannt nach der Organisation *International Radio Engineers*, stammt aus der analogen Videotechnik und wird heute noch für die Kalibrierung der Gradation von Bildschirmen verwendet. IRE definiert im Prinzip die Helligkeit der Bildpixel, angefangen bei dem Wert **0** (Schwarz) über heller werdende Graustufen bis hin zum Wert **100** (Weiß). Bildpixel, die den IRE-Wert **100** haben, werden sowohl bei der Darstellung auf Fernsehgeräten und Computermonitoren als auch im gedruckten Bild weiß dargestellt. Bunte Farben werden nach ihrer Helligkeit beurteilt und einer entsprechenden Graustufe zugeordnet. So sind Hauttöne beispielsweise in etwa so hell wie Grau mit dem IRE-Wert **70**.

Kapitel 4
Wege zur perfekten Schärfe

Wie die Schärfeebene das Bild beeinflusst	70
Automatisch scharfstellen	71
Statische Motive zuverlässig scharfstellen	75
Gesichter im Fokus	80
Actionmotive im Fokus halten	86
Die Kunst des manuellen Fokussierens	91
EXKURS: Wie die α6300 die Schärfe ermittelt	96

Wie die Schärfeebene das Bild beeinflusst

Mit dem Scharfstellen legen Sie fest, welcher Bereich im fertigen Bild auf jeden Fall detailliert zu sehen sein soll. Diesen Bildbereich legen Sie auf die sogenannte *Schärfeebene*. Ihr Foto wird unabhängig von der jeweiligen Blendeneinstellung genau an dieser fokussierten Stelle die höchste *Detailauflösung* besitzen. Die Schärfeebene können Sie sich wie eine unsichtbare flache, dünne Platte vorstellen, die parallel zur Sensorebene vor der Kamera angebracht ist. Bei paralleler Ausrichtung liegt sie flach auf dem Motiv. Wenn die Kamera gekippt wird, »zerschneidet« sie das Motiv quasi. Nur an der Schnittkante herrscht perfekte Schärfe.

Abbildung 4.1 verdeutlicht die Schärfeebene detaillierter. Hier dient die flache Oberfläche einer Pappschachtel ❶ als Motiv. Wenn die Sensorebene ❷ der α6300 und damit auch die Schärfeebene ❸ parallel zur Pappschachtel liegt, ist die gesamte Oberfläche der Schachtel scharf zu erkennen ❹, selbst bei einem niedrigen Blendenwert (f4) und entsprechend geringer *Schärfentiefe*.

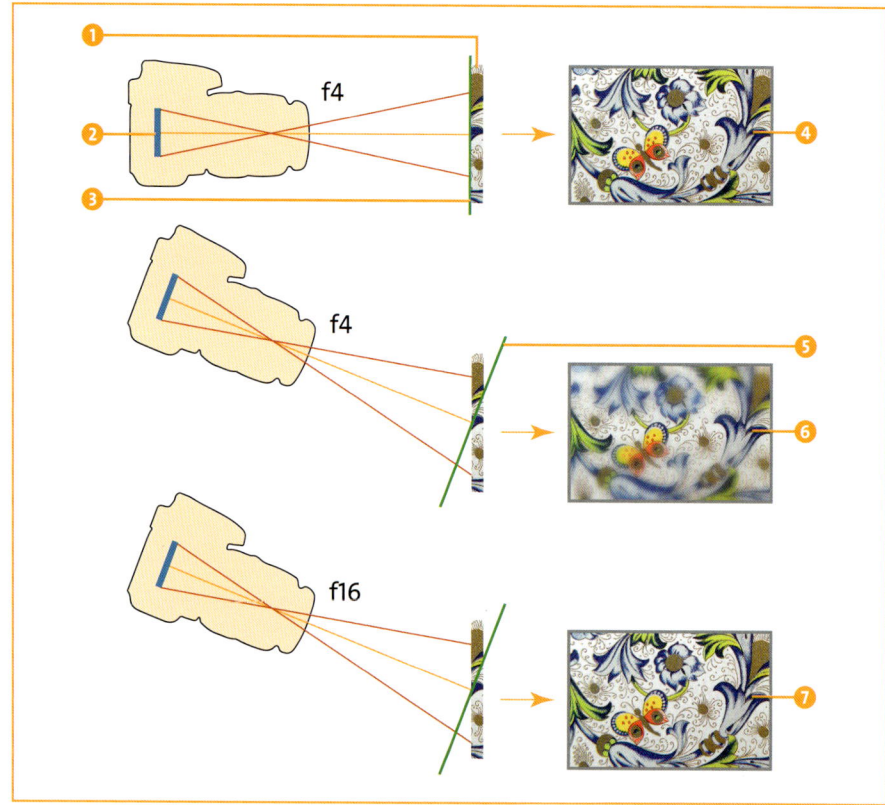

Abbildung 4.1 >
Grafische Darstellung der Auswirkung von Schärfeebene und gewählter Schärfentiefe auf das Bild

Ein Kippen der Kamera bewirkt dagegen, dass die Schärfeebene ❺ nicht mehr parallel zur Schachtel liegt. Daher wird im fertigen Foto nur der Bereich scharf zu sehen sein, der von der Schärfeebene geschnitten wird ❻. Wird die Schärfentiefe durch Erhöhen des Blendenwertes (f16) gesteigert, dehnt sich der detailliert abgebildete Bereich um die Schärfeebene herum nach vorn und hinten aus. Als Folge nimmt die Gesamtschärfe des Fotos zu ❼, obwohl die Kamera zum Objekt nicht parallel liegt. Egal, wie hoch die Schärfentiefe ist, wirklich perfekte Schärfe herrscht immer nur im fokussierten Bildpunkt und in allen Motivpunkten, die auf der gleichen Schärfeebene liegen.

Automatisch scharfstellen

Bei der Scharfstellung können Sie sich in den meisten Fällen auf den schnellen Autofokus der α6300 verlassen. Mit der neuen *4D FOCUS*-Technologie stellt die Kamera das Motiv innerhalb von Bruchteilen einer Sekunde scharf, sobald der Auslöser bis zum ersten Druckpunkt heruntergedrückt wird. Für die Kontrolle der Scharfstellung gibt Ihnen die α6300 hierbei verschiedene Hilfestellungen. Dazu zählt der Signalton, der zu hören ist, sobald die Schärfe sitzt. Außerdem tauchen auf dem Monitor oder im Sucher grün leuchtende *Messzonen* ❽ auf, die zeigen, welche Stellen fokussiert wurden. Als dritter Hinweis wird der *Fokusindikator* ❾ eingeblendet, der durchgehend grün leuchtet, wenn die Scharfstellung erfolgreich war.

▲ Abbildung 4.2
Bei erfolgreicher Scharfstellung leuchten die aktiven Messzonen ❽ sowie der Fokusindikator ❾ durchgehend grün, und es ist ein Signalton zu hören.

Wie sich Fokusprobleme bemerkbar machen

Falls Sie keinen Signalton hören, die Fokusfelder nicht grün aufleuchten und der Fokusindikator ● blinkt, während Sie den Auslöser halb herunterdrücken, sind Sie entweder zu nah am Objekt oder das Objekt ist zu kontrastarm (zum Beispiel eine einfarbige Fläche wie blauer Himmel). Im ersten Fall halten Sie die Kamera etwas weiter entfernt. Im zweiten Fall ändern Sie den Bildausschnitt ein wenig, um einen stärker strukturierten Motivbereich ins Bild zu bekommen. Danach sollte das Scharfstellen wieder funktionieren.

Mit dem Fokusmodus zur perfekten Schärfe

Die wichtigsten Einstellungen beim automatischen oder auch dem später noch vorgestellten manuellen Scharfstellen sind der **Fokusmodus** und das **Fokusfeld**. Der **Fokusmodus** bestimmt, wie die α6300 fokussiert, wobei Sie fünf Optionen zur Auswahl haben:

- **Einzelbild-AF** AF-S: Die α6300 stellt scharf und behält die Schärfeebene bei, solange der Auslöser halb heruntergedrückt wird, als Allround-Einstellung zu empfehlen.
- **Nachführ-AF** AF-C: Die Schärfe wird kontinuierlich an die Motive angepasst, was bei Sportaufnahmen oder Bildern von spielenden Kindern oder anderen Actionmotiven gut geeignet ist.
- **Automatischer AF** AF-A: Wird der Auslöser halb heruntergedrückt, entscheidet die α6300 eigenständig, ob das Motiv statisch ist, und verwendet dann den **AF-S**, oder ob es sich bewegt, und schaltet dann den **AF-C** ein. Auch bei Serienaufnahmen wird ab dem zweiten Bild der **AF-C** benutzt. Da dieses Fokusverhalten nicht gut einzuschätzen ist, entscheiden Sie sich besser für den **AF-S** für statische oder den **AF-C** für bewegte Motive.
- **Direkt. Manuelf.** DMF: Im Anschluss an die automatische Fokussierung kann die Scharfstellung durch Drehen am Fokussierring des Objektivs manuell nachgebessert werden, was bei Nah- und Makroaufnahmen eine tolle Option ist.
- **Manuellfokus** MF: Hier erfolgt die Scharfstellung rein manuell über den Fokussierring am Objektiv, empfehlenswert beispielsweise für automatisch nur schwer fokussierbare Nachtaufnahmen.

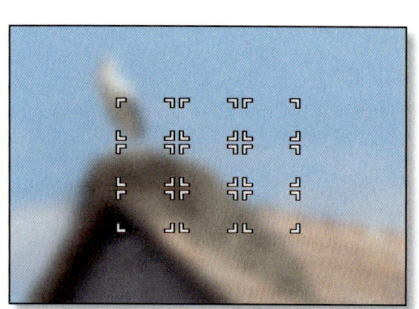

v Abbildung 4.3
Der Fokusmodus *Breit* setzt die neun zentralen Messzonen automatisch ein.

Die Scharfstellung mit dem Fokusfeld lenken

Das **Fokusfeld** legt fest, welcher Bildbereich scharfgestellt werden soll. Die α6300 wählt dabei unterschiedlich viele Messzonen, die teilweise auch an bestimmten Bildstellen positioniert werden können:

- **Breit**, gut geeignet für Schnappschüsse: Die α6300 wählt aus den neun zentralen Messzonen automatisch eine oder mehrere Zonen zur Scharfstellung aus. Hierbei kommen größere Messzonen [ ] zum Einsatz, wenn es sich bei Ihrem Motiv um statische Objekte handelt, und kleinere, wenn die α6300 Bewegungen von Objekt oder Kamera registriert.

- **Feld** 🔲, eine gute Option für plötzlich im Bildfeld auftauchende Motive, etwa bei Sportaufnahmen: Fokussiert wird mit einer Gruppe aus neun Messzonen, die innerhalb des Bildausschnitts verschoben werden kann. Innerhalb der Zonengruppe wählt die α6300 die Messpunkte eigenständig aus und wählt größere Messzonen [ ] bei statischen Motiven und kleinere ▫ bei Bewegungen.
- **Mitte** [ ], diese Methode empfiehlt sich für die Schärfespeicherung mit anschließendem Kameraschwenk, um schnell und gezielt einen Bildbereich zu fokussieren: Zur Scharfstellung wird nur die mittlere Messzone [ ] verwendet.
- **Flexible Spot** ⊡, geeignet für präzises Fokussieren und wenn genügend Zeit für das Positionieren der Messzone bleibt: Es wird nur über eine Messzone fokussiert, wobei diese im Bildausschnitt frei platzierbar ist. Es gibt sie in drei Auswahlgrößen: **S**mall ⊡ₛ, **M**edium ⊡ₘ und **L**arge ⊡ₗ. Je kleiner die Messzone, desto präziser der Fokus, desto höher aber auch die Gefahr einer fehlerhaften Scharfstellung.
- **Erweit. Flexible Spot** ⊞, ist hilfreich beim Scharfstellen kleiner Objekte vor einem unruhigen Hintergrund, zum Beispiel eines Marathonläufers: Die Schärfe wird über eine frei platzierbare kleine Messzone ermittelt. Kann die α6300 in diesem Bereich keinen Fokuspunkt finden, wird die Messzone erweitert, erkennbar an bis zu neun grün leuchtenden Quadraten um die mittlere Messzone herum.

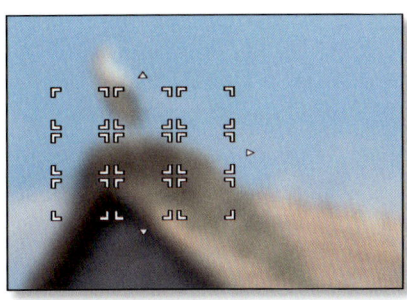

< **Abbildung 4.4**
Die neun Messzonen können bei **Feld** von oben links nach unten rechts auf neun Positionen platziert werden.

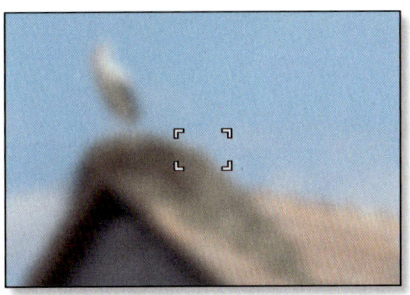

< **Abbildung 4.5**
Das Fokusfeld **Mitte** verwendet nur die mittlere Messzone.

< **Abbildung 4.6**
Bei **Flexible Spot** kann die einzelne Messzone (hier **Large**) frei positioniert werden.

< **Abbildung 4.7**
Sehr präzise kann mit dem **Erweit. Flexible Spot** fokussiert werden.

Fokusmodus und Fokusfeld auswählen

SCHRITT FÜR SCHRITT

1 Aufnahmemodus einstellen
Individuelle Einstellungen der Autofokussteuerung sind nur in den Modi **P**, **A**, **S**, **M** und, etwas eingeschränkt, im Modus **Film** 🎬 möglich. Daher stellen Sie eines dieser Programme ein.

2 Fokusmodus auswählen
Drücken Sie die **C1**-Taste, und rufen Sie den **Fokusmodus** mit dem Einstellrad ◎ auf. Alternativ finden Sie die Funktion auch im Menü **Kameraeinstlg. 3** 📷 oder im **Quick Navi**-Menü.

3 Fokusfeld bestimmen
Öffnen Sie das **Quick Navi**-Menü mit der **Fn**-Taste, und navigieren Sie zum Eintrag **Fokusfeld**. Wählen Sie die gewünschte Option ❶ mit dem Einstellrad ◎ aus.

Bei **Flexible Spot** bestimmen Sie anschließend mit dem Drehregler die Größe der Messzone ❷. Tippen Sie den Auslöser an, um das Menü zu verlassen. Alternativ finden Sie die Funktion auch im Menü **Kameraeinstlg. 3** 📷.

4 Fokusfeld platzieren
Bei **Feld**, **Flexible Spot** und **Erweit. Flexible Spot** ist es erforderlich, die Messzone(n) im Bildausschnitt manuell zu platzieren. Dazu drücken Sie die Mitteltaste ●, die hierfür mit der Funktion **Fokus-Standard** belegt sein muss (Menü **Benutzereinstlg. 7** ✱ > **BenutzerKey(Aufn.)**). Verschieben Sie die Messzone nun mit den Pfeiltasten ▲/▼/◄/►. Wenn Sie die beweglichen Messzonen schnell in die Mitte setzen möchten, drücken Sie die Taste 🗑. Aus diesem Modus heraus können Sie direkt scharfstellen und auslösen, das Feld anschließend bei Bedarf wieder verschieben und so weiter. Sie können diesen Verschiebemodus aber auch durch Drücken der Mitteltaste beenden. Das Feld oder die Messzone(n) werden dann grau dargestellt und sind bis zum nächsten Druck der Mitteltaste fixiert.

Statische Motive zuverlässig scharfstellen

Statische Motive stellen für die α6300 unter normal hellen Umständen keine Schwierigkeit dar. Wenn Sie den Fokusmodus **Einzelbild-AF** (**AF-S**) mit den Fokusfeldern **Breit** oder **Feld** kombinieren, findet die α6300 ohne große Mühe sehr schnell einen fokussierbaren Motivbereich.

[21mm | f6,3 | 1/30s | ISO 640 | –0,3]

▲ Abbildung 4.8
Statische Motive sind die Domäne des Fokusmodus **Einzelfeld-AF** *(**AF-S**).*

Wichtig zu wissen dabei ist, dass die Schärfe stets auf dem Motivbereich liegen wird, der den kürzesten Abstand zur Kamera hat. Es wird also schwierig werden, weiter hinten liegende Objekte zu fokussieren, wenn sich gleichzeitig auch fokussierbare Objekte im Vordergrund befinden. Aber für Schnappschüsse oder in Situationen, in denen schnell gehandelt werden muss, ist diese Vorgehensweise wirklich gut geeignet. Auch wenn das Licht schwindet, etwa bei Partymotiven oder Nachtaufnahmen schlecht beleuchteter Gebäude, arbeiten die Fokusfelder **Breit** oder **Feld** schneller als die anderen Fokusfelder. Der Fokusvorgang dauert aber insgesamt spürbar länger, weil die α6300 nicht mehr ihren schnellen **Phasenerkennungs-AF** einsetzen kann (siehe dazu den Exkurs »Wie die α6300 die Schärfe ermittelt« ab Seite 96).

Abbildung 4.9 >
Die Fokusfelder **Breit** *oder* **Feld** *eignen sich auch für plane Motive, denn wenn alle Messzonen grün leuchten, ist davon auszugehen, dass sich der scharfgestellte Bereich parallel zur Sensorebene befindet.*

[32 mm | f5,6 | 1/20 s | ISO 200 | +0,7]

Auf Schärfepriorität umstellen

Es kann vorkommen, dass die α6300 mit dem **Einzelbild-AF (AF-S)** auch dann auslöst, wenn die Schärfe noch nicht exakt gefunden wurde. Dieses Verhalten kann hin und wieder zu unscharfen Bildern führen. Wenn Sie im Menü **Benutzereinstlg. 5 ✿ > Prior-Einstlg bei AF-S** die Vorgabe von **Ausgew. Gewicht.** auf **AF** umstellen, kann die α6300 aber zur *Schärfepriorität* gezwungen werden. Sie löst dann nur nach erfolgreicher Scharfstellung aus.

Gezielt fokussieren mit Flexible Spot

Wenn es darum geht, nur einen bestimmten Motivbereich scharfzustellen, ist es besser, den Autofokus auf eine einzige Messzone einzuschränken. Das wird vor allem wichtig, wenn Sie den Blick des Betrachters durch die Wahl einer geringen Schärfentiefe (Blendenwerte bis f5,6) gezielt auf die bildwichtige Stelle leiten möchten. Liegt die Schärfe nicht exakt auf dem wichtigen Punkt, leidet der gesamte Bildeindruck.

Am besten kombinieren Sie den **Einzelbild-AF (AF-S)** mit dem Fokusfeld **Flexible Spot** ⬚. Das gibt Ihnen die Möglichkeit, einerseits die Schärfe genau auf die gewünschte Stelle zu legen, ohne den Bildausschnitt dafür ändern zu müssen. Andererseits können Sie über die Größe der Messzone festlegen, ob es Ihnen mehr auf Präzision in der Scharfstellung ankommt oder ob es wichtiger ist, dass die α6300 in dem gewählten Bildbereich möglichst schnell scharfstellt. Für ein Höchstmaß an Präzision wählen Sie das Fokusfeld **Flexi-**

ble Spot: S und für eine zuverlässige Scharfstellung unter ungünstigen Lichtbedingungen, oder wenn der Motivbereich wenige Strukturen aufweist, den Typ **Flexible Spot: L** . Die mittlere Größe **Flexible Spot: M** eignet sich prima als Standardeinstellung, da sie in vielen Situationen einen guten Kompromiss aus Präzision und Schnelligkeit bietet.

◂ Abbildung 4.10
*Der **AF-S** kombiniert mit dem Fokusfeld **Flexible Spot** eignet sich, um bei einem gestaffelten Bildaufbau weiter hinten gelegene Details scharfzustellen.*

Schärfekontrolle mit der Fokusvergrößerung

Um die Scharfstellung noch genauer zu kontrollieren, lässt sich der Fokusbereich vergrößert darstellen. Dazu belegen Sie am besten eine der freien Tasten im Menü **Benutzereinstlg. 7** ✿ > **BenutzerKey(Aufn.)** mit der Funktion **Fokus-Einstellung**, etwa die Taste **C2** oder die Taste ▼ des Einstellrads ◎.

Durch Drücken der soeben belegten Taste wird das Bild nun zuerst unvergrößert ⊕ **× 1,0**, aber mit einem orangefarbenen Rahmen darin dargestellt. Diesen können Sie mit den Pfeiltasten ▲/▼/◂/▸ des Einstellrads an die gewünschte Fokusposition verschieben. Mit der Mitteltaste ● lässt sich der Fokusbereich anschließend bei Standbildern um die Faktoren ⊕ **× 5,9** und ⊕ **× 11,7** und bei Filmaufnahmen um den Faktor ⊕ **× 4,0** vergrößern. Aus dieser vergrößerten Ansicht heraus können Sie Ihr Motiv nun gleich scharfstellen und auslösen, sofern die Funktion 🖼 **AF bei Fokusvergr** im Menü **Benutzereinstlg. 1** ✿ eingeschaltet ist.

▾ Abbildung 4.11
Präzises Scharfstellen über einen vergrößerten Fokusbereich

Die Schärfe zwischenspeichern

Wer häufig Motive außerhalb der Bildmitte positioniert, empfindet es vielleicht so wie wir als etwas umständlich, ständig über diverse Tastendrücke die flexible Autofokus-Messzone hin- und herschieben zu müssen. Ein kurzes Zwischenspeichern der Schärfe wäre praktischer und ist bei der α6300 auch ohne Weiteres umsetzbar. Dazu wählen Sie den Fokusmodus **Einzelbild-AF** (**AF-S**) und das Fokusfeld **Mitte** ▣, wobei dieses mit einem der anderen Fokusfeld-Typen auch ginge. Peilen Sie den Motivbereich Ihrer Wahl mit der Messzone an, und stellen Sie mit halb heruntergedrücktem Auslöser scharf. Die Schärfe ist nun gespeichert, solange Sie den Auslöser auf dieser Position halten. Richten Sie den Bildausschnitt ein, und nehmen Sie das Bild auf. Das Hauptmotiv lässt sich so schnell und einfach außermittig positionieren, ohne den Fokus zu verlieren. Die Methode eignet sich aber nur für leichte Verschiebungen des Bildausschnitts, da sich der Abstand zwischen der fokussierten Ebene und der α6300 nicht ändern darf, weil sonst die Scharfstellung nicht mehr stimmt.

Abbildung 4.12 ▸
Links: Scharfstellen auf die Bildmitte und die Schärfe mit halb heruntergedrücktem Auslöser speichern. Rechts: Bildausschnitt einrichten und Auslöser ganz herunterdrücken

Auf die Belichtung achten

Da die α6300 beim Speichern der Schärfe standardmäßig auch die Belichtungswerte fixiert, achten Sie darauf, dass der Bildausschnitt beim Fokussieren nicht wesentlich heller oder dunkler ist als der Bildausschnitt nach dem Kameraschwenk, sonst kann es zu Fehlbelichtungen kommen. Sie können Ihre α6300 aber auch dazu bringen, die Belichtungswerte während der Schärfespeicherung auf den neuen Motivausschnitt anzupassen. Dazu stellen Sie die Funktion ☒ **AEL mit Auslöser** im Menü **Benutzereinstlg. 5** ✿ auf den Wert **Aus**. Je nach Aufnahmemodus wird nun die Belichtungszeit (Modus **P** und **A**), die Blende (Modus **S**) oder der ISO-Wert (**AUTO**) angepasst, wenn sich die Bildhelligkeit ändert.

AF-Hilfslicht als Fokushilfe bei wenig Licht

Wenn Sie bei wenig Licht fotografieren, schaltet die α6300 zur Unterstützung des Autofokus automatisch das **AF-Hilfslicht** ein. Dieses hellt den Bildbereich auf und hilft bei der Schärfefindung. Achten Sie daher darauf, dass Sie die AF-Lampe mit der Hand nicht verdecken. Außerdem muss die entsprechende Funktion im Menü **Kameraeinstlg. 3** ⚙ mit dem Eintrag **Auto** aktiviert sein. In den Aufnahmemodi **Landschaft** ▲, **Sportaktion** 🏃, **Nachtszene** 🌙, **Panorama-Schwenk** ⊡, **Film** 🎬 und im Fokusmodus **Nachführ-AF** (**AF-C**) steht das **AF-Hilfslicht** nicht zur Verfügung. Gleiches gilt, wenn Sie ein Objektiv mit einem Mount-Adapter an der α6300 angeschlossen haben.

∧ Abbildung 4.13
AF-Hilfslicht in Aktion

> **AF-Hilfslicht ausschalten**
>
> Das helle **AF-Hilfslicht** kann durchaus störend sein. Bei Konzerten, bei denen das Motiv ohnehin weiter entfernt ist, ist die Deaktivierung daher beispielsweise sinnvoll. Auch wenn Sie eine Porträtaufnahme machen, sollten Sie das **AF-Hilfslicht** nach Möglichkeit ausschalten, denn es blendet sehr in den Augen, was der porträtierten Person schnell die Lust am Shooting nehmen kann.

Beschleunigt der Vor-Autofokus die Scharfstellung?

Damit Sie beim Blick durch den Sucher oder auf den Monitor bereits beim Einrichten des Bildausschnitts ein detailliertes Bild sehen, stellt die α6300 die Schärfe mit der Funktion **Vor-AF** innerhalb der jeweiligen Fokusfelder automatisch auf das Motiv ein, auch wenn Sie den Auslöser nicht betätigen. Erwarten Sie sich davon aber keine deutliche Beschleunigung des Scharfstellungsvorgangs. Die α6300 startet beim Drücken des Auslösers den Fokussiervorgang stets neu. Außerdem erhöht die Funktion **Vor-AF** den Stromverbrauch, daher schalten wir die Funktion im Menü **Benutzereinstlg. 3** ⚙ standardmäßig aus.

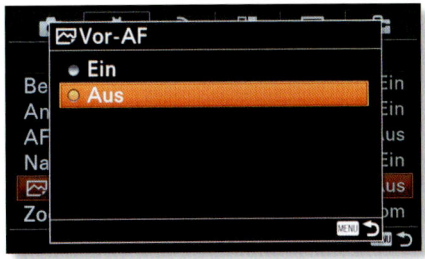

< Abbildung 4.14
*Mit dem **Vor-AF** stellt die α6300 scharf, auch wenn der Auslöser nicht betätigt wird.*

Ein gewisser Geschwindigkeitsvorteil ist nur spürbar, wenn Sie zum Beispiel mit einem Makroobjektiv oder einem Teleobjektiv von einem nahen auf ein fernes Objekt schwenken und die α6300 dabei genug Zeit hat, die Schärfe mit dem **Vor-AF** neu einzustellen. Die Objektivlinsen sind dann bereits auf die Schärfeebene voreingestellt, so dass zeitraubende Verstellwege entfallen.

Gesichter im Fokus

Stehen Fotos von der Familie oder Freunden auf dem Programm, bekommt die intelligente Gesichtserkennung der α6300 ihren großen Auftritt. Damit wird es möglich, Gesichter in einer Szene automatisch zu finden und diese ganz gezielt scharfzustellen. Aktivieren können Sie die Gesichtserkennung im Menü **Kameraeinstlg. 6** bei **Lächel-/Ges.-Erk.**. Wählen Sie darin den Eintrag **Gesichtserkennung Ein**.

Bis zu acht Gesichter kann die α6300 daraufhin im Bildausschnitt identifizieren und mit grauen Rahmen ❶ versehen. Das Gesicht, das priorisiert fokussiert wird, erhält einen weißen Rahmen ❷. Es handelt sich entweder um die Person, die am dichtesten zur Kamera steht oder deren Gesicht am besten zu erkennen ist, weil beispielsweise beim Lachen die Zähne zu sehen sind. Wenn Sie das Fokusfeld **Flexible Spot** oder **Erweit. Flexible Spot** aktivieren und die Messzone auf einem Gesicht platzieren ❸, wird die betreffende Person ebenfalls bevorzugt scharfgestellt. Damit haben Sie die Möglichkeit, den weißen Rahmen auf die Ihnen im Bild wichtigste Person umzudirigieren.

∧ Abbildung 4.15
Gesichtserkennung mit einem weißen Hauptrahmen ❷ und drei grauen Nebenrahmen ❶

∧ Abbildung 4.16
Bei erfolgreicher Scharfstellung leuchten die Rahmen um das Hauptmotiv ❹ und alle weiteren fokussierbaren Gesichter grün.

Drücken Sie nun den Auslöser halb herunter, so dass die α6300 das Gesicht mit dem weißen Hauptrahmen scharfstellen kann, der daraufhin grün leuchtet ❹. Befinden sich mehrere Gesichter im gleichen Fokusabstand, tauchen mehrere grüne Rahmen auf. Lösen Sie das Bild dann gleich aus.

Von der Gesichtserkennung abhängige Funktionen

Bei aktiver Gesichtserkennung passt die Messmethode **Multi** die Belichtung so an, dass vor allem das erkannte Gesicht hell und gut erkennbar abgebildet wird. Gleiches passiert im Modus **Vollautomatik** AUTO und allen **SCN**-Modi, bei denen Sie die Gesichtserkennung ebenfalls nutzen können. Auch bei Blitzaufnahmen wird das Zusatzlicht damit noch besser auf das Gesicht abgestimmt. Zudem funktioniert die **Lächelerkennung** nur, wenn mindestens ein weißer Gesichtsrahmen im Bildausschnitt auftaucht (siehe den Abschnitt »Schöne Selbstauslöser-Fotos ohne oder mit Lächelerkennung« ab Seite 83). Gleiches gilt für den **Soft Skin-Effekt** aus dem Menü **Kameraeinstlg. 7**, eine Weichzeichnungsautomatik, die die Haut per Bildbearbeitung optisch etwas glättet.

Gesichter registrieren und priorisiert fokussieren

Sobald mehrere Menschen im Bildausschnitt auftauchen, kann es mit der Standard-Gesichtserkennung schwierig werden, gezielt auf eine bestimmte Person scharfzustellen. Ein wenig Abhilfe schafft hier die **Gesichtsregistrierung** der α6300. Damit können Sie die Gesichter von bis zu acht Personen speichern und anschließend auswählen, welches Gesicht mit höchster Priorität fokussiert werden soll. Dieses gerät dann mit höherer Sicherheit in den weißen Hauptrahmen. Wählen Sie dazu im Menü **Benutzereinstlg. 6** bei **Gesichtsregistr.** den Eintrag **Neuregistrierung** aus, und fotografieren Sie das Gesicht innerhalb des hervorgehobenen Rahmens. Bestätigen Sie anschließend die Schaltfläche **Eingabe** und das nächste Menüfenster mit der Mitteltaste ●.

◂ Abbildung 4.17
Links: Neuregistrierung einer Person in der α6300. Rechts: Priorisieren eines Gesichts durch Anpassen der Reihenfolge

Um eine registrierte Person zukünftig priorisiert scharfzustellen, wählen Sie im Menü **Gesichtsregistr.** den Eintrag **Änderung der Reihenf.** aus. Markieren Sie das zu priorisierende Gesicht mit der Mitteltaste ●. Springen Sie dann mit den Pfeiltasten ◄/► auf eine Position vor den anderen Gesichtern der geplanten Aufnahme (siehe Abbildung 4.17), und bestätigen Sie mit der Mitteltaste.

Wählen Sie anschließend im Menü **Kameraeinstlg. 6** 📷 bei **Lächel-/Ges.-Erk.** den Eintrag **Ein (registr. Gesicht)**. Wenn Sie die α6300 jetzt auf die Motivszene ausrichten, erhält das registrierte Gesicht, das in der Datenbank an erster Stelle steht, den weißen Hauptrahmen. Alle anderen registrierten Gesichter werden pinkfarben umrahmt, und nicht registrierte Gesichter erhalten graue Rahmen. Frischen Sie die Gesichtsregistrierung kurz vor dem Shooting am besten auch noch einmal auf. Je ähnlicher die Personen in der Datenbank der aktuellen Aufnahmesituation sind, desto besser wird die Wiedererkennung eines registrierten Gesichts sein.

◄ **Abbildung 4.18**
Scharfstellen registrierter Gesichter

Die Grenzen der Gesichtserkennung

Bei der Erkennung von (registrierten) Gesichtern kommt es häufiger vor, dass die α6300 die Personen im Bildausschnitt nicht so zuverlässig auffindet wie man sich das wünscht. Das kann beispielsweise passieren, wenn die Person im Bild sehr klein abgebildet wird, das Gesicht im Gegenlicht sehr dunkel aussieht, die Person seitlich in die Kamera schaut oder eine dunkle Sonnenbrille die Augen verdeckt. Wenn bestimmte Personen im Getümmel einer Hochzeit oder anderer Partys fokussiert werden sollen, wird es mit der Gesichtserkennung öfter ein Glücksspiel sein, die Schärfe genau zu platzieren, also schalten Sie die Funktion in solchen Situationen lieber aus. Verwenden Sie dann besser das Fokusfeld **Erweit. Flexible Spot**, gegebenenfalls kombiniert mit der Schärfespeicherung, wie im Abschnitt »Die Schärfe zwischenspeichern« ab Seite 78 beschrieben.

Mit dem Augen-AF noch gezielter scharfstellen

Zur Gesichtserkennung der α6300 gesellt sich passenderweise der sogenannte **Augen-AF**, mit dem Sie den Autofokus noch präziser auf ein Auge lenken können. Das ist eine sehr praktische Hilfe, denn über die Augen findet die Kommunikation zwischen Bild und Betrachter statt, daher sollten die Augen bei einem Porträt möglichst die höchste Schärfe aufweisen. Am besten programmieren Sie dazu die Mitteltaste ● mit der Funktion **Augen-AF** und belegen im Gegenzug die Taste **C1** mit der zuvor der Mitteltaste zugeordneten Funktion **Fokus-Standard** (Menü **Benutzereinstlg. 7 ✿ > BenutzerKey(Aufn.)**).

In der Aufnahmesituation drücken Sie die Mitteltaste ● herunter. Sogleich sucht sich die α6300 erkennbare Augenstrukturen im Bildausschnitt und fokussiert das zur Kamera nächstgelegene Auge mit einem kleinen AF-Rahmen ❶. Halten Sie die Mitteltaste weiter gedrückt, und lösen Sie gleichzeitig aus. Praktischerweise funktioniert diese Art der augenspezifischen Scharfstellung auch bei ausgeschalteter Gesichtserkennung und auch dann, wenn sich die Person bewegt und Sie mit dem **Nachführ-AF** (**AF-C**) arbeiten. Denken Sie bei Porträtaufnahmen also stets auch an die Fokusmöglichkeit mit dem **Augen-AF**.

∧ Abbildung 4.19
Links: **Augen-AF** über die Mitteltaste starten und die Fokusfelder über die mit **Fokus-Standard** belegte Taste **C1** verschieben. Rechts: Der **Augen-AF** stellt spezifisch das Auge scharf.

Schöne Selbstauslöser-Fotos ohne oder mit Lächelerkennung

Der **Selbstauslöser** der α6300 kann die Zeit zwischen dem Drücken des Auslösers und der Aufnahme des Bildes um zwei, fünf oder zehn Sekunden verzögern. Das reicht aus, um sich auch einmal selbst vor der Kamera in Position zu bringen. Am einfachsten funktionieren solche *Selfies* mit mindestens einer weiteren Person im Foto. Dann können Sie die Bildschärfe bequem per Autofokus auf die zweite Person einstellen. Nach dem Auslösen macht die α6300 das Ablaufen der Wartezeit durch Blinken der Selbstauslöserlampe und ein Tonsignal kenntlich.

Abbildung 4.20 >
Ein Bild aus unserer Selbstauslöser-Serie mit drei Aufnahmen

[16 mm | f5,6 | 1/1250 s | ISO 100]

Um den **Selbstauslöser** zu aktivieren, drücken Sie die **Bildfolgemodus**-Taste ⟲/⊇. Mit dem Einstellrad ◉ können Sie nun den klassischen Selbstauslöser ⟲ ❶ auswählen und mit dem Drehregler ≋ dessen zwei, fünf oder zehn Sekunden lange Vorlaufzeit aktivieren. Nach dem Fokussieren wartet die α6300 die entsprechende Zeit und löst dann ein einziges Bild aus. Mit den Vorgaben bei **Selbstaus(Serie)** ❷ werden nach Wartezeiten von zwei, fünf oder zehn Sekunden jeweils drei oder fünf Bilder mit höchster Seriengeschwindigkeit aufgezeichnet. Die Chance auf ein Foto, bei dem alle Personen im Bild die Augen offen haben, erhöht sich dadurch. Allerdings ist die Selbstauslöserserie nur in den Programmen **AUTO**, **P**, **A**, **S** und **M** verwendbar.

< Abbildung 4.21
Auswahl von Selbstauslöser oder Selbstauslöserserie

Wenn Sie nur sich selbst im Bild haben, wird die **Lächelerkennung** 😊 interessant. Diese ist in der Lage, Ihr Gesicht im Bildausschnitt ausfindig zu machen, aber erst dann das Bild auszulösen, wenn Sie anfangen zu lächeln. Das funktioniert auch, wenn zunächst noch keine Person im Bildfeld ist, da die α6300 dann automatisch auf Ihr Gesicht fokussiert, sobald Sie die Szene betreten haben und lächeln.

Schalten Sie die **Lächelerkennung** 😊 im Menü **Kameraeinstlg. 6** 📷 bei **Lächel-/Ges.-Erk.** ein. Mit dem Drehregler 🎛 wird die Sensibilität bestimmt: Bei der Vorgabe **Leichtes Lächeln** 😊 soll bereits ein leichter Schmunzler das Bild auslösen, während mit der weniger sensiblen Stufe **Starkes Lächeln** 😊 erst ein kräftiger Lacher à la »Honigkuchenpferd« zur Bildaufnahme führen soll. In der Praxis konnten wir die unterschiedlichen Stufen jedoch kaum unterscheiden, die α6300 löste bei jeder Art von Lächeln in jeder Stufe aus, sie reagiert somit generell sehr sensibel.

∧ **Abbildung 4.22**
Links: Aktivieren der Lächelerkennung. Rechts: Kurz vor dem Auslösen übersteigen die gelben Intensitätsbalken ❸ *die gewählte Empfindlichkeitsstufe* ❹.

Die Anzeige für die *Lächelerkennungsempfindlichkeit* wird nun eingeblendet. Der Pfeil ❹ markiert die zuvor gewählte Empfindlichkeitsstufe, und die aufsteigenden gelben Balken ❸ deuten die aktuell gemessene Lächelintensität an. Positionieren Sie sich also einfach mit zunächst noch todernster Miene im Bildausschnitt, und schalten Sie dann Ihr schönstes Lächeln ein. Die α6300 wird es Ihnen mit einem kräftigen Auslöseklick danken. Da die Kamera in diesem Modus aber permanent auf ein im Bildausschnitt auftauchendes Gesicht wartet, ist der Ruhemodus deaktiviert, was den Akku und die Kameraelektronik stärker belastet. Schalten Sie die **Lächelerkennung** daher sofort wieder aus, wenn Sie sie nicht mehr benötigen. Am schnellsten geht das, indem Sie das Moduswahlrad auf ein anderes Aufnahmeprogramm stellen.

Kapitel 4 • Wege zur perfekten Schärfe

Actionmotive im Fokus halten

Ob Autorennen, Sportaction, spielende Kinder oder fliegende Vögel, es gibt viele Situationen, in denen bewegte Motive vor die Linse kommen und das Scharfstellen ganz schön diffizil werden kann. Der **Nachführ-AF** (**AF-C**) kommt da gerade recht. Er hält den Autofokus ständig auf Trab, solange Sie den Auslöser auf halber Stufe halten.

Abbildung 4.23 >
Links: Einschalten des ***Nachführ-AF (AF-C).***
Rechts: Die Fokusanzeige ❶ *und die grünen Fokusrahmen* ❷ *verdeutlichen eine erfolgreiche Scharfstellung.*

Aktiviert wird der **Nachführ-AF** (**AF-C**) im Menü **Fokusmodus**, das Sie über die Taste **C1**, das **Quick Navi**-Menü oder das Menü **Kameraeinstlg. 3** 📷 aufrufen können. Für das Einfangen schneller Bewegungen empfiehlt sich die Kombination mit dem Aufnahmemodus **Zeitpriorität** (**S**) und einer Belichtungszeit von 1/200 s oder kürzer.

Zielen Sie nun auf das Objekt, und stellen Sie es scharf. Halten Sie den Auslöser aber weiterhin halb gedrückt. Der **Nachführ-AF** (**AF-C**) wird versuchen, das Objekt kontinuierlich im Fokus zu halten. Hierbei weisen keine Signaltöne auf erfolgreiches Scharfstellen hin. Sie können die Schärfefindung aber anhand des Fokusindikators ❶ und der grün leuchtenden Messzonen ❷ nachvollziehen:

- ⦿ Die Scharfstellung hat funktioniert, und der **Nachführ-AF** (**AF-C**) folgt dem Motiv.
- ( ) Die Schärfesuche ist gerade im Gang.
- ● blinkt: Aktuell ist keine Scharfstellung möglich, oder der Schärfepunkt ist verloren gegangen.

Mit dem **Nachführ-AF** (**AF-C**) werden die Stromreserven der Kamera allerdings deutlich stärker belastet. Nehmen Sie einen Ersatzakku mit, wenn Sie vorhaben, den **Nachführ-AF** häufiger einzusetzen (lesen Sie mehr zum Aufnehmen bewegter Motive im Abschnitt »Tipps für tolle Actionfotos« ab Seite 239).

Verfolgen, Auslösen, Weiterverfolgen

Nach der Aufnahme können Sie den Auslöser, anstatt ihn ganz loszulassen, wieder auf die halbe Stufe setzen, indem Sie den Zeigefinger nur ein wenig anheben. Lösen Sie wieder aus, wenn der geeignete Zeitpunkt da ist, und gehen Sie wieder auf die halbe Auslöserstufe. Das können Sie beliebig fortführen. Eine solch kontinuierliche Weiterverfolgung ist aber nur gut machbar, wenn Sie zuvor die **Bildkontrolle** im Menü **Benutzereinstlg. 2** ✪ ausschalten. Sonst präsentiert Ihnen die α6300 stets das soeben aufgenommene Bild, und die Schärfenachführung wird unterbrochen.

AF-Verriegelung: den Fokus mit dem Motiv mitführen lassen

Da das Verfolgen bewegter Motive keine leichte Übung ist, unterstützt Sie die α6300 im **Nachführ-AF** (**AF-C**) mit einer weiteren technischen Finesse, der **AF-Verriegelung**. Das Besondere daran ist, dass das gewählte Fokusfeld sich die Motivstrukturen merkt, sobald Sie den Auslöser halb herunterdrücken. Abhängig von den Motiv- und Lichtverhältnissen folgen ein flexibler grüner Doppelrahmen oder viele kleine grüne Messquadrate dem Objekt kreuz und quer über den Bildausschnitt wie ein Schwarm Bienen. Lösen Sie nach Bedarf aus.

◂ **Abbildung 4.24**
*Als der Sportler im Bildfeld auftauchte, drückten wir den Auslöser im Modus **AF-C** und mit der **AF-Verriegelung: Breit** sofort herunter und nahmen eine Bilderserie mit der Geschwindigkeit **Serienaufnahme: Hi** auf.*

[50 mm | f6,3 | 1/1000 s | ISO 200 | +0,7]

Die **AF-Verriegelung** ❶ lässt sich im **Quick Navi**-Menü mit dem Einstellrad ◎ auswählen und die Größe des Fokusfelds ❷ mit dem Drehregler 🎛. Alternativ rufen Sie die Funktion **Fokusfeld** im Menü **Kameraeinstlg. 3** 📷 auf. Mit der Vorgabe **AF-Verriegelung: Breit** 🔲 sucht sich die α6300 innerhalb einer größeren Bildfläche in der Sensormitte das zu fokussierende Objekt selbstständig aus, kann es dann aber bis an die Bildränder verfolgen. Bei **AF-Verriegelung: Feld** 🔲 bestimmen Sie die Bildfläche selbst, innerhalb der nach fokussierbaren Motiven gesucht werden soll. Dazu verschieben Sie die Messzonen mit den Pfeiltasten ▲/▼/◀/▶ des Einstellrads.

Die Vorgaben **Breit** 🔲 oder **Feld** 🔲 sind empfehlenswert, wenn das Objekt nur schwer innerhalb einer einzelnen Messzone verfolgt werden kann, weil es sich sehr schnell durchs Bild bewegt (etwa Rennwagen) oder ständig seine Richtung wechselt (etwa Kinder) oder ganz plötzlich, ohne zu wissen, an welcher Stelle, im Bildausschnitt auftaucht (etwa Trickskispringer).

∧ Abbildung 4.25
Links: Auswahl des Fokusfelds **AF-Verriegel.: Erw. Flexible Spot** ❷. Rechts: Start der Verfolgung des Marathonläufers mit dem im Bildfeld platzierten Fokusfeld ❸

Diese Vorgaben bieten sich außerdem an, wenn beim Start eines Rennens immer der vorderste Fahrer scharf im Bild sein soll. Wichtig ist aber auch, dass sich das Hauptmotiv gut von seinem Hintergrund abhebt, beispielsweise vor blauem Himmel, einer einfarbigen Wand oder einem dank Teleobjektiv weit entfernten, unscharf abgebildeten Hintergrund.

Die Fokusmodi **AF-Verriegelung: Mitte** ▣ (eine Messzone in der Bildmitte) oder **AF-Verriegelung: Flexible Spot** ▣ (eine verschiebbare Messzone) sind dann sinnvoll, wenn sich das bewegte Objekt nicht oder kaum durchs Bildfeld bewegt (zum Beispiel ein Tennisspieler beim Aufschlag) oder wenn Sie es beim Schwenken der Kamera ausreichend lang bis zum Auslösen innerhalb dieser Messzone verfolgen können (zum Beispiel einen Radrennfahrer). Bei ▣ stehen die Größen **S**, **M** und **L** zur Verfügung, und Sie können das Fokusfeld anschließend mit den Pfeiltasten ▲/▼/◄/► frei im Bildausschnitt platzieren.

Die Vorgabe **AF-Verriegel.: Erw. Flexible Spot** ▣ (eine kleine Messzone mit neun umliegenden Assistenzfeldern) ist für die Verfolgung einzelner Sportler unserer Erfahrung nach am besten geeignet. Mit etwas Übung wird es möglich, zum Beispiel einen Marathonläufer aus einer Gruppe von Läufern heraus gezielt in den Fokus zu bekommen, ihn zu verfolgen und über eine Bilderserie hinweg scharf einzufangen. Starten Sie die Verfolgung am besten erst, wenn Sie das Hauptobjekt schon relativ groß im Bild haben.

˅ **Abbildung 4.26**
Wenn das AF-Verriegelungsfeld gut auf dem Motiv liegt, liefert die Fokusnachführtechnik der α6300 hervorragende Resultate. Auf jedem der 18 Serienbilder ist der Läufer scharf abgebildet worden.

Es sollte sich so gut wie möglich von der Umgebung abheben, sonst springt der Fokus beispielsweise zu schnell auf den Zuschauerhintergrund um. Die α6300 besitzt keine Möglichkeit, die AF-Verriegelung dazu zu zwingen, möglichst lange am Motiv zu haften und weniger schnell umzuspringen. In dieser Hinsicht sind Sie der Erkennungsautomatik für Strukturen, Farben und Formen der α6300 etwas ausgeliefert. Die macht ihren Job zwar gut, aber in unruhigen Umgebungen werden die Grenzen der Verfolgungsgenauigkeit deutlich spürbar, da hilft auch die Schnelligkeit des Autofokus nicht weiter. Vielleicht implementiert Sony eine solche Steuerungsoption ja in einem späteren System-Update.

Der Motivbereich sollte sich somit möglichst gut von seiner Umgebung abgrenzen, am besten strukturell und farblich, sonst kann die Verfolgung schiefgehen und der Fokus auf einem anderen Bereich liegen als gewünscht. Wenn Sie eine Szene in mehreren Bildern einfangen möchten, was die Trefferquote weiter erhöht, aktivieren Sie über die Taste ⟲/⧈ die Serienaufnahme hinzu. Mehr dazu erfahren Sie im Abschnitt »Serienaufnahmen anfertigen« ab Seite 242.

Motivverfolgung mit der Mittel-AF-Verriegelung

Mit der **Mittel-AF-Verriegelung** der α6300 können Sie einen Bildbereich im Sucher oder in der Monitormitte auswählen und diesen spezifisch verfolgen. Möglich ist dies bei Auswahl eines der Standard-Fokusfelder (▣, ▭, ⊡, ⊞, ⊟), die Fokusfelder mit AF-Verriegelung des vorigen Abschnitts können nicht verwendet werden. Die Größe des gewählten Fokusfelds spielt aber keine Rolle, denn die α6300 sucht sich den Motivbereich anhand von Struktur, Kontrast und Farbe unabhängig davon aus. Stellen Sie hierzu im Menü **Kameraeinstlg. 6** ◉ bei **Mittel-AF-Verriegel.** den Eintrag **Ein** ⧈ₒN ein.

Peilen Sie anschließend mit dem kleinen Quadrat in der Bildmitte ❶ das gewünschte Motiv an. Wenn Sie nun die Mitteltaste ● drücken, wird eine individuelle Messzone ❷ eingeblendet, die dem Motiv folgt, ohne dass der Auslöser dafür gedrückt werden muss, und sich der Motivgröße dabei flexibel anpasst.

Wenn Sie mit dem **Einzelbild-AF** (**AF-S**) arbeiten, wird der Bildbereich beim Fokussieren mit dem Auslöser auf halber Stufe nur einmalig scharfgestellt. Kombiniert mit dem **Nachführ-AF** (**AF-C**) passt sich die Schärfe bei Abstandsänderungen an, solange der Auslöser auf halber Stufe gehalten wird. Nach dem Auslösen verbleibt das Motiv in beiden Fällen im Fokusrahmen. Beendet wird die Mittel-AF-Verriegelung erst durch erneutes Drücken der Mitteltaste.

< **Abbildung 4.27**
Links: Wahl des zu verfolgenden Areals. Rechts: Nach dem Verfolgungsstart ist ein weißer Doppelrahmen zu sehen. Beim Scharfstellen erscheinen ein grüner Doppelrahmen oder kleine Messzonen.

Da das Fotografieren mit der **Mittel-AF-Verriegelung** durch die vielen benötigten Tastendrücke insgesamt etwas umständlicher ist und bei schnellen Bewegungen leichter an ihre Grenzen stößt, ziehen wir persönlich bei bewegten Motiven die Kombination aus dem **Nachführ-AF** (**AF-C**) mit den AF-Verriegelung-Fokusfeldern des vorigen Abschnitts vor.

 Mittel-AF-Verriegel. auf Knopfdruck
Wenn Sie die Funktion **Mittel-AF-Verriegel.** öfter verwenden möchten, legen Sie sie am besten über den Eintrag **BenutzerKey(Aufn.)** im Menü **Benutzereinstlg. 7** ✿ zum Beispiel auf die **C2**-Taste oder die Pfeiltaste ▼ des Einstellrads ◎.

Die Kunst des manuellen Fokussierens

Die manuelle Fokussierung wird immer dann zum Mittel der Wahl, wenn die Autofokus-Messzonen nicht den Motivbereich scharfstellen, den Sie gerne im Fokus hätten. An sich sind es nicht viele Situationen, in denen der Autofokus komplett versagt. Es gibt aber ein paar Situationen, die es ihm schwer machen. Dazu zählen strukturarme Motive wie Nebel, einfarbige Flächen oder dunkle Motive bei schwacher Beleuchtung. In seltenen Fällen können sich wiederholende Strukturen oder Spiegelungen auf Fenstern oder Autolack den Autofokus ins Schwitzen bringen. In der Makrofotografie kommt es hingegen häufig vor, dass zwei Objekte, die unterschiedlich weit vom Objektiv entfernt sind, innerhalb einer Autofokus-Messzone liegen. Die α6300 bekommt daher Probleme, auf welche Entfernung sie scharfstellen soll.

Abbildung 4.28 >
Genau das Auge des Schmetterlings in den Fokus zu bekommen war mit manueller Scharfstellung am besten zu realisieren.

[100 mm | f7,1 | 1/100 s | ISO 800]

Per Hand scharfstellen mit dem Fokusmodus Manuellfokus

Die Aktivierung des manuellen Fokus kann bei der α6300 auf zwei Weisen erfolgen: Bei Objektiven ohne einen eigens dafür eingebauten Fokusmodus-Schalter wählen Sie den Eintrag **Manuellfokus** (**MF**) im Menü des **Fokusmodus** aus, entweder über die **C1**-Taste, das **Quick Navi**-Menü oder das Menü **Kameraeinstlg. 3** 📷.

Wenn Sie ein Objektiv verwenden, das einen Fokusmodus-Schalter ❶ besitzt, stellen Sie diesen einfach von **AF** auf **MF** um.

In beiden Fällen lässt sich die Schärfe anschließend nur noch mit dem Fokussierring des Objektivs anpassen. Sobald am Fokussierring gedreht wird, können Sie die Änderung der Schärfeebene im Sucher oder anhand des Monitorbildes verfolgen: Naheinstellung durch Rechtsdrehung, Linksdrehung für die Ferneinstellung. Wobei es mit dem höher auflösenden elektronischen Sucher der

Abbildung 4.29 >
*Aktivieren des **Manuellfokus** im **Quick Navi**-Menü bei Objektiven ohne Fokusmodus-Schalter*

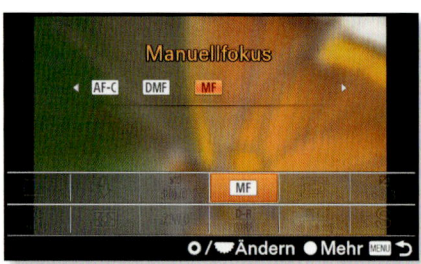

α6300 wesentlich einfacher zu beurteilen ist, ob die Schärfe auf dem gewünschten Motivbereich liegt. Daher empfehlen wir Ihnen auf jeden Fall, für das manuelle Scharfstellen den Sucher zu verwenden. Lösen Sie das Bild dann wie gewohnt aus. Aber Achtung, im manuellen Fokusbetrieb löst die α6300 immer sofort und ohne Verzögerung aus, es herrscht absolute *Auslösepriorität*!

< Abbildung 4.30
Der Schalter für den Fokusmodus ❶ *(Bild: Sony)*

 Mit einem Tastendruck auf MF umschalten

Noch schneller lässt sich der **Manuellfokus (MF)** aktivieren, wenn Sie den Schalthebel **AF/MF/AEL** auf **AF/MF** setzen und die zugehörige Aktionstaste drücken. In der Standardeinstellung (**AF/MF-Strg. halt.**) wird der manuelle Fokus dann so lange aktiviert, bis Sie die Taste wieder loslassen. Wenn Sie im Menü **Benutzereinstlg. 7** ⚙ > **BenutzerKey(Aufn.)** bei **AF/MF-Taste** die Option **AF/MF-Strg. wechs.** einstellen, können Sie mit einem Tastendruck dauerhaft auf den **Manuellfokus (MF)** umschalten. Ein erneuter Tastendruck bringt Sie wieder in den zuvor gewählten Autofokusmodus. Schneller geht es kaum, daher ist diese Option bei uns standardmäßig so eingestellt.

MF-Unterstützung durch Fokusvergrößerung

Beim Drehen am Fokussierring schaltet die α6300 eine optische Hilfe in Form einer **Fokusvergrößerung** ein, die das manuelle Auffinden des Schärfepunktes erleichtert. Mit dieser *Lupenansicht* wird das Monitor- oder Sucherbild um den Faktor ⊕ × **5,9** ❷ oder, nach Betätigen der Mitteltaste ●, mit einem Faktor von ⊕ × **11,7** vergrößert dargestellt. An dem orangefarbenen Rähmchen ❸ erkennen Sie, welcher Bildausschnitt gerade angezeigt wird. Mit den Pfeiltasten ▲/▼/◄/► des Einstellrads ◎ können Sie diesen Ausschnitt verschieben. Außerdem blendet die Kamera eine *Entfernungsskala* ein, anhand derer Sie verfolgen können, ob sich die Schärfe in Richtung Naheinstellung 👤 ❹ oder Ferneinstellung ▲▲ ❻ verschiebt und wie weit die Schärfeebene vom Sensor entfernt ist ❺.

∨ Abbildung 4.31
Die Fokusvergrößerung in Aktion

Die Lupenfunktion konfigurieren

Die Lupenfunktion wird nach dem Betätigen des Fokussierrings im Standardbetrieb aufrechterhalten und erst durch Antippen des Auslösers wieder deaktiviert. Im Menü **Benutzereinstlg. 1** ✿ bei **Fokusvergröß.zeit** können Sie die Anzeigedauer aber auch auf **5 Sek.** oder **2 Sek.** verkürzen. In demselben Menü können Sie die Funktion 🖼 **MF-Unterstützung** auch ausschalten. Dann wird die Entfernungsskala zwar noch eingeblendet, der Fokusbereich wird aber nicht mehr vergrößert.

Fokushilfe anhand farblich abgesetzter Schärfekanten

Schärfe lässt sich im Allgemeinen am besten an den Motivkanten beurteilen. Sind diese klar voneinander abgegrenzt, liegt der Fokus richtig, und der Motivbereich wird scharf aussehen. Nun ist es aber nicht immer leicht, die Motivkanten optisch zu erkennen, selbst wenn die zuvor gezeigte Fokusvergrößerung eingeschaltet ist. Daher hat die α6300 noch eine weitere Fokushilfe an Bord, die **Kantenanhebung**. Hinter dem etwas sperrigen Namen, auch bekannt unter dem Begriff *Focus Peaking*, verbirgt sich eine Funktion, die in der Lage ist, alle scharfen Motivkanten farblich vom Rest des Bildes abzuheben. Dabei können Sie die Stärke der Anhebung und die dafür verwendete Farbe selbst festlegen.

Bei der Kantenanhebung gibt es zwei Stellschrauben: die Höhe der Anhebung und die Farbe, mit der die Kanten hervorgehoben werden. Die entsprechenden Menüoptionen finden Sie im Menü **Benutzereinstlg. 2** ✿ bei **Kantenanheb.stufe** und **Kantenanheb.farbe**. Hinsichtlich der **Kantenanheb.stufe** wählen Sie am besten die Vorgabe **Mittel** oder **Hoch**, wenn Sie mit der **Fokusvergrößerung** scharfstellen, sonst sind die Farbkanten oftmals nicht so gut zu erkennen. Bei filigraneren Motiven kann es sein, dass die Stufe **Niedrig** besser ist, damit die Farbkanten die Motivstrukturen nicht zu stark überdecken. Die Wahl der **Kantenanheb.farbe** hängt ganz von den Farben des Motivs ab, wobei die roten Kanten meistens am besten zu erkennen sind.

Abbildung 4.32 >
Kantenanhebung mit der Stufe **Hoch** *und der Farbe Rot*

Die Kunst des manuellen Fokussierens

 Vorteil Kreativmodus »Schwarz/Weiß«

Sollte die Kantenanhebung nicht gut erkennbar sein, fotografieren Sie im Kreativmodus **Schwarz/Weiß** . Bei dem nun farblosen Livebild heben sich die roten Schärfekanten gut ab. Wichtig ist aber, in dem Fall mit der Qualität **RAW & JPEG** zu arbeiten, um aus der **RAW**-Datei das Farbfoto entwickeln zu können. Die schwarzweiße **JPEG**-Variante dient Ihnen nur als Mittel zum Zweck und kann später wieder gelöscht werden.

Direkte manuelle Fokussierung (DMF)

Wenn die Situation nur kurzzeitig wirklich fotogen ist, muss es auch mit dem Fokussieren schnell gehen. Da ist jeder Tastendruck zeitraubend, auch das Umschalten vom Autofokus auf den manuellen Fokus. Daher haben wir die Funktion **Direkt. Manuelf.** (**DMF**) der α6300 wirklich zu schätzen gelernt. Mit der direkten manuellen Fokussierung wird es möglich, mit dem Autofokus scharfzustellen und die Schärfe, sollte sie noch nicht optimal sitzen, direkt im Anschluss per Fokussierring manuell nachzubessern. Das ist bei Nachtaufnahmen oder bei Makromotiven besonders praktisch.

▲ Abbildung 4.33
Einschalten des **Direkt. Manuelf.** *(DMF) über das* **Quick Navi**-*Menü*

Um mit dem direkten manuellen Fokus fotografieren zu können, stellen Sie bei **Fokusmodus** die Option **Direkt. Manuelf.** (**DMF**) ein (Taste **C2**, **Quick Navi**-Menü oder Menü **Kameraeinstlg. 3**). Anschließend können Sie per Autofokus scharfstellen wie gewohnt und bei weiterhin gehaltenem Auslöser am Fokussierring drehen. Die Scharfstellung erfolgt dann genauso wie mit dem **Manuellfokus** (**MF**). Daher können Sie, je nach Menüeinstellung, sowohl die **Fokusvergrößerung** als auch die **Kantenanhebung** (Focus Peaking) verwenden, um die Schärfe manuell anzupassen. Schließlich drücken Sie den Auslöser ganz durch, und das Bild ist im Kasten. Wichtig zu wissen ist, dass der **Direkt. Manuelf.** (**DMF**) nur funktioniert, wenn der Autofokus zuvor aktiv war, Sie den Auslöser also auf halber Stufe halten. Dabei ist es jedoch unerheblich, ob der Autofokus einen Schärfepunkt finden konnte oder nicht. Außerdem unterstützen nicht alle Objektive die direkte manuelle Fokussierung. Schauen Sie daher in der Bedienungsanleitung Ihres Objektivs nach, ob **DMF** verwendet werden kann, damit es nicht versehentlich zu Beschädigungen des Fokussierrings kommt.

▲ Abbildung 4.34
Wird im Anschluss an den Autofokus bei gehaltenem Auslöser am Fokussierring gedreht, kann die Schärfe manuell justiert werden.

Wie die α6300 die Schärfe ermittelt
EXKURS

Sobald Sie den Auslöser der α6300 betätigen, tritt der *Fast-Hybrid-AF* in Aktion. Dieser ermittelt die Schärfe direkt über den Sensor und setzt sich aus zwei Komponenten zusammen: dem *Phasenerkennungs-AF* und dem *Kontrast-AF*. Für den Phasenerkennungs-AF nutzt die α6300 425 Messpunkte ❶, die fast die gesamte Sensorfläche abdecken. Beim Kontrast-AF kommen 169 Messareale zum Einsatz, 25 größere ❷, von denen die neun mittleren ❸ jeweils in 16 Segmente unterteilt sind (25 + 9 × 16 = 169). Mit der Wahl des Fokusfelds ❹ werden die aktuell in der Fotosituation aktiven AF-Punkte unterschiedlich eingegrenzt.

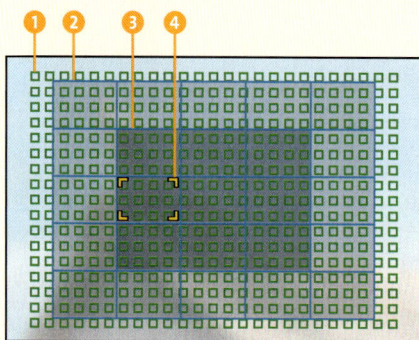

Abbildung 4.35 >
Der Fast-Hybrid-AF der α6300 ermittelt die Schärfe sowohl per Phasenerkennungs-AF als auch per Kontrast-AF.

Bei der Phasenerkennung werden die eintreffenden Lichtstrahlen anhand getrennter Messpunkte in zwei *Halbbilder* aufgeteilt. Diese Halbbilder werden dann durch Verschieben der Objektivlinsen zur Deckung gebracht. Das ist so ähnlich wie die beiden unterschiedlichen Bilder, die unsere Augen produzieren und die unser Gehirn zu einem Bild zusammensetzt. Da die Messtechnik aus den analysierten Halbbildern direkt schließen kann, auf welche Position die Objektivlinsen verschoben werden müssen, reichen ein Messvorgang und ein Einstellvorgang für die Scharfstellung aus.

Der Kontrast-AF versucht hingegen, im gewählten Fokusbereich einen möglichst hohen Kontrast herzustellen, denn je höher der lokale Kontrast zwischen den feinen Motivlinien wird, desto höher ist der Schärfeeindruck. Der Kontrast-AF ist dem Phasenerkennungs-AF in Sachen Präzision überlegen. Er hat aber auch den Nachteil, dass eine einzige schnelle Messung nicht ausreicht, um den Fokus zu finden. Vielmehr müssen sich die Objektivlinsen für die Kontrastfindung durch mehrere Messungen Stück für Stück an die richtige Position heranarbeiten. Das ist beispielsweise bei dunklen und schwer zu fokussierenden Motiven am ruckelnden Monitor- oder Sucherbild zu erkennen. Die α6300 kombiniert nun beide Messmethoden. Mit dem schnelleren Phasenerkennungs-AF ❻ werden die Objektivlinsen ❺ zügig in die annähernd richtige Position verschoben. Anschließend bestimmt der Kontrast-AF ❽ mit nur noch kurzen und schnellen Verstellwegen die exakte Fokusposition ❼.

Bei normal hellen Motiven fokussiert die α6300 rasant schnell durch die hohe Anzahl an Fokuspunkten (*High-Density-AF-Technologie*), und dank der verbesserten Vorhersageberechnung für Bewegungsprofile (*4D FOCUS*) können selbst kleine Objekte im Bildfeld sicher erfasst und verfolgt werden. Bei wenig Licht erhöht sich die Fokussierzeit aber merklich auf etwa 0,7 bis zu einer Sekunde. Bei der α6300 bedeutet wenig Licht, wenn Sie beispielsweise mit Blende f5,6 und ISO 100 für die richtige Belichtung etwa 0,5 s oder länger benötigen. Zusätzlich setzen folgende Umstände den Phasenerkennungs-AF außer Kraft:

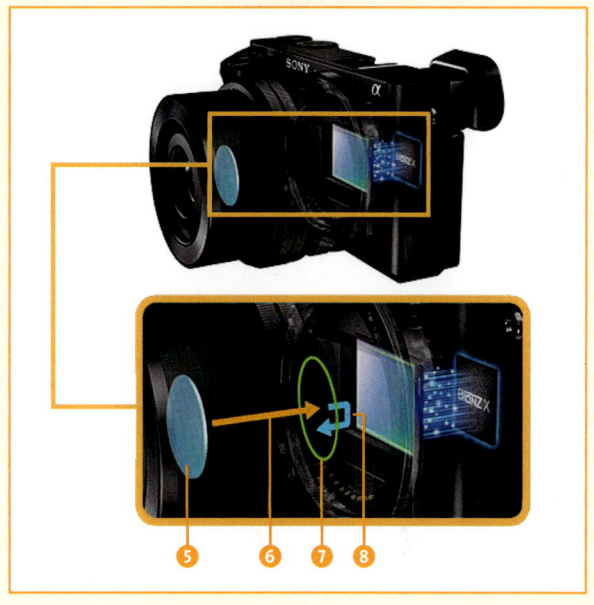

⌃ **Abbildung 4.36**
Wirkungsweise des Hybrid-AF (Bild: Sony)

- Blendenwerte von f13 und höher hebeln den Phasenerkennungs-AF aus.
- Mount-Adapter können den Phasenerkennungs-AF verhindern, wobei die Sony-Adapter *LA-EA2* und *LA-EA4* ihren eigenen Phasenerkennungs-AF mitbringen (siehe den Abschnitt »Die Möglichkeiten mit Adaptern erweitern« ab Seite 175).
- Ältere, nicht aktualisierte E-Mount-Objektive unterstützen den Phasenerkennungs-AF eventuell nicht, daher prüfen Sie die Kompatibilität anhand der technischen Angaben auf den Sony-Internetseiten, oder fragen Sie direkt bei Sony nach.
- Bei manchen Objektiven ist der **Automatische AF** (**AF-A**) nicht verfügbar, und beim Filmen können die Empfindlichkeit und Geschwindigkeit der Motivverfolgung nicht reguliert werden (Menü **Kameraeinstlg. 4** 📷 > 🎞 **AF Speed** und 🎞 **AF-Verfolg.empf.**).

Kapitel 5
Das richtige Programm für jedes Motiv

Sofort startklar mit der Vollautomatik	100
Die SCN-Programme im Einsatz	101
Mehr Spielraum mit P, A, S und M	106
EXKURS: Bilder betrachten, schützen und löschen	116

Sofort startklar mit der Vollautomatik

Die absolut unkomplizierteste Art und Weise, wie Sie die α6300 dazu bringen können, Ihnen schöne Fotos zu liefern, besteht in der Wahl des Modus **Automatik** AUTO. Mit diesem Belichtungsprogramm werden alle Kameraeinstellungen vollautomatisch auf verschiedene Fotosituationen adaptiert, und Sie können sich beim Fotografieren voll und ganz auf Ihr Motiv konzentrieren.

Abbildung 5.1 >
*Detail an der Fassade des Basler Rathauses, mit der **Intelligenten Automatik** spontan, detailgenau und optimal belichtet eingefangen.*

[33 mm | f7,1 | 1/100 s | ISO 100]

Folgende Szenentypen kann die α6300 identifizieren: **Landschaft**, **Makro**, **Gegenlicht**, **Nachtszene**, **Spotlicht**, **Schwaches Licht**, **Nachtszene mit Stativ** und **Handgeh. bei Dämm.**. Die Modi **Porträt**, **Gegenlichtporträt**, **Kleinkind**, **Nachtaufnahme** kommen dann hinzu, wenn die **Gesichtserkennung** im Menü **Kameraeinstlg. 6** > **Lächel-/Ges.-Erk.** eingeschaltet ist und die α6300 ein Gesicht im Bildausschnitt lokalisieren kann. Wird gar kein Szenentyp erkannt, erscheinen die Symbole i oder i+ auf dem Monitor.

Wichtig zu wissen ist, dass sich hinter der Automatik der α6300 zwei Steuerprogramme verbergen, die **Intelligente** und die **Überlegene Automatik**. Auswählen können Sie diese im **Quick Navi**-Menü unten rechts oder im Menü **Kameraeinstlg. 7** bei **Modus Automatik**.

Die **Intelligente Automatik** i analysiert die Art des Motivs und stellt die Belichtung, Farbgebung und Schärfe entsprechend der Situation ein. So werden beispielsweise Porträts mit einer auf die Haut besonders abgestimmten Farbgebung abgebildet.

Die **Überlegene Automatik** besitzt die gleiche **Szenenerkennung**, kann aber darüber hinaus die Bildergebnisse noch weiter verbessern. Dazu nimmt sie beispielsweise in einer Gegenlichtsituation drei Bilder auf anstatt eines und verschmilzt diese zu einer Aufnahme mit verbesserter Durchzeichnung. Die Verarbeitung des Fotos dauert daher gegebenenfalls etwas länger. Werden derlei Zusatzoptionen aktiviert, deutet Ihnen die α6300 das mit einem entsprechenden Informationstext ❶ an, sofern im Menü **Einstellung 2** die **Modusregler-Hilfe** eingeschaltet ist.

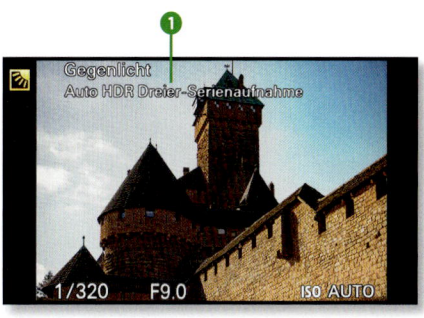

▲ Abbildung 5.2
Die Überlegene Automatik hat eine Gegenlichtsituation erkannt und nimmt diese mit der HDR-Automatik auf.

Der **Automatikmodus** gibt Ihnen zudem die Möglichkeit, einige wichtige Aufnahmeparameter selbst einzustellen. Drücken Sie die **Fn**-Taste, und passen Sie die benötigte Funktion im **Quick Navi**-Menü an. Alternativ finden Sie alle freigeschalteten Funktionen im Menü **Kameraeinstlg. 1–9**, dort lassen sich dann beispielsweise auch die **Bildgröße**, das **Seitenverhältnis** oder die **Qualität** ändern. Wenn Sie den integrierten Blitz aus dem Gehäuse ausgeklappt oder einen externen Blitz angebracht und eingeschaltet haben, lässt dieser sich über den **Blitzmodus** steuern (**Blitz Aus**, **Blitz-Automatik**, **Aufhellblitz**). Die α6300 merkt sich aber alle geänderten Funktionen. Denken Sie daher stets daran, die Einstellungen nach einer längeren Fotopause zu prüfen oder sie gleich wieder in den Ausgangszustand zurückzuversetzen.

Erwarten Sie allerdings nicht zu viel vom **Automatikmodus**. Der gestalterische Spielraum für die kreative Fotografie ist etwas enger, da Sie nicht selbst wählen können, welcher Bildbereich fokussiert wird, oder die Bildhelligkeit nicht angepasst werden kann. Daher eignet sich das Programm in erster Linie für Schnappschüsse – aber diesen Job erledigt die Automatik sehr verlässlich.

Die SCN-Programme im Einsatz

Die Szenenprogramme **SCN** sind auf häufig vorkommende Fotosituationen ausgelegt. Im Unterschied zum **Automatikmodus** bestimmen Sie hier selbst, welche Szene Sie mit den dafür automatisch gesetzten Grundeinstellungen gerne fotografieren möchten. Um die **SCN**-Modi zu verwenden, drehen Sie das Moduswahlrad auf **SCN**. Anschließend können Sie die Szenenprogramme mit dem Einstellrad ◎ aufrufen. Einige grundlegende Funktionen können zudem im **Quick Navi**-Menü oder im Menü **Kameraeinstlg. 1–9** 📷 nach Ihren Vorlieben selbst eingestellt werden.

[50 mm | f5,6 | 1/160 s | ISO 1000]

Porträt

Um in diesem Modus Personen vor einem unscharfen Hintergrund optimal freizustellen, fotografieren Sie am besten mit einer Brennweite von 50 mm und mehr. Achten Sie bei der Aufnahme außerdem auf einen möglichst großen Abstand zwischen der zu porträtierenden Person und dem Hintergrund. Mit eingeschaltetem Blitz (Modus **Aufhellblitz** ⚡) können Sie die Person auch in heller Umgebung prägnant hervorheben.

∧ **Abbildung 5.3**
*Mit dem **SCN**-Modus **Porträt** und eingeschaltetem integriertem Blitz hebt sich die Person gut vom unruhigen Hintergrund ab.*

Sportaktion

Für scharfe Abbildungen schnell bewegter Motive nutzt die α6300 kurze Belichtungszeiten, die **Serienaufnahme** und den **Nachführ-AF** (**AF-C**). Drücken Sie den Auslöser länger herunter, und verfolgen Sie Ihr Motiv, um mehrere Bilder aufeinanderfolgend aufzuzeichnen. Wenn die α6300 keine kürzeren Belichtungszeiten als 1/250 s mehr zustande bringt, steigt die Gefahr von Bewegungsunschärfe stark an. Versuchen Sie dann, in einer helleren Umgebung zu fotografieren oder zusätzliche Lichtquellen einzusetzen. Mehr zum Fotografieren actionreicher Motive erfahren Sie im Abschnitt »Tipps für tolle Actionfotos« ab Seite 239.

Landschaft

Landschaften oder Architekturmotive werden von vorne bis hinten recht detailliert dargestellt, sofern die Helligkeit der Szenerie dies zulässt. Zudem stimmt die α6300 die Farbsättigung, den Kontrast und die Schärfe so ab, dass die Bilder einen frischen und knackig scharfen Eindruck erwecken. Dies können Sie durch Einsatz eines Polfilters noch weiter verstärken. Der integrierte Blitz sowie optional angebrachte Systemblitzgeräte lassen sich verwenden, wenn der **Blitzmodus** auf **Aufhellblitz** ⚡ steht.

☾✋ Handgeh. bei Dämm.

Handgeh. bei Dämm. ermöglicht scharfe Freihandaufnahmen in mehr oder weniger dunkler Umgebung ohne Stativ. Hierbei nimmt die α6300 nach dem Auslösen automatisch mehrere Bilder auf und verrechnet diese zu einem einzigen Foto. Halten Sie die Kamera daher sehr ruhig. Von der Qualität her sind die Ergebnisse sogar rauschärmer als im SCN-Modus **Nachtszene**. Prädikat: absolut empfehlenswert, obwohl das RAW-Format hier nicht verwendbar ist. Für eine noch brillantere Detailauflösung bei schwacher Beleuchtung empfiehlt sich jedoch die **Manuelle Belichtung (M)** vom Stativ aus.

▾ **Abbildung 5.4**
Detailvergleich (100 %-Ausschnitte): **SCN**-*Modus* **Handgeh. bei Dämm.** *(links),* **SCN**-*Modus* **Nachtszene** *(Mitte) und manuelle Belichtung* **(M)** *(rechts)*

[16 mm | f3,5 | 1/25 s | ISO 12 800]

[16 mm | f3,5 | 1/13 s | ISO 6400]

[16 mm | f8 | 15 s | ISO 100]

⬒ Sonnenuntergang

Die Rot-Orange-Töne bei Sonnenauf- und -untergängen werden intensiv wiedergegeben. Dazu setzt die α6300 einen Weißabgleich ein, der der Vorgabe **Schatten** entspricht. Ansonsten ähnelt dieser dem Modus **Landschaft**.

[16 mm | f3,5 | 1/10 s | ISO 6400]

◂ **Abbildung 5.5**
Obwohl die Sonne schon untergegangen war, ließ sich im Modus **Sonnenuntergang** *noch eine schöne Abendstimmung einfangen. Im Modus* **Nachtszene** *wäre das Bild viel kühler und bläulicher dargestellt worden.*

☾ Nachtszene

Der Himmel nächtlicher Architektur- oder Naturmotive bleibt in diesem Modus kräftig dunkel, und die bunten Lichter überstrahlen weniger. Fotografieren Sie am besten vom Stativ aus, da die Belichtungszeit recht lang werden kann, und verwenden Sie geringe Objektivbrennweiten, wenn Sie mit viel Schärfentiefe von vorne bis hinten alles möglichst scharf abbilden möchten. Übrigens: Blitzen ist in diesem Modus komplett untersagt.

Nachtaufnahme

Stimmungsvolle Bilder von Personen vor beleuchteten Gebäuden oder dem Dämmerungshimmel stehen hier im Vordergrund. Da der Blitz vor der eigentlichen Aufnahme einen Messblitz aussendet und dies für die porträtierte Person ziemlich irritierend sein kann, entstehen leicht Fotos mit geschlossenen Augen. Geben Sie Ihrem Model Bescheid, dass es schon vor der eigentlichen Aufnahme blitzen wird, die Aufnahme aber erst beginnt, wenn Sie »Jetzt!« sagen (geben Sie das Kommando, sobald die α6300 fertig ist mit dem Fokussieren). Die Person sollte aber weiterhin die Augen geöffnet halten, bis die Aufnahme durch ein hörbares Klacken des Auslösers beendet ist. Fotografieren Sie am besten vom Stativ aus – wobei durchaus auch Aufnahmen aus der Hand möglich sind.

[50 mm | f5,6 | 1/5 s | ISO 3200]

▲ **Abbildung 5.6**
Indirekt über einen Handreflektor geblitzt, entstehen im SCN-Modus Nachtaufnahme noch weichere Licht-Schatten-Verläufe.

Anti-Beweg.-Unsch.

Vom Prinzip her arbeitet der **SCN**-Modus **Anti-Beweg.-Unsch.** genauso wie **Handgeh. bei Dämm.**, denn auch hier wird die Bildqualität auf **JPEG** beschränkt, und die Kamera nimmt automatisch mehrere Bilder auf, die kameraintern zum fertigen Ergebnis verrechnet werden. Der Unterschied besteht darin, dass in diesem Modus kürzere Belichtungszeiten verwendet werden können. Gut belichtete Fotos von Innenräumen ohne Stativ oder stimmungsvolle Personenfotos bei Kerzenlicht gehören damit zu den geeigneten Motiven. Allerdings herrscht in diesem Programm auch absolutes Blitzverbot, was die Anwendungsmöglichkeiten im Partybereich deutlich einschränkt.

🌷 Makro

Hier liegt der Schwerpunkt auf der vergrößerten Darstellung von Objekten vor einem unscharfen Hintergrund. Für eine gute Objektfreistellung fotografieren Sie am besten mit der Telebrennweite Ihres Zoomobjektivs oder verwenden ein spezielles Makroobjektiv. Nähern Sie sich dem Motiv so nah an, dass der Autofokus gerade noch scharfstellen kann, oder fokussieren Sie manuell, um exakt den gewünschten Bildbereich scharf zu bekommen.

◂ Abbildung 5.7
*Mit dem **SCN**-Modus **Makro** ließen sich die Taubnesseln vor einem unscharfen Hintergrund gut herausstellen.*

[100 mm | f5,6 | 1/160 s | ISO 100]

> **Was Sie bei den Szenenprogrammen nicht steuern können**
>
> Die **SCN**-Programme schränken den Einfluss des Fotografen in zwei wichtigen Punkten stark ein: Die Lichtempfindlichkeit des Sensors (ISO-Wert) kann nicht beeinflusst werden, wodurch Bildrauschen und eine geringe Detailauflösung entstehen können. Und die Fokusfelder lassen sich nicht auswählen, so dass es beispielsweise leicht passiert, dass nicht die gewünschte Person scharfgestellt wird, sondern eine andere Person im Vordergrund. Werfen Sie daher am besten gleich auch einmal einen Blick auf die Programme **P**, **A**, **S** und **M**, und holen Sie damit noch mehr aus Ihrer α6300 heraus.

Mehr Spielraum mit P, A, S und M

Während der Einfluss auf die Bildgestaltung im **Automatikmodus** und mit den **SCN**-Programmen stärker eingeschränkt ist, steht bei den Modi **P**, **A**, **S** und **M** genau das Gegenteil im Vordergrund. Hier haben Sie Zugriff auf alle wichtigen Belichtungseinstellungen. Daher können Sie in diesen Modi kreativ werden und beispielsweise die Schärfentiefe flexibel gestalten oder beste Bildqualität bei geringen ISO-Werten erzielen. Die meisten der in diesem Buch beschriebenen Funktionen werden Ihnen somit nur in diesen Programmen zur freien Wahl präsentiert.

Spontan reagieren mit der Programmautomatik (P)

Die **Programmautomatik** (**P**) ist, genauso wie der **Automatikmodus**, bestens für Schnappschüsse geeignet. **P** bietet aber den Vorteil, dass Sie den ISO-Wert, das Fokusfeld, die Bildhelligkeit und vieles mehr selbst bestimmen können. Somit bietet sich dieses Programm an, wenn Sie gerne spontan fotografieren und dabei zwar grundlegende Rahmenbedingungen selbst bestimmen möchten, in der Fotosituation aber nicht lange über Zeiten und Blendenwerte nachdenken wollen.

∧ Abbildung 5.8
Mit der Programmverschiebung ließ sich schnell ein diffuserer Hintergrund erzeugen (links) als bei der Standardeinstellung (rechts).

Nachdem Sie das Moduswahlrad auf **P** gestellt und die α6300 auf das Motiv ausgerichtet haben, werden Ihnen die Werte für die Belichtungszeit ❷ und die Blende ❸ auf dem Monitor und im Sucher präsentiert. Stellen Sie alle weiteren Funktionen wunschgemäß ein, für das Bild der Holzfigur haben wir beispielsweise den ISO-Wert auf **100** ❹ festgelegt.

< Abbildung 5.9
Mit der Programmverschiebung konnten wir den Blendenwert zugunsten einer niedrigen Schärfentiefe verringern.

Wenn Sie anschließend am Einstellrad ◎ drehen, können Sie die Kombination aus Belichtungszeit und Blende ändern. Diese *Programmverschiebung* ist am Symbol **P*** ❶ zu erkennen. Nach rechts gedreht, wird die Belichtungszeit verkürzt und der Blendenwert verringert. Damit erzielen Sie eine geringere Schärfentiefe. Nach links gedreht, verlängert sich die Belichtungszeit, und der Blendenwert erhöht sich. Auf diese Weise vergrößern Sie die Schärfentiefe.

Praktischerweise bleiben die angepassten Werte auch für Folgeaufnahmen erhalten. Die Speicherung wird erst aufgehoben, sobald Sie die α6300 ausschalten, den Aufnahmemodus wechseln oder wenn die α6300 in den Stromsparmodus übergeht. Bei Blitzaufnahmen ist die *Programmverschiebung* hingegen gänzlich außer Kraft gesetzt.

Achten Sie zudem auf die Anzeige der Belichtungswerte. Sollten die Belichtungszeit, der Blendenwert und der Belichtungskorrekturwert ⬚ anfangen zu blinken, riskieren Sie eine Fehlbelichtung. Ändern Sie in dem Fall die Einstellungen, bis das Blinken aufhört, indem Sie die **ISO-Automatik** einschalten oder die *Programmverschiebung* wieder zurückstellen.

▢ Panorama-Automatik

Das Programm **Schwenk-Panorama** ⌒ funktioniert ähnlich wie die **Programmautomatik (P)**, allerdings ohne die Möglichkeit der *Programmverschiebung* **P***. Es ist darauf ausgerichtet, Panoramen aus der freien Hand möglichst unkompliziert aufnehmen zu können. Erfahren Sie mehr über dieses Spezialprogramm im Abschnitt »Beeindruckende Panoramen erstellen« ab Seite 235.

Mit der Blendenpriorität (A) die Schärfentiefe lenken

Die **Blendenpriorität** (**A**) (= *Aperture Priority*) ist das Belichtungsprogramm der α6300, mit dem Sie die *Schärfentiefe* Ihres Bildes flexibel steuern können. Mit geringer Schärfentiefe und einem gut gesetzten Fokus können Sie die Tiefenwirkung Ihres Bildes steigern. Aus diesem Grund gehört die **Blendenpriorität** auch für uns zu einem der wichtigsten Programme, das wir routinemäßig im Porträt-, Landschafts- und Makrobereich nutzen. Vom Ablauf her geben Sie im Modus **A** einen Blendenwert vor, die dazu passende Belichtungszeit bestimmt die Elektronik der α6300 dann automatisch. An der Brunnenfigur können Sie die Wirkung der Blende auf das Bild nachvollziehen.

[160 mm | f2,8 | 1/60 s | ISO 100]

[160 mm | f11 | 1/5 s | ISO 100]

^ Abbildung 5.10
Im Bild links sehen Sie, dass bei geringem Blendenwert nur die fokussierte Brunnenfigur scharf abgebildet wird. Man spricht dann auch von selektiver Schärfe. Lichtpunkte im Hintergrund werden zudem groß und kreisrund abgebildet (angenehmes Bokeh). Im rechten Bild wurde durch einen hohen Blendenwert eine größere Schärfentiefe erreicht.

Im Modus **Blendenpriorität** (**A**) lässt sich der Blendenwert ❷ mit dem Einstellrad ◎ unkompliziert anpassen. Nach rechts gedreht, erhöht sich der Wert. Das bedeutet, dass sich die Blendenöffnung im Objektiv schließt und die Aufnahme mit einer höheren Schärfentiefe fotografiert werden kann (*Abblenden*). Im gleichen Maße verlängert sich dadurch die Belichtungszeit ❶. Durch Drehen des Einstellrads ◎ nach links verringern Sie den Blendenwert. Folglich öffnet sich die Blende, und es entstehen Fotos mit geringer Schärfentiefe (*Aufblenden*). Die Belichtungszeit wird in diesem Fall dann entsprechend verkürzt. Praktischerweise kann die Änderung der Schärfentiefe auf dem LCD-

Monitor oder im Sucher direkt optisch verfolgt werden. Drehen Sie das Einstellrad ◎ einmal kräftig nach links oder rechts, und beobachten Sie dabei die Änderung der Hintergrundschärfe.

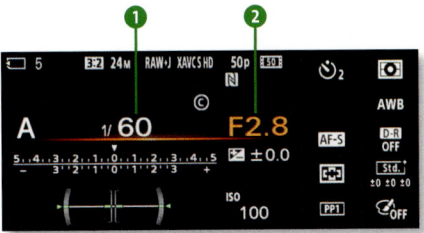

Abbildung 5.11 >
*Im Modus **A** lässt sich die Blende ❷ flexibel steuern, und die Belichtungszeit ❶ wird automatisch angepasst.*

Sollte die Belichtungszeit auf 30 s stehen und blinken, riskieren Sie eine Unterbelichtung. Verringern Sie in dem Fall den Blendenwert, oder erhöhen Sie den ISO-Wert, oder setzen Sie den internen oder einen externen Blitz als Zusatzlichtquelle ein. Blinkt die Belichtungszeit hingegen bei 1/4000 s, wird das Bild überbelichtet. Dagegen helfen ein höherer Blendenwert, ein niedrigerer ISO-Wert oder ein lichtschluckender Filter.

Beugungsunschärfe bei zu hohen Blendenwerten

Wird der Blendenwert zu stark erhöht, nimmt die Schärfe des gesamten Fotos wieder ab. Grund ist die sogenannte *Beugungsunschärfe*, die dadurch entsteht, dass ein Teil des Lichts an den Kanten der Blendenlamellen abgelenkt wird und unkontrolliert auf den Sensor trifft. Wer aber absolut kein Quäntchen Schärfe einbüßen möchte, merkt sich bei der α6300 am besten eine Obergrenze bei Blende 11 (maximal f16). Dieser Wert sollte generell nicht überschritten werden. »Viel hilft viel« ist eben nicht immer das zielführende Motto.

⌃ Abbildung 5.12
Links: Keine Beugungsunschärfe bei f11. Rechts: Durch Beugung bei f32 hat der fokussierte Bereich deutlich an Schärfe eingebüßt.

Mit der Zeitpriorität (S) zum kreativen Schärfeeffekt

Im Aufnahmemodus **Zeitpriorität** (**S**) (**S** = *Shutter Priority*) wird die Belichtungszeit vom Fotografen festgelegt, und die α6300 stellt automatisch eine dazu passende Blende ein. Die längste Belichtungszeit, die Sie wählen können, liegt bei 30 s. Sie verkürzt sich von da aus Schritt für Schritt bis zur kürzesten Zeit von 1/4000 s.

[47 mm | f5,6 | 1/1000 s | ISO 2500]   [47 mm | f11 | 1/10 s | ISO 100]

⌃ Abbildung 5.13
Mit einer kurzen Belichtungszeit wird das herabstürzende Wasser scharf abgebildet, und die Tropfen bleiben sichtbar (links). Durch das Verlängern der Belichtungszeit verwischt das Wasser, es fließt weich über die Felsen (rechts).

Die **Zeitpriorität** (**S**) eignet sich damit einerseits sehr gut für Sportaufnahmen, Bilder von rennenden Menschen, im Flug befindlichen Vögeln beziehungsweise sprintenden Tieren oder zum Einfrieren spritzenden Wassers – also alles Motive, bei denen Momentaufnahmen schneller Bewegungsabläufe im Vordergrund stehen.

Andererseits können Sie mit diesem Modus auch kreative Wischeffekte erzeugen, indem Sie die Belichtungszeit so wählen, dass alle Bewegungen im Bildausschnitt durch Unschärfe verdeutlicht werden. Fließendes Wasser, mit den Flügeln schlagende Vögel oder Autos und U-Bahnen lassen sich auf diese Weise sehr kreativ und dynamisch in Szene setzen.

Um die Belichtungszeit anzupassen, drehen Sie im Modus **S** einfach am Einstellrad ⌾. Nach rechts gedreht, können Sie die Belichtungszeit ❶ verkürzen und durch Drehen des Rads nach links verlängern. Bei konstantem ISO-Wert wird die Blende automatisch angepasst. Damit es weniger schnell zu Fehlbelichtungen kommt, die im Modus **S** durch blinkende Blenden- und Belichtungskorrekturwerte 🔆 angedeutet werden, schalten Sie besser gleich die **ISO-Automatik** ein. Damit lässt sich angenehm flexibel mit der **Zeitpriorität** (**S**) fotografieren.

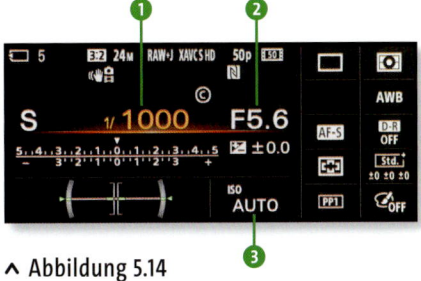

Abbildung 5.14
Im Modus S lässt sich die Belichtungszeit ❶ flexibel steuern, die Blende ❷ und, bei aktiver ISO-Automatik, auch der ISO-Wert ❸ werden automatisch angepasst.

> **Belichtungswarnung im Modus S**
>
> Da die α6300 im Modus **S** leider keine **Verwacklungswarnung** (📳) ausgibt, müssen Sie bei Belichtungszeiten länger als etwa 1/100 s selbst abschätzen, ob Sie die Aufnahme unverwackelt aus der Hand fotografieren können oder doch besser ein Stativ einsetzen (siehe den Abschnitt »Verwacklungen vermeiden ohne und mit Bildstabilisator« auf Seite 44).

Schwierige Situationen mit der Manuellen Belichtung (M) meistern

Mit der **Manuellen Belichtung** (**M**) der α6300 lassen sich die allerschwierigsten Aufnahmesituationen meistern, denn in diesem Modus ist es möglich, alle Belichtungswerte unabhängig voneinander an die Situation anzupassen. Auf diese Weise gelingen Nachtaufnahmen vom Stativ, Lichtspuren, Feuerwerk und Co. besonders eindrucksvoll. Auch beim Fotografieren von Menschen im Studio mit Blitzgeräten oder beim Aufnehmen professioneller Panoramen, für HDR-Projekte oder beim *Focus Stacking* (Schärfentiefeerweiterung) für Makroaufnahmen ist die manuelle Belichtung oft das Mittel der Wahl.

Nach dem Einrichten des Bildausschnitts beginnen Sie im Modus **M** am besten mit der Auswahl der Lichtempfindlichkeit über die **ISO**-Taste. Für Stativaufnahmen statischer Objekte sind Werte zwischen 100 und 400 gut geeignet, und für Freihandaufnahmen bei wenig Licht Werte zwischen 800 und 6400.

Als Nächstes nehmen Sie die Einstellung der Blende mit dem Drehregler ⚙ vor. Verfolgen Sie Ihr Motiv nun genau, denn die α6300 präsentiert Ihnen die Änderung der Schärfentiefe direkt im Sucher oder auf dem Monitor. Zu guter Letzt wird mit dem Einstellrad ◎ die Belichtungszeit festgelegt. Möglich ist natürlich auch die umgekehrte Reihenfolge, etwa wenn bei actionreichen Motiven die Belichtungszeit wichtiger ist als der Blendenwert.

[16 mm | f8 | 13 s | ISO 100]

ᴧ Abbildung 5.15
*Um die bunte Beleuchtung zur Zeit der Blauen Stunde optimal in Szene setzen zu können, haben wir mit der **Manuellen Belichtung** und vom Stativ aus mit dem 2-Sekunden-Selbstauslöser fotografiert.*

Werfen Sie spätestens beim Einstellen des dritten Parameters ein Auge auf den Belichtungskorrekturwert ⌧. Die Markierung der **EV-Skala** ❶ sollte zunächst in der Mitte liegen und der Belichtungskorrekturwert auf **±0** ❷ stehen. Dann liefern die aktuell eingestellten Werte eine laut kamerainternem Belichtungsmesser korrekte Belichtung.

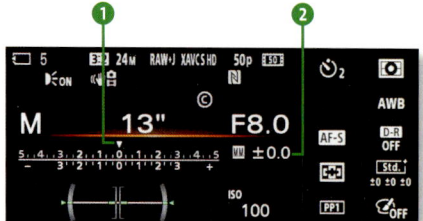

‹ Abbildung 5.16
Die gewählte Zeit-Blenden-ISO-Einstellung führt laut EV-Skala ❶ und Belichtungskorrekturwert ❷ zu einer korrekt belichteten Aufnahme.

Prüfen Sie die Belichtung durch Einblenden des Histogramms im Sucher oder auf dem Monitor. Bei Blitzaufnahmen machen Sie am besten eine Probeaufnahme, da die α6300 die Belichtung in dem Fall nicht simuliert. Sollte Ihnen das Bild zu hell vorkommen, verkürzen Sie die Belichtungszeit, erhöhen den Blendenwert oder verringern den ISO-Wert. Die **EV-Skala** zeigt dann negative Werte an, die Sie getrost ignorieren können. Bei einer zu dunklen Aufnahme verfahren Sie genau umgekehrt. Stellen Sie Ihr Motiv scharf, je nach Situation auch manuell, und lösen Sie das Bild beziehungsweise die Bilderserie aus.

Belichtungszeit und Blende kombiniert anpassen

Wenn im Modus **M** alles fertig eingestellt ist, Sie an der Belichtungszeit oder Blende aber gerne noch etwas ändern möchten, ohne dabei die Bildhelligkeit zu verändern, können Sie beide Werte gekoppelt anpassen. Damit das sinnvoll durchführbar ist, wählen Sie im Menü **Benutzereinstlg. 7** ✿ > **BenutzerKey(Aufn.)** > **Funkt. d. AEL-Taste** die Vorgabe **AEL Umschalten**. Zurück im Aufnahmemodus können Sie nun die **AEL**-Taste drücken und loslassen. Es erscheint das Sternsymbol ✱ ❸, und die Belichtung ist gespeichert. Jetzt können Sie die Zeit-Blenden-Werte mit dem Einstellrad ◎ gekoppelt anpassen.

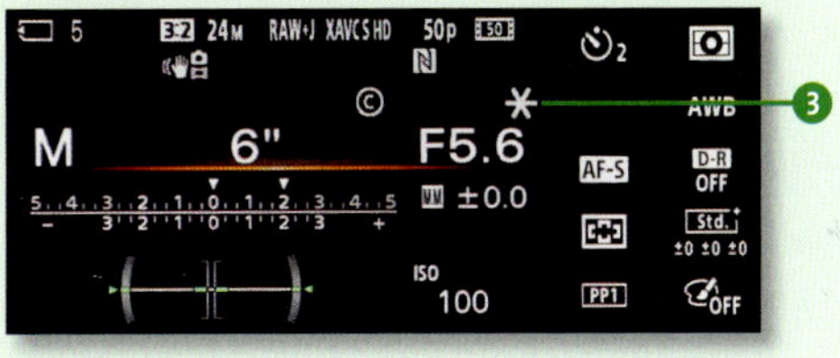

Abbildung 5.17 ▸
Geänderte Zeit-Blenden-Werte nach dem Speichern ❸ der Belichtung

Eigene Programme entwerfen

Im Laufe der Zeit werden bestimmte Aufnahmeeinstellungen sicherlich häufiger benötigt, etwa ein spezielles Setting für das Fotografieren von Porträts im Studio. Da kann es sehr hilfreich sein, einen der beiden freien Speicherplätze **1** und **2** mit den dafür notwendigen Einstellungen zu belegen. Prinzipiell können die Belichtungswerte und alle Menüoptionen des Menüs **Kameraeinstlg.** ◙ hinterlegt werden.

Im Folgenden haben wir Ihnen ein paar Programmvorschläge zusammengestellt, die sich für bestimmte Motivarten oder Fotosituationen eignen. Wenn Sie möchten, registrieren Sie diese genauso in Ihrer α6300. Wie die Programmierung vonstattengeht, erfahren Sie in der Schritt-für-Schritt-Anleitung »Speicher 1 und 2 mit Funktionen belegen« auf Seite 115.

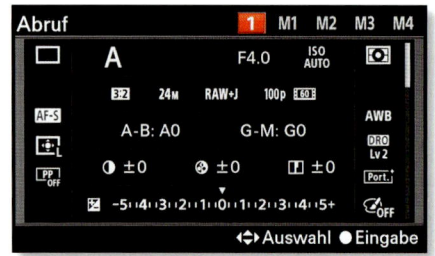 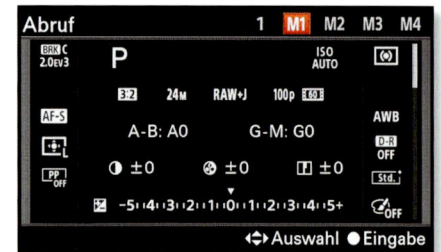

∧ Abbildung 5.18
Links: Unsere bevorzugten Porträteinstellungen (Speicherplatz 1) auf Basis der **Blendenpriorität (A)**. Rechts: Unser Speicherplatz **M1** mit den Einstellungen für HDR-Ausgangsbilder ohne Stativ, gespeichert mit dem Basismodus **Programmautomatik (P)**.

	Porträts bei wenig Licht	Porträts im Studio	Landschaft, Architektur	Sport und Action	HDR ohne Stativ	Wenig Licht, ohne Stativ
Modus	A	M	A	S	P	S
Blendenwert	f2,8–4	f8	f8	–	–	–
Belichtungszeit	–	1/125 s	–	1/500 s	–	1/15 s
Bildqualität	RAW+J	RAW+J	RAW+J	RAW+J	RAW+J	RAW+J
ISO-Wert	Auto	100	Auto	Auto	Auto	Auto
ISO-AUTO Min. VS	Standard	–	Langsamer	–	Langsamer	–
Weißabgleich	Auto	WB	Auto	Auto	Auto	Auto
Bildfolgemodus	☐	☐	☐	⧉Hi	BRK C 2.0EV3	☐
Fokusmodus	AF-S	AF-S	AF-S	AF-C	AF-S	AF-S
Fokusfeld	[⋅]L	[⋅]S (auf Auge)	[⋅]L	[⋅] / [⋅]	[⋅]L	[⋅]
Messmodus	⊡	⊡	⊡	⊡	(⋅)	⊡
DRO	DRO LV2	D-R OFF	DRO LV5	D-R OFF	D-R OFF	DRO LV5
Blitzmodus	⚡SLOW	⚡ oder ⚡WL	⊘	⊘	⊘	⊘
Kreativmodus (nur bei JPEG)	Port.	Std.	Land.	Std.	Std.	Std.

∧ Tabelle 5.1
Vorschläge für die Belegung der freien Speicherplätze **1** und **2** mit Einstellungen häufiger Fotoszenarien

Speicher 1 und 2 mit Funktionen belegen
SCHRITT FÜR SCHRITT

1 Den Modus wählen
Wählen Sie eines der Programme **P**, **A**, **S** oder **M** aus. Nehmen Sie dort alle Einstellungen vor, die Sie speichern möchten. Eine eventuell getätigte *Programmverschiebung* **P*** im Modus **P** lässt sich allerdings nicht speichern. Um eine feste Kombination aus Belichtungszeit und Blende zu sichern, wählen Sie **M** als Basismodus.

2 Register auswählen und Programm speichern
Drücken Sie die Taste **MENU**, wählen Sie **Kameraeinstlg. 9** 📷 > **Speicher**, und bestätigen Sie dies mit der Mitteltaste ●. Es werden nun alle Belichtungseinstellungen angezeigt. Mit den Pfeiltasten ▲/▼ gehen Sie die Menüeinstellungen durch. Mit dem Einstellrad ◎ wählen Sie den Speicherplatz aus. Die Plätze **1** und **2** stehen Ihnen immer zur Verfügung. Wählen Sie die Register **M1** bis **M4**, um Aufnahmeeinstellungen auf der Speicherkarte zu sichern. Die Daten befinden sich dort im Unterordner **PRIVATE/SONY/SETTING/6300P** und heißen beispielsweise **CAMPRO01.DAT**. Bestätigen Sie Ihre Wahl mit der Mitteltaste. Die Werte sind nun gespeichert.

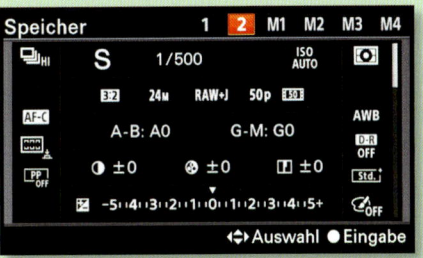

3 Speicherabruf
Stellen Sie das Moduswahlrad auf die Position **1** oder **2**, können Sie in der Ansicht **Abruf** mit dem Einstellrad ◎ das Register auswählen, wobei **M1** bis **M4** nur verfügbar sind, wenn die Speicherkarte eingelegt wurde, auf der die Daten liegen, und die Karte nicht formatiert wurde.

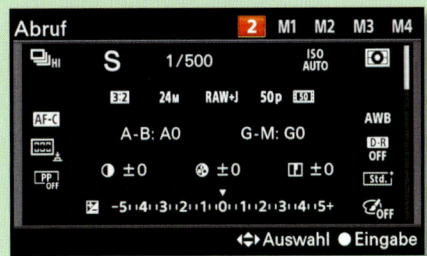

4 Fotografieren mit den registrierten Einstellungen
Drücken Sie die Mitteltaste ●, oder tippen Sie den Auslöser an, um zum Aufnahmemodus zu gelangen. Dass Sie sich in einem der individuellen Modi befinden, sehen Sie an der hell hinterlegten Zahl neben dem Symbol des Aufnahmemodus ❶. Sie können Aufnahmeeinstellungen ändern, müssen diese dann aber wie beschrieben neu abspeichern. Um einen anderen Speicherplatz aufzurufen, wählen Sie im Menü **Kameraeinstlg. 9** 📷 den Eintrag **Speicherabruf**.

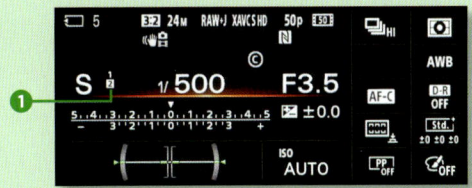

Bilder betrachten, schützen und löschen
EXKURS

Nach einer ausgiebigen Fotosession oder auch zwischendurch für die Bildkontrolle steht das Betrachten der aufgenommenen Fotos und Videos auf dem Programm. Hierbei unterstützt Sie die α6300 mit unterschiedlichen Wiedergabemöglichkeiten. Um die Fotos auf der Speicherkarte zu betrachten, reicht ein Druck auf die Wiedergabetaste ▶. Über die Pfeiltasten ◀/▶ oder durch Drehen an einem der Einstellräder (◉, 🎛) können Sie anschließend in beide Richtungen von Bild zu Bild springen und alles in Augenschein nehmen. Die Aufnahmeinformationen oder die Histogramme lassen sich mit der **DISP**-Taste einblenden.

▲ Abbildung 5.19
Bildwiedergabe im Wiedergabezoom

Wiedergabezoom

Um in das Foto hineinzuzoomen, drücken Sie die Taste ⊕ einmal oder bis zu sieben weitere Male, um den Zoomfaktor stärker zu erhöhen. Mit den Pfeiltasten ▲/▼/◀/▶ lässt sich anschließend genau die Stelle ansteuern, die Sie prüfen möchten. Ein Bild vor oder zurück geht es mit dem Drehregler 🎛. Um wieder herauszuzoomen, drücken Sie die Bildindex-Taste ▦ für eine schrittweise Verkleinerung oder die Mitteltaste ● für den Sprung zurück zur Ausgangsgröße.

Übersicht im Bildindex

Eine Übersicht über den Bildbestand auf Ihrer Speicherkarte verschaffen Sie sich mit einem Raster aus 12 verkleinerten Miniaturbildern, das Sie mit der Bildindex-Taste ▦ aufrufen können. Mit den Pfeiltasten lassen sich einzelne Fotos auswählen und denn per Mitteltaste ● auf Vollbildgröße ziehen. Um von Bildset zu Bildset zu springen, verwenden Sie den Drehregler 🎛.

Standardmäßig sortiert die α6300 die Bilder nach Datum, Sie können aber auch eine Sortierung nach Standbildern 🖼 oder nach den Videoformaten **MP4**, **AVCHD**, **XAVC S HD** oder **XAVC S 4K** einstellen. Dazu rufen Sie mit der Pfeiltaste ◀ den Seitenstreifen links neben den Miniaturen auf ❷ und drücken die Mitteltaste ●. Die α6300 ordnet die Bilder nun innerhalb einer Monatsansicht den jeweiligen Tagen zu, wobei sich der Monat flink mit dem Drehregler ändern lässt. Anschließend können Sie die Ansicht bei Bedarf ganz links auf einen der fünf Dateitypen einschränken ❶. Wählen Sie schließlich einen Tag ❸ aus und drücken die Mitteltaste, um die Dateien des Tages aufzurufen.

▲ **Abbildung 5.20**
Datumsansicht mit Beschränkung auf XAVC S 4 K-Filmdateien

Schutz vor versehentlichem Löschen

Um zu verhindern, dass die schönsten Fotos oder Videos des Tages versehentlich von der Speicherkarte verschwinden, können Sie die Schutzfunktion der α6300 verwenden. Öffnen Sie dazu die Funktion **Schützen** im Menü **Wiedergabe 2**. Wenn Sie die Bilder manuell auswählen möchten, wählen Sie den Eintrag **Mehrere Bilder**. Rufen Sie anschließend die Dateien auf, und drücken Sie bei jedem zu schützenden Bild die Mitteltaste, so dass ein Häkchen gesetzt wird. Sobald alle Bilder markiert wurden, drücken Sie die **MENU**-Taste und betätigen die Schaltfläche **OK** und nochmals **OK**. Die geschützten Dateien tragen nun das Schlüsselsymbol. Beachten Sie, dass beim Formatieren der Speicherkarte auch geschütze Bilder und Filme entfernt werden.

Wenn der Schutz wieder aufgehoben werden soll, gehen Sie genauso vor wie beim Schützen, indem Sie die Häkchen mit der Mitteltaste wieder entfernen. Soll der Schutz aller Bilder eines Datums entfernt werden, wählen Sie im Menü **Wiedergabe 2** > **Schützen** den Eintrag **Alle mit dies. Dat. aufh.** aus.

Löschfunktionen

Um Platz auf der Speicherkarte zu schaffen, ist es sinnvoll, die eindeutig vermasselten Bilder oder Videos gleich in der Kamera zu löschen. Rufen Sie die Datei dazu in der Wiedergabeansicht auf, und drücken Sie die Löschtaste. Wenn das Foto wirklich entfernt werden soll, bestätigen Sie die Schaltfläche **Löschen** mit der Mitteltaste.

Um mehrere Bilder zu löschen, navigieren Sie im Menü **Wiedergabe 1** zur Option **Löschen**. Wählen Sie den Eintrag **Mehrere Bilder** aus, wenn Sie die Fotos einzeln mit einem Häkchen versehen und anschließend über die **MENU**-Taste löschen möchten. Oder nehmen Sie die Vorgabe **Alle mit diesem Dat.**, um die Dateien eines ganzen Tages zu löschen.

▲ **Abbildung 5.21**
Löschen eines Einzelbildes

Kapitel 6
Schöne Farben und reines Weiß

Mit dem Weißabgleich die Farben steuern 120

Situationen für den benutzerdefinierten Weißabgleich 126

Kreativmodi für besondere Farbeffekte 128

Individuelle Fotos mit Bildeffekten gestalten 131

EXKURS: Welcher Farbraum für welche Aufgabe? 134

Mit dem Weißabgleich die Farben steuern

Das uns umgebende Sonnenlicht wechselt seine Farbe im Laufe eines Tages permanent, und künstliche Lichtquellen wie Glühlampen, Neonröhren oder Kerzen haben ebenfalls ihre eigene charakteristische Lichtfarbe. Die Farbeigenschaften all dieser Lichtquellen werden mit der sogenannten *Farbtemperatur* beschrieben und als *Kelvin-Wert* ausgedrückt. Gängige Lichtquellen besitzen etwa die in der Tabelle 6.1 aufgelisteten Kelvin-Werte.

Natürliche Lichtquelle	Farbtemperatur
Nebel	7000 – 8000 K
Schatten, bedeckter Himmel	6000 – 7000 K
Sonne mittags	5500 – 6500 K
Sonne vormittags/nachmittags	4300 – 5500 K
Mond	4100 K
Sonnenauf-/-untergang	2000 – 3500 K
Künstliche Lichtquellen	Farbtemperatur
Blitzgerät	5500 – 6000 K
Energiesparlampe Tageslichtweiß	5300 – 6500 K
Halogenlampe	5200 K
Leuchtstoffröhre (Kaltweiß)	4000 K
Energiesparlampe Neutralweiß	3300 – 5300 K
Energiesparlampe Warmweiß	2700 – 3300 K
Energiesparlampe Extra Warmweiß	2700 K
Glühbirne 100 W	2800 K
Glühbirne 40 W	2680 K
Kerze	1500 – 2000 K

Tabelle 6.1 >
Farbtemperaturen künstlicher Lichtquellen

Um der α6300 nun mitzuteilen, welche Lichtquelle sie gerade vor sich hat, damit sie die Farben auch richtig interpretieren kann, muss ihr der Lichtcharakter übermittelt werden. An dieser Stelle kommt der *Weißabgleich* ins Spiel. Automatisch gesetzt oder von Ihnen manuell vorgegeben, erlaubt erst der richtige Weißabgleich eine naturgetreue Farbdarstellung ohne Farbstich und

Fehlfarben. Wobei Sie prinzipiell zwei Möglichkeiten haben, mit dem Weißabgleich umzugehen:

- Der Weißabgleich wird genau auf die Lichtquelle abgestimmt, so dass das Licht quasi neutralisiert wird. Ein weißes Brautkleid würde dadurch im Bild auch neutral weiß wiedergegeben werden.
- Der Weißabgleich wird absichtlich verschoben, das Licht wird also nicht neutralisiert, so dass in der Aufnahme ein mehr oder weniger starker Farbstich entsteht. Dabei wird die Bildwirkung generell kühler ausfallen, wenn Sie den Kelvin-Wert verringern, und wärmer, wenn der Kelvin-Wert erhöht wird. So könnten Sie etwa einen Sonnenuntergang mit verstärktem gelbrötlichem Schein und einer prachtvolleren Atmosphäre gestalten.

[75 mm | f5,6 | 1/1000 s | ISO 125 | +0,7]

[57 mm | f13 | 1/800 s | ISO 250]

∧ Abbildung 6.1
Links: Der Weißabgleich wurde auf die Lichtquelle abgestimmt, so dass der Schnee neutral wiedergegeben wird. Rechts: Mit 5000 K wird das künstliche Licht nicht neutralisiert. Die gelbe Lichtfarbe erzeugt eine wärmere Bildwirkung, bei der auch das letzte Abendlicht gut zur Geltung kommt.

Situationen für den automatischen Weißabgleich

Die α6300 besitzt einen automatischen Weißabgleich **AWB** (= *Auto White Balance*), der bei Tageslichtaufnahmen von morgens bis zum frühen Nachmittag und bei Motiven während der farbenfrohen Beleuchtung zur Dämmerungszeit recht zuverlässig arbeitet.

Probleme bekommt der **AWB** regelmäßig bei Aufnahmen im Halb- oder Vollschatten oder bei bedecktem Himmel. Bei diesen Aufnahmesituationen zeigt die α6300 leider manchmal deutliche Schwächen. Die Haut bei Porträts wirkt dann zu kühl, und bei Naturaufnahmen wird alles etwas zu bläulich dargestellt, wie dies auf den in Abbildung 6.2 gezeigten Bildern gut zu sehen ist. Auch bei Kunstlicht und Mischlichtsituationen trifft die Automatik nicht immer den richtigen Farbton.

∧ Abbildung 6.2
*Links: Blaustichige Farbwirkung durch den automatischen Weißabgleich **AWB** (3900 K).*
*Rechts: Realistische Farbwirkung mit Vorwahl **Tageslicht** (5200 K)*

Wie sich die Weißabgleichvorgaben auf das Bild auswirken

Wenn der automatische Weißabgleich **AWB** ein farbstichiges Bild liefern sollte, können Sie sich einer der angebotenen Weißabgleichvorgaben der α6300 bedienen. Diese richten sich an verschiedenen gängigen Lichtquellen aus. Wählen Sie daher die Vorgabe, die Ihrer Lichtquelle entspricht oder ihr zumindest sehr ähnlich ist. Möglich ist dies im **Quick Navi**-Menü oder im Menü **Kameraeinstlg. 5** 🗎 bei **Weißabgleich**, allerdings nur in den Modi **P**, **A**, **S**, **M**, **Schwenk-Panorama** und **Film**.

< Abbildung 6.3
Auswahl der Weißabgleichvorgabe
Tageslicht

Die Vorgabe **Tageslicht** ☀ (circa 5100 K) ist für Außenaufnahmen bei hellem Licht vom späten Vormittag bis zum frühen Nachmittag gedacht, liefert aber häufig etwas zu kühle Farben. Daher fotografieren wir bei Tageslichtmotiven oft mit der Vorgabe **Bewölkt**. **Tageslicht** liefert aber bei Aufnahmen von Feuerwerken schöne Farben. Mit der Einstellung **Bewölkt** ☁ (circa 5800 K) erzielen Sie bei mittlerer bis starker Bewölkung und Nebel eine passende Farbwirkung, und bei Aufnahmen mit Sonne lässt sich eine etwas wärmere Lichtstimmung mit etwas erhöhten Gelb-Rot-Anteilen erzeugen. Wählen Sie **Schatten** ⌂ (circa 7200 K), werden die Farben bei Außenaufnahmen im Schatten realistisch wiedergegeben. Die Vorgabe eignet sich aber auch, um Sonnenuntergänge intensiv gelbrot darzustellen. Achten Sie stets darauf, dass Ihr Motiv durch die erhöhten Gelbanteile nicht »vergilbt« aussieht, was sich auf der Haut von Menschen oder bei weißen Schönwetterwolken nicht so gut macht.

[200 mm | f4 | 1/320 s | ISO 1250] [200 mm | f4 | 1/320 s | ISO 1250] [200 mm | f4 | 1/320 s | ISO 1250]

▲ **Abbildung 6.4**
Direkter Vergleich der Weißabgleichvorgaben **Tageslicht** *(links),* **Bewölkt** *(Mitte) und* **Schatten** *(rechts)*

Für Motive, die überwiegend durch Blitzlicht aufgehellt werden, eignet sich, wie zu erwarten, die Vorgabe **Blitz** ⚡ (circa 6000 K). Da sich Blitz- und Sonnenlicht farblich ähneln, können Sie diese Einstellung aber auch bei Tageslichtaufnahmen verwenden, die Wirkung ähnelt der Vorwahl **Bewölkt**.

Die Weißabgleichvorgabe **Glühlampe** 💡 (circa 2800 K) ist für eine Beleuchtung mit Glühlampen oder Leuchtstofflampen einer vergleichbaren Lichtfarbe gedacht. Damit konnten wir das Gemälde in Abbildung 6.5 im ersten Bild aus der Reihe farblich recht neutral darstellen. Wenn das Motiv, wie hier das Kirchenschiff im Hintergrund, jedoch auch noch Anteile an Tageslicht enthält, werden diese Bildstellen unnatürlich blau wiedergegeben.

Wenn Sie es mit einem solchen *Mischlicht* zu tun haben, können Sie versuchen, mit den anderen Kunstlichtvorgaben ein besseres Ergebnis zu erzielen. Bei dem mittleren Kirchenbild in Abbildung 6.5 half die Vorgabe **Leuchtst.: Tageslicht** +2 (circa 5650 K), das Kirchenschiff farblich besser darzustellen, aber dafür wies nun das Gemälde einen orangenen Farbstich auf. Mit einer **Weißabgleichanpassung**, die wir Ihnen im folgenden Abschnitt auf der nächsten Seite vorstellen, konnten wir jedoch beide Farbstiche reduzieren. Mehr war bei diesem Motiv ohne zusätzliche Lichtquellen nicht machbar.

Die Vorgabe **Leuchtst.: warmweiß** -1 (circa 3200 K) hätte im gezeigten Beispiel immer noch einen zu starken Blaustich im Hintergrund erzeugt. Mit **Leuchtst.: Kaltweiß** 0 (circa 4100 K) werden oft die Rottöne zu stark betont, daher setzen wir persönlich diese Vorgabe kaum ein. **Leuchtst.: Tag.-weiß** +1 (circa 4650 K) sorgt bei Nachtaufnahmen beleuchteter Gebäude oder bei Kerzenlicht für eine stimmungsvolle Wirkung.

[26 mm | f4,5 | 1/60 s | ISO 6400]

[26 mm | f4,5 | 1/60 s | ISO 6400]

[26 mm | f4,5 | 1/60 s | ISO 6400]

∧ **Abbildung 6.5**
Vergleich der Vorgaben **Glühlampe** (links), **Leuchtst.: Tageslicht** (Mitte) und **Leuchtst.: warmweiß** mit der **Weißabgleichanpassung B7, G1** (rechts)

Eine Vorgabe für alles

Wenn Sie im RAW-Format fotografieren und nicht ständig zwischen den Weißabgleichvorgaben wechseln möchten, legen Sie mit der Vorgabe **Farbtmp./Filter** ❶ einfach einen Wert für alle Situationen fest. Bei uns hat sich eine Vorgabe von 5500 Kelvin als sehr praktikabel für alle Arten von Tageslicht und auch Mischungen aus Blitz- und Tageslicht erwiesen. Sie gibt den Bildern aus der α6300 eine meist stimmige und gute Farbgrundlage mit auf den Weg, die situationsabhängig per RAW-Konverter mit oder ohne Graukarte nur noch leicht angepasst werden muss. Navigieren Sie dazu mit der rechten Taste ▶ des Einstellrads ⊚ zur Funktion **Farbtemperatur**. Und wählen Sie den Kelvin-Wert ❷ mit dem Einstellrad aus.

Abbildung 6.6 >
Die Auswahl eines individuellen Kelvin-Wertes ist auch dann sinnvoll, wenn Sie die Farbtemperatur der Lichtquelle kennen.

Speziell für Unterwasseraufnahmen hat die α6300 die Vorgabe **Unterwasser-Auto** (circa 3000–4500 K) im Programm. Diese ist vor allem für Aufnahmen mit einem Unterwassergehäuse gedacht, eignet sich aber auch für Bilder von Fischen im Aquarium, da auch dort die Blautöne des Wassers stärker herausgefiltert werden müssen.

Weißabgleichanpassungen vornehmen

Sollte keine der Weißabgleichvorgaben ein zufriedenstellendes Ergebnis liefern, wie im Fall der ersten beiden Bilder aus Abbildung 6.5, bietet die α6300 die Möglichkeit, Farbstiche mit einer *Weißabgleichanpassung* zu verringern. Dazu drücken Sie im Menü **Weißabgleich** die rechte Taste ▶ des Einstellrads. Verschieben Sie anschließend den Cursor ❸ mit den Pfeiltasten ▲/▼/◀/▶ des Einstellrads innerhalb der Koordinaten entgegengesetzt zur Farbe des Farbstichs, wie hier auf die Position **B7**, **G1** ❹. Mit der Mitteltaste ● bestätigen Sie die Eingabe. Denken Sie daran, die Korrektur wieder zurückzusetzen, sie wirkt sich sonst weiterhin auf alle Weißabgleichvorgaben aus.

◀ **Abbildung 6.7**
Links: Einstellen der *Weißabgleichanpassung* in Richtung der vier Grundfarben **A** = Amber (Gelb), **B** = Blau, **G** = Grün, **M** = Magenta. Rechts: Aktivieren der Weißabgleichreihe

Um schnell eine Reihe von Bildern aufzunehmen, die sich im Weißabgleich um Nuancen unterscheiden, lässt sich die automatische **Weißabgleichreihe** anwenden. Damit entstehen ein unverändertes Bild und eines mit etwas wärmerer sowie eines mit etwas kühlerer Farbgebung. Die Unterschiede fallen aber meist recht gering aus, selbst wenn Sie die stärkere Einstellung **Hi** verwenden. Dennoch, wer die Reihe ausprobieren möchte, aktiviert das Menü **Bildfolgemodus** mit der linken Taste ⟳/⎌ des Einstellrads und sucht sich weiter unten den Eintrag **Weißabgleichreihe** aus. Mit den horizontalen Tasten ◀/▶ des Einstellrads können Sie die Stärke auswählen. Lösen Sie dann einmal aus. Es werden automatisch drei Bilder mit den unterschiedlichen Farbnuancen gespeichert.

Situationen für den benutzerdefinierten Weißabgleich

Mit dem benutzerdefinierten beziehungsweise manuellen Weißabgleich hat die α6300 eine weitere Funktion gegen ungewollte Farbstiche an Bord. Vergleichen Sie dazu einmal die beiden Fotos mit dem Türklopfer, die wir mit der α6300 bei an sich sonnigem Wetter an einer schattigen Stelle fotografiert haben. Mit dem automatischen Weißabgleich **AWB** ist die Farbgebung viel zu bläulich geraten. Das Ergebnis des **benutzerdefinierten Weißabgleichs** präsentiert das Motiv hingegen farblich genau so, wie es in der Realität aussah.

Einen manuellen Weißabgleich durchführen
SCHRITT FÜR SCHRITT

1 Aufnahmemodus wählen
Stellen Sie einen der Aufnahmemodi **P, A, S, M** oder **Schwenk-Panorama** ein, und wählen Sie alle gewünschten Belichtungswerte.

2 Benutzer-Setup auswählen
Wählen Sie im **Quick Navi**-Menü oder im Menü **Kameraeinstlg. 5** bei **Weißabgleich** die Vorgabe **Benutzer-Setup SET** aus. Bestätigen Sie die Aktion mit der Mitteltaste ●.

3 Die Messung durchführen
Richten Sie die α6300 nun so auf das weiße Objekt oder die Graukarte aus, dass die Kreisfläche ❶ in der Mitte des Bildes vom Weiß beziehungsweise Grau gefüllt ist. Starten Sie die Messung mit einem Druck auf die Mitteltaste. Die α6300 löst hörbar aus, und das Ergebnis erscheint auf dem Display. Hierbei werden Ihnen die Farbtemperaturangaben angezeigt (hier **6500 K**), die soeben neu ermittelt wurden ❸. Mit dieser Messung könnten Sie somit auch die Farbtemperatur der Lichtquelle ermitteln.

4 Fehlermeldung?
Es kann vorkommen, dass die Messung fehlschlägt, was erfahrungsgemäß dann passiert,

Situationen für den benutzerdefinierten Weißabgleich

▲ Abbildung 6.8
Links: Starker Blaustich mit dem automatischen Weißabgleich.
Rechts: Realistische Farben dank des benutzerdefinierten Weißabgleichs

wenn der Messbereich nicht einheitlich hell oder insgesamt zu dunkel ist. Sie sehen dann den Hinweis **Benutzerdef. Weißabgl. fehlgeschlagen**. Sorgen Sie in solchen Fällen für eine gleichmäßigere Beleuchtung des Messkreises oder für ein helleres Bild.

5 Den Speicherplatz wählen

Wählen Sie als Nächstes mit dem Einstellrad ◎ einen der drei verfügbaren Speicherplätze (**1, 2** oder **3**) ❷ aus, und bestätigen Sie dies mit der Mitteltaste ●.

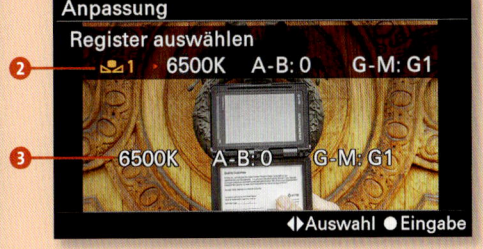

6 Das Bild aufnehmen

Der **Weißabgleich** springt nun automatisch auf die gewählte Speicherplatzvorgabe **Anpassung** 1, 2 oder 3. Wenn Sie das Fotomotiv jetzt erneut fotografieren, sollte die Farbgebung stimmen, und natürlich werden auch alle anderen Bilder, die Sie in gleich beleuchteter Umgebung fotografieren, ohne Farbstich aufgenommen.

> **Manueller Weißabgleich bei Filmaufnahmen**
> Sollten Sie bei Filmaufnahmen einen benutzerdefinierten Weißabgleich benötigen, führen Sie die beschriebene Messung im Aufnahmemodus **P** durch, und wechseln Sie dann zum Modus **Film**. Dort wählen Sie die Vorgabe **Anpassung** 1, 2 oder 3 aus, die Sie mit dem soeben erstellten manuellen Wert belegt haben.

Wenn es also um die farbgenaue Wiedergabe einer Szene, eines Produkts oder zum Beispiel auch einer Reprofotografie geht, ist es sinnvoll, den benutzerdefinierten Weißabgleich durchzuführen. Dazu benötigen Sie ein weißes Objekt, ein Blatt Papier oder ein Taschentuch. Allerdings besitzen solche Objekte meist Aufheller, die die Messung des Weißabgleichs verfälschen können. Setzen Sie daher besser eine sogenannte *Graukarte* ein. Das ist eine feste Papp- oder Plastikkarte, die mit 18-prozentigem Grau beschichtet ist. Digital taugliche Karten, wie zum Beispiel die *Digital Grey Kard DGK-2*, die *Kontrollkarte Grau/Weiß (ZEBRA)* von Novoflex oder der hier gezeigte *ColorChecker Passport* von X-Rite, sind so beschichtet, dass sie unabhängig vom vorhandenen Licht eine zuverlässige Farbtemperaturmessung ermöglichen. Manche Karten besitzen zudem eine weiße Seite, die sich für die Farbtemperaturmessung in dunklerer Umgebung eignet.

∧ **Abbildung 6.9**
Mit der Graukarte des ColorChecker Passport von X-Rite konnten wir den Weißabgleich manuell auf Vordermann bringen.

Den Graukartenwert später nutzen

Wenn Sie sich das Prozedere des benutzerdefinierten Weißabgleichs sparen möchten, können Sie die Graukarte auch einfach an irgendeiner Stelle ins Bild halten und abfotografieren. Nehmen Sie die gleiche Szene und vielleicht noch weitere Bilder in der gleichen Umgebung auf. Später öffnen Sie die Fotos im RAW-Konverter, klicken mit der Weißabgleich-Pipette auf die Graukarte des ersten Bildes und übertragen die Werte auf alle anderen Fotos.

Kreativmodi für besondere Farbeffekte

Eine Funktion, die nichts mit dem Weißabgleich zu tun hat, aber ebenfalls die Farben des Bildes verändert, sind die **Kreativmodi** beziehungsweise *Bildstile* der α6300 (nicht zu verwechseln mit den vorgestellten **Bildeffekten** des nächsten Abschnitts). Beispielsweise können Sie damit die Farben Ihrer Aufnahme intensivieren oder auch eine Schwarzweißfotografie gestalten.

Um die Kreativmodi anwenden zu können, stellen Sie eines der Programme **P**, **A**, **S**, **M**, **Schwenk-Panorama** oder **Film** ein. Schalten Sie zudem im

Menü **Kameraeinstlg. 5** ◨ die Funktionen **Bildeffekt** und **Fotoprofil** auf **AUS**. Im gleichen Menü oder alternativ auch im **Quick Navi**-Menü finden Sie den Eintrag **Kreativmodus** für die Auswahl des Bildstils.

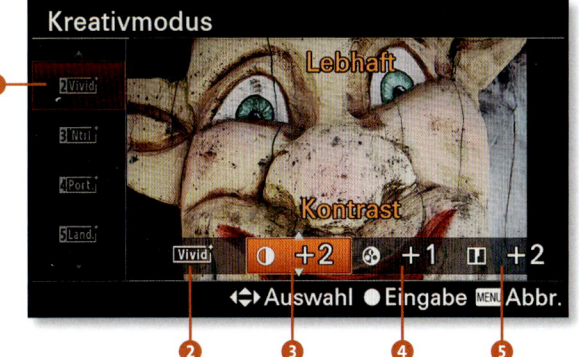

◂ Abbildung 6.10
Auswählen und Anpassen des Kreativmodus

Möchten Sie einen individuellen Kreativmodus dauerhaft in der α6300 hinterlegen? Dann wählen Sie im linken Menübereich eines der **Modusfelder 1–6** ❶ aus. Stellen Sie anschließend im Menübereich rechts unten bei **Bildmodus** ❷ den grundlegenden Stil ein, und wählen Sie dann die Werte für **Kontrast** ◐ ❸, **Sättigung** ⊗ ❹ und **Schärfe** ▯ ❺ aus. Bestätigen Sie die Einstellung mit der Mitteltaste ●, oder tippen Sie einfach den Auslöser an, um das Menü zu verlassen und das Bild mit dem gewählten Kreativmodus aufzunehmen. Die nachfolgende Auflistung gibt Ihnen eine Übersicht über die spezifischen Eigenschaften der 13 verfügbaren **Kreativmodi**:

- **Standard** Std.: Sorgt für angenehm gesättigte Farben und eine gute Schärfe, was bei einem Großteil der Motive zu einer ausgewogenen Darstellung führt.
- **Lebhaft** Vivid: Erhöht die Sättigung und den Kontrast. Die Bilder sind damit gut für die direkte Weiterverwendung im Druck oder in anderen Medien vorbereitet. Allerdings können kräftige Farben auch zu bunt wirken. Achten Sie auf etwaige Übersättigung bei Rot- und Blautönen.
- **Neutral** Ntrl: Erzeugt eine neutrale, natürlich wirkende Farbgebung, die sich gut als Basis für die Weiterbearbeitung des Bildes am Computer eignet, insbesondere wenn das Motiv zur Überstrahlung neigende, kräftige Farben aufweist.
- **Klar** Clear: Erhöht den Kontrasteindruck, lässt die Farben strahlen und erzeugt helle Spitzlichter, was bei Aufnahmen mit der Mittagssonne im Bild gut wirkt.

- **Tief** `Deep`: Dieser Kreativmodus bildet das Motiv dunkler und mit etwas reduziertem Kontrast ab, womit sich Hauptmotive prägnant vor einem dunklen Hintergrund in Szene setzen lassen.

[75 mm | f8 | 1/160 s | ISO 100]

- **Hell** `Light`: Erhöht den Helligkeitseindruck und eignet sich für an sich schon helle Motive oder für Gegenlichtszenen, die besonders hell und frisch aussehen sollen.
- **Porträt** `Port.`: Stimmt die Farbgebung und die Schärfe speziell auf die Haut ab, um Nahaufnahmen von Gesichtern mit angenehmer Textur in Szene zu setzen.
- **Landschaft** `Land.`: Intensiviert die natürlichen Farben, vor allem Grün und Blau, und erhöht den Kontrast, um Landschaften mit frischen Farben abzubilden und entfernte Landschaftszüge möglichst klar wiederzugeben. Achtung: Kräftige Motivfarben können zu bunt werden!

[75 mm | f8 | 1/160 s | ISO 100]

- **Sonnenunterg.** `Sunset`: Liefert eine sehr warme Farbgebung, mit der die Farben des Abendrots schön unterstrichen werden.
- **Nachtszene** `Night`: Nimmt die Bilder mit leicht reduziertem Kontrast auf, um eine gute Durchzeichnung zu ermöglichen.
- **Herbstlaub** `Autm`: Intensiviert vor allem die Rot- und Orangetöne für lebendig und kräftig wirkende Herbstfarben.
- **Schwarz/Weiß** `B/W`: Erzeugt eine monochromatische Darstellung mit Anpassungsmöglichkeiten für Kontrast und Schärfe.
- **Sepia** `Sepia`: Hiermit entstehen sepiagetönte, monochromatische Bilder, die ein wenig an historische Aufnahmen erinnern.

[75 mm | f8 | 1/160 s | ISO 100]

< Abbildung 6.11
Kreativmodus **Neutral** *(oben),* **Lebhaft** *(Mitte) und* **Schwarz/Weiß** *(unten)*

Individuelle Fotos mit Bildeffekten gestalten

 Kreativmodus nachträglich ändern

Bei JPEG-Fotos lässt sich der Kreativmodus nachträglich nicht mehr ändern, achten Sie daher darauf, dass nicht versehentlich ein Bildstil eingestellt ist, den Sie gar nicht nutzen möchten. Es sei denn, Sie fotografieren im RAW-Format, dann können Sie am PC über die Sony-Software *Image Data Converter* oder auch, allerdings etwas eingeschränkt, in *Adobe Photoshop Lightroom* den Kreativmodus nachträglich auf das Bild anwenden.

Individuelle Fotos mit Bildeffekten gestalten

Während die Kreativmodi des vorigen Abschnitts überwiegend einen recht moderaten Einfluss auf die Bilder ausüben, gehen die 13 Bildeffekte der α6300 einen Schritt weiter. Hier werden die Fotos teilweise sehr stark verfremdet. So entsteht im Nu der Eindruck einer Miniaturwelt oder einer Illustration.

Um die verschiedenen Bildeffekte einsetzen zu können, müssen Sie sich in einem der Modi **P**, **A**, **S**, **M** oder **Film** befinden. Die Bildeffekte können auch nur mit der **JPEG**-Qualität verwendet werden. Steuern Sie nun im Menü **Kameraeinstlg. 5** die Rubrik **Bildeffekt** an, und wählen Sie den Effekt mit dem Einstellrad aus.

Einige Bildeffekte bieten Ihnen die Möglichkeit, Anpassungen vorzunehmen, zu erkennen an kleinen Pfeilen neben dem Effektsymbol ❶. In diesem Fall verwenden Sie den Drehregler oder die Tasten ◀/▶, um die gewünschte Stilausprägung zu wählen. Bestätigen Sie die Einstellungen mit der Mitteltaste ●, oder tippen Sie einfach den Auslöser an. Danach können Sie das Bild aufnehmen. Im Folgenden haben wir Ihnen die Eigenarten der verschiedenen Effekte als Übersicht zusammengestellt:

◀ Abbildung 6.12
Auswahl des Bildeffekts Teilfarbe: Rot

- **Spielzeugkamera**: Abgedunkelte Bildecken lassen die Bilder wie Lochkamerafotos wirken, und Sie können ohne oder mit vier verschiedenen Farbstichen fotografieren. Da die Bilder insgesamt recht dunkel werden, belichten Sie gegebenenfalls etwas über.

- **Pop-Farbe** (Pop): Die Farben werden sehr kräftig wiedergegeben, daher achten Sie ein wenig darauf, dass an sich schon kräftige Farben nicht zu sehr an Zeichnung verlieren – es sei denn, genau das ist gewünscht.
- **Tontrennung** (Pos): Mit der Vorgabe **Farbe** (Pos) werden die Bildfarben in die reinen Farben Rot, Gelb, Blau, Grün, Cyan, Magenta, Schwarz und Weiß aufgetrennt und bei **S/W** (Pos) nur nach ihrer Helligkeit in die Farben Schwarz und Weiß. Damit entstehen bei an sich schon grafischen Motiven tolle Effekte. Je geringer der Blendenwert gewählt, desto feiner die Farb- oder Helligkeitsabstufungen.

Abbildung 6.13
*Posterisation mit der Vorgabe **Tontrennung: Farbe***

[35 mm | f5,6 | 1/60 s | ISO 250]

- **Retro-Foto** (Rtro): Die Farben werden blass und sepiagetönt wiedergegeben, was vor allem Oldtimern oder anderen historischen Gegenständen eine schöne klassische Note verleiht.
- **Soft High-Key** (StH key): Das Bild wird heller wiedergegeben, was sich besonders für an sich schon helle Motive eignet. Achten Sie aber darauf, dass die ganz hellen Stellen nicht zu weißen Flecken werden, und belichten Sie gegebenenfalls etwas unter. Der Stil eignet sich auch für Porträts, die mit etwas verringerter Detailschärfe hell, weich und sanft wirken sollen.
- **Teilfarbe** (Part): Nur die vorgewählte Farbe **Rot** (Part), **Blau** (Part), **Grün** (Part) oder **Gelb** (Part) bleibt erhalten, alle anderen Bildfarben werden in Schwarzweiß wiedergegeben.
- **Hochkontr.-Mono.** (HC BW): Das Foto wird in Schwarzweiß mit hohem Kontrast umgewandelt, so dass vor allem Motive mit deutlichen Kanten einen sehr plastischen und prägnanten Look erhalten.
- **Weichzeichnung** (Soft Mid): Verleiht den Bildern ein weicheres Aussehen, was sich zum Beispiel für Porträts, Blüten oder andere Motive eignet, bei denen Sie den romantischen Look betonen möchten.
- **HDR Gemälde** (Pntg Mid): Die α6300 nimmt automatisch mehrere Bilder mit unterschiedlicher Belichtung auf und verschmilzt diese zu einem Ergebnis mit erhöhter Durchzeichnung, tendenziell aber auch einer etwas künstlichen Wirkung. Halten Sie die α6300 ruhig, damit die Einzelfotos optimal fusioniert werden können.

- **Sattes Monochrom** (Rich BW): Liefert Schwarzweißbilder mit einer sehr detailreichen, feinen Durchzeichnung. Dazu nimmt die α6300 beim Auslösen automatisch mehrere Bilder auf und verrechnet diese zum fertigen Foto.
- **Miniatur** (Mini Auto): Lediglich ein dünner Motivstreifen bleibt scharf, der Rest wird stark weichgezeichnet. Dadurch entsteht der Eindruck einer Miniaturwelt. Die Lage des scharfen Streifens können Sie wählen: im Querformat oben, Mitte oder unten und im Hochformat links, Mitte oder rechts. Der Effekt eignet sich prima bei Bildern, die aus einer erhöhten Position aufgenommen wurden.
- **Wasserfarbe** (WtrC): Die Motivkanten bleiben zwar größtenteils erhalten, die schwächeren Konturen der Details verschwimmen aber, so dass der Eindruck entsteht, das Bild sei mit Wasserfarben gemalt worden. Bei detailreichen Motiven kommt der Effekt besonders stark zur Geltung.
- **Illustration** (Ilus Mid): Das Bild wirkt wie eine Farbzeichnung, bei der die Konturen stark betont sind und die Flächen mit intensiven Farben gefüllt werden. Die Wirkung ist sehr plakativ und daher für Motive geeignet, die an sich schon klare Strukturen besitzen.

⌄ **Abbildung 6.14**
Fassade mit antikem Flair, gestaltet mit dem Bildeffekt **Retro**

[38 mm | f5,6 | 1/60 s | ISO 800]

Welcher Farbraum für welche Aufgabe?
EXKURS

Jede Farbe, die in Ihrem Foto vorkommt, ist durch bestimmte Werte der drei Grundfarben **R**ot, **G**rün und **B**lau definiert. Diese Werte nutzt der Monitor der α6300 oder der Computerbildschirm, um die Bildfarben korrekt abzubilden. Der Farbraum wiederum bestimmt die höchstmögliche Anzahl an darstellbaren Farben, auch wenn nicht alle in Ihrem Foto enthalten sind. Die α6300 bietet nun die Möglichkeit, zwischen zwei Farbräumen auszuwählen: **sRGB** und **AdobeRGB**, zu finden im Menü **Kameraeinstlg. 8** ◘ **> Farbraum**.

Worin liegt aber der Unterschied, und welcher Farbraum ist am besten geeignet? Nun, zunächst einmal unterscheiden sich die beiden Farbräume schlichtweg in der Anzahl der maximal darstellbaren Farben. In der Grafik ist zu sehen, dass die Farbenvielfalt von sRGB etwas kleiner ist als die von AdobeRGB, vor allem im grünen Farbsegment.

AdobeRGB besitzt somit mehr farbliche Reserven als sRGB. Daher eignet sich AdobeRGB vorwiegend für Bilder, die aufwendig nachbearbeitet werden und später in höchstmöglicher Qualität mit entsprechend auf das Farbprofil eingestellten Druckern ausgegeben werden sollen. Für die Darstellung am PC, im Internet und den direkten Ausdruck auf dem eigenen Drucker reicht hingegen sRGB aus. Auch wenn Sie mit Software arbeiten, die kein Farbmanagement unterstützt, ist sRGB der besser geeignete Farbraum, weil er einfach eine höhere Verbreitung aufweist.

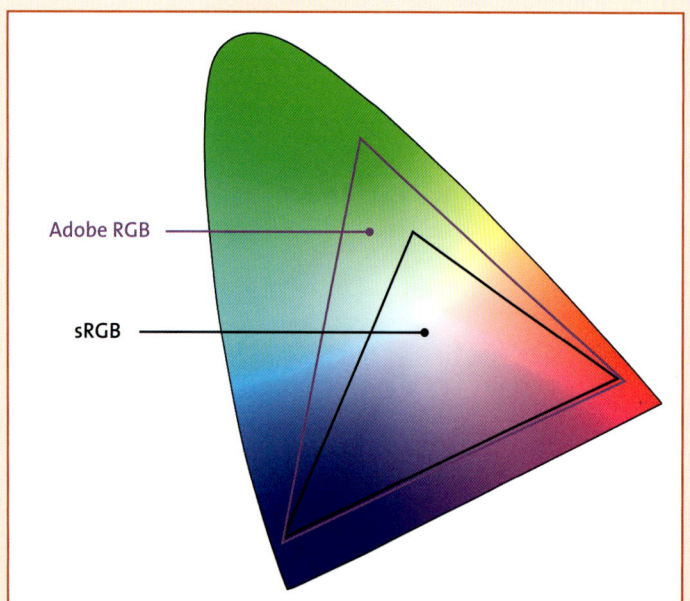

◂ Abbildung 6.15
Die Farbräume AdobeRGB und sRGB

Beim Verschicken der Fotos zu externen Ausbelichtern sollten Sie in den meisten Fällen auch den sRGB-Standard verwenden. Wenn Sie hier AdobeRGB-Bilder einsenden, können Ergebnisse mit flauer oder gar verfälschter Farbgebung die Folge sein. Bilder im AdobeRGB-Farbraum müssen vor dem Versenden ins Fachlabor also immer in den vom Dienstleister angegebenen Farbraum konvertiert werden, was zusätzliche Arbeit verursacht, für Profis aber zum Standardprozess gehört. Informieren Sie sich am besten vorab, welchen Farbraum der gewählte Dienstleister erwartet.

^ Abbildung 6.16
Darstellung des Bildes im Farbraum AdobeRGB, in dem es auch fotografiert wurde (linke Hälfte). Das Foto wurde nicht richtig in den sRGB-Farbraum konvertiert, so dass die Farben zu flau aussehen (rechte Hälfte).

Kapitel 7
Kreativ blitzen mit der Sony α6300

Der integrierte Kamerablitz der α6300 138

Blitzlicht automatisch hinzusteuern 139

Die Blitzmodi in der Übersicht 140

Kreativ blitzen in den Aufnahmemodi A, S und M 143

Das Blitzlicht fein dosieren 147

Indirekt blitzen für weiche Schattenverläufe 151

Drahtlos blitzen leicht gemacht 152

Systemblitzgeräte für die Sony α6300 158

EXKURS: Die Blitzsteuerung der α6300 im Detail 161

Der integrierte Kamerablitz der α6300

Eine gelungene Mischung aus Blitz- und Umgebungslicht ist entscheidend für eine harmonische und professionell wirkende Ausleuchtung, egal, ob es sich um eine Szene bei Tageslicht, im Studio oder in dunkler Umgebung handelt. Um mit der α6300 zu blitzen, können Sie entweder den integrierten Blitz ❸ einsetzen, indem Sie ihn mit der Blitztaste ⚡ ❶ mechanisch aus dem Gehäuse klappen. Oder Sie bringen am *Multi-Interface-Schuh* ❷ ein kompatibles Systemblitzgerät an (siehe den Abschnitt »Systemblitzgeräte für die Sony α6300« ab Seite 158). Damit stehen Ihnen dann alle Möglichkeiten offen, das Zusatzlicht direkt, indirekt oder auch entfesselt zu steuern. Lernen Sie also gleich einmal die verschiedenen Blitztechniken kennen, und gehen Sie damit kreativ zu Werke.

Aufgrund seiner kompakten Größe ist der integrierte Blitz der α6300 nicht geeignet, ganze Räume auszuleuchten, aber für die Aufhellung von Schatten bei Porträts oder kleineren Gegenständen ist die Reichweite ausreichend. Die Reichweite eines Blitzgeräts nimmt mit steigendem Blendenwert ab und mit steigendem ISO-Wert wieder zu. Welche Reichweiten der integrierte Blitz erzielen kann, haben wir Ihnen in der folgenden Tabelle 7.1 einmal aufgelistet:

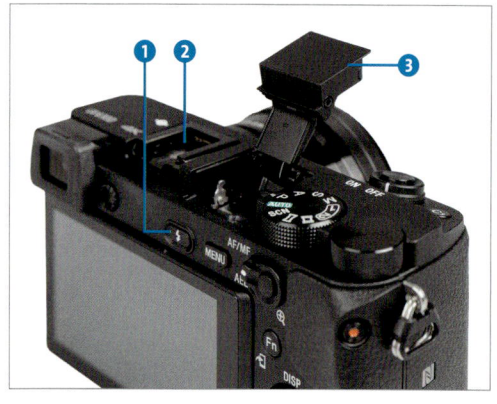

< Abbildung 7.1
Dank des Federgelenks kann der integrierte Blitz mit dem Finger sanft nach hinten geneigt werden. Das ist hilfreich beim indirekten Blitzen oder Auslösen entfesselter Systemblitzgeräte.

	ISO 100	ISO 200	ISO 400	ISO 800	ISO 1600
f2,8	2,1 m	3,0 m	4,3 m	6,1 m	8,6 m
f3,5	1,7 m	2,4 m	3,4 m	4,8 m	6,9 m
f5,6	1,1 m	1,5 m	2,1 m	3,0 m	4,3 m
f8	0,8 m	1,1 m	1,5 m	2,1 m	3,0 m

ʌ Tabelle 7.1
Reichweite des integrierten Blitzgeräts (Leitzahl 6) in Abhängigkeit von der Blenden- und ISO-Einstellung

Leitzahl

Die Stärke eines Blitzgeräts wird durch die *Leitzahl* ausgedrückt. Je höher der Wert ist, desto stärker ist die Lichtmenge und damit auch die maximal mögliche Reichweite des Blitzlichts. Die Reichweite berechnet sich aus der Leitzahl geteilt durch die gewählte Blende und multipliziert mit der Quadratwurzel aus (gewähltem ISO-Wert geteilt durch 100). Die Formel lautet also: Leitzahl/Blendenzahl × √(ISO-Wert/100).

Blitzlicht automatisch hinzusteuern

Das Einfachste, was Sie tun können, um eine Szene mit Blitzlicht aufzuhellen, ist die Verwendung der automatischen Aufnahmemodi. Denn wenn der integrierte Blitz ausgeklappt ist, schaltet die kameraeigene **Blitz-Automatik** das Zusatzlicht in den Programmen **Automatik AUTO**, **Porträt**, **Makro** und **Nachtaufnahme** automatisch zu, wenn das Umgebungslicht für eine verwacklungsfreie Aufnahme aus der freien Hand nicht ausreicht. In allen anderen Modi ist die **Blitz-Automatik** dagegen nicht nutzbar, und Sie müssen sich für einen der nachfolgend vorgestellten Blitzmodi entscheiden.

[50 mm | f14 | 1/160 s | ISO 100]

◀ Abbildung 7.2
Die **Blitz-Automatik** im **SCN**-Modus **Makro** hat die Belichtung gut auf das Motiv abgestimmt und die Narzisse mit Blitzlicht prägnant vor dem Hintergrund hervorgehoben.

Achten Sie beim Fotografieren mit der **Blitz-Automatik** im Modus **Nachtaufnahme** auch gut auf die Belichtungszeit, die Ihnen die α6300 bei halb heruntergedrücktem Auslöser anzeigt. In dunkler Umgebung kann diese schnell einmal mehrere Sekunden betragen, was üblicherweise zu stark verwackelten Bildern führt. Stellen Sie die α6300 in solchen Situationen am besten auf ein Stativ, oder stützen Sie sich beim Fotografieren an einem Laternenpfahl oder einer Hauswand gut ab, um unscharfe Bildergebnisse durch Verwacklung zu vermeiden.

Übrigens: Auch bei hohen Kontrasten kann sich das Blitzgerät automatisch zuschalten. Die α6300 geht in diesem Fall von einer Gegenlichtsituation aus und »denkt«, sie müsse die Schatten aufhellen. Das ist in vielen Fällen auch richtig und führt zu besseren Bildern.

> **Wenn der Blitz nicht zündet**
>
> In einigen **SCN**-Modi werden sowohl der integrierte als auch angebrachte und eingeschaltete Systemblitzgeräte bei Verwendung der **Blitz-Automatik** nicht aktiviert. Um dennoch mit Blitzlicht zu fotografieren, stellen Sie den Blitzmodus, wie im nächsten Abschnitt gezeigt, auf **Aufhellblitz**. Dann zündet der Blitz auch in den Modi **Sportaktion**, **Landschaft** und **Sonnenuntergang**. Bei **Nachtszene**, **Handgeh. bei Dämm.** und **Anti-Beweg.-Unsch.** herrscht hingegen absolutes Blitzverbot.

Die Blitzmodi in der Übersicht

Die **Blitz-Automatik** der α6300 funktioniert an sich sehr gut. Manchmal fällt die Wirkung aber nicht ganz so aus wie gewünscht, der Hintergrund wirkt zum Beispiel zu dunkel und das Hauptmotiv zu hell. Dann heißt es, die grundlegende Steuerung des Blitzes selbst zu wählen, um mehr Einfluss auf die Lichtgestaltung auszuüben. Die α6300 reguliert das Zusammenspiel aus Blitzlicht und Umgebungsbeleuchtung mit diversen Blitzmodi. Dieser Vorgang läuft prinzipiell auf zwei Ebenen ab:

- Auf der ersten Ebene wird die grundlegende Belichtung wie Blende, Belichtungszeit und ISO-Wert bestimmt. Dies übernehmen entweder die Automatikprogramme oder, in den Modi **P**, **S**, **A** und **M**, Sie selbst.

- Auf der zweiten Ebene wird der Blitz hinzugesteuert. Dazu wählen Sie einen passenden Blitzmodus aus, der festlegt, auf welche Art und Weise das Blitzlicht beigesteuert wird. Einstellen lässt sich der Blitzmodus sehr flink mit dem **Quick Navi**-Menü der α6300. Alternativ finden Sie die Blitzmodi aber auch im Menü **Kameraeinstlg. 3** > **Blitzmodus**.

▲ Abbildung 7.3
Auswahl des Blitzmodus im Quick Navi-Menü durch Drehen am Einstellrad

Der **Aufhellblitz** ist sehr gut geeignet, um in heller Umgebung oder bei Gegenlicht störende Schatten zu mildern. Wobei sich das Blitzlicht dann besonders harmonisch ins Bild einfügt, wenn das vorhandene Licht ausreicht, um auch ohne Blitz mit Belichtungszeiten von 1/60 s oder kürzer zu fotografieren. Bei wenig Licht ist es sinnvoll, den ISO-Wert auf 400 bis 3200 zu erhöhen. In den Programmen **S** und **M** können Sie zudem die Belichtungszeit verlängern, um den Hintergrund heller zu gestalten und die Blitzwirkung dadurch weiter zu verbessern. In den Modi **P** und **A** beträgt die längste Belichtungszeit hingegen 1/60 s, daher schalten Sie bei wenig Licht besser auf den Blitzmodus **Langzeitsync.** um.

▲ Abbildung 7.4
Die Schattenaufhellung in heller Umgebung ist die Domäne des Aufhellblitzes. Hier konnten wir damit die Augen hinter den Masken sichtbar machen.

Im Blitzmodus **Langzeitsync.** ⚡SLOW orientiert sich die Grundbelichtung am vorhandenen Licht, daher ist der Modus für Aufnahmen bei wenig Umgebungslicht besonders geeignet. Die Belichtungszeit kann aber bis zu 30 s lang werden, weshalb in vielen Situationen das Fotografieren vom Stativ aus zu empfehlen ist. Die Langzeitsynchronisierung ist in den Modi **P** und **A** wählbar und wird im Modus **Nachtaufnahme** 🌙 automatisch verwendet. Die Eigenschaften des Blitzmodus **Sync 2. Vorh.** ⚡REAR entsprechen denen der **Langzeitsync.** ⚡SLOW, das Bild wird aber erst am Ende der Belichtung mit Blitzlicht aufgehellt.

Im Blitzmodus **Drahtlos Blitz** ⚡WL kann ein dafür geeigneter Systemblitz, der an der α6300 angebracht ist, als Master fungieren und eines oder mehrere abgekoppelte Remote-Blitzgeräte (*remote* = entfernt) kabellos auslösen. Dabei steuert der Master-Blitz selbst kein Licht zur Bildaufhellung bei. Die Blitzsteuerung der Remote-Geräte entspricht der des **Aufhellblitzes** ⚡, längere Belichtungszeiten als 1/60 s sind daher nur in den Aufnahmemodi **S**, **M** und im Modus **Nachtaufnahme** 🌙 möglich.

Wenn Sie den Blitz schnell deaktivieren möchten, können Sie entweder den Blitzmodus **Blitz Aus** 🚫 aktivieren oder den integrierten Blitz ins Gehäuse klappen beziehungsweise angebrachte Systemblitzgeräte ausschalten.

[100 mm | f5 | 1/20 s | ISO 400 | +0,7]

< Abbildung 7.5
Mit der **Langzeitsync.** und der **Blendenpriorität** (**A**) konnten wir den Schmetterling aufhellen, ohne dass der Hintergrund zu sehr in Dunkelheit versank.

> **Die Synchronisationszeit der α6300**
> Die kürzeste Belichtungszeit, die Sie bei Verwendung von Blitzlicht nutzen können, liegt bei 1/160 s. Verantwortlich für diese Beschränkung ist der Mechanismus des Kameraverschlusses. Dieser erlaubt Blitz-Belichtungszeiten nur bis zur sogenannten *Synchronisationszeit*.

Kreativ blitzen in den Aufnahmemodi A, S und M

Mit den (halb-)manuellen Aufnahmemodi **A**, **S** und **M** können Sie wesentlich abwechslungsreicher mit dem Blitzlicht umgehen als in den anderen Programmen. Lernen Sie gleich einmal die Eigenschaften der einzelnen Belichtungsprogramme in Verbindung mit dem Blitz kennen, um auf jedwede Situation richtig zu reagieren.

Blitzen mit unterschiedlicher Schärfentiefe im Modus A

Im Modus **Blendenpriorität** (**A**) lässt sich die Schärfentiefe auch bei Blitzaufnahmen individuell gestalten. So sehen die beiden Aufnahmen mit den Kirschblüten zunächst einmal vergleichbar aus. Die Blitzaufhellung und die Helligkeit der Fotos sind es auch, einzig die Schärfentiefe unterscheidet sich. Der bildgestalterische Vorteil des Modus **A** kommt also wie gewünscht auch bei zugeschaltetem Blitz voll zum Tragen. Am besten funktioniert dies mit dem Blitzmodus **Langzeitsync.** ⚡SLOW. Auf diese Weise bleibt die Grundhelligkeit der Szene auch bei schwächerem Licht erhalten.

[100 mm | f11 | 1/160 s | ISO 100 | +1,3]   [100 mm | f5,6 | 1/160 s | ISO 100]

∧ **Abbildung 7.6**
Links: Der Blitz im Modus Langzeitsync. hellt die Schatten auf den Blüten harmonisch auf. Rechts: Durch Senken des Blendenwertes konnten die Blüten vor einem unschärferen Hintergrund noch besser freigestellt werden.

Vorsicht bei Belichtungswarnung

Wenn der Blitz aktiv ist und die Belichtungszeit auf 1/160 s steht und blinkt, droht eine mehr oder weniger starke Überbelichtung. Aktivieren Sie dann gegebenenfalls die **Kurzzeitsynchronisation** (**HSS**) am externen Systemblitzgerät, falls diese sich nicht bereits automatisch eingestellt hat (siehe den Abschnitt »Wenn es sehr hell ist: HSS aktivieren« ab Seite 150). Wenn das Blitzgerät diese Funktion nicht unterstützt, erhöhen Sie den Blendenwert und stellen einen niedrigeren ISO-Wert ein. Eine weitere Alternative besteht darin, den Lichteinfall ins Objektiv mit einem Neutraldichtefilter zu senken. Wenn das alles nicht hilft beziehungsweise nicht möglich ist, ist das Umgebungslicht einfach zu intensiv. Das Bild sollte dann besser ohne Blitz aufgenommen werden.

< **Abbildung 7.7**
Wenn die Belichtungszeit blinkt, entstehen mit Blitz überbelichtete Fotos.

Kreative Wischeffekte mit der Zeitpriorität (S) plus Blitz

Mit der **Zeitpriorität** (**S**) lässt sich die Belichtungszeit selbst steuern. Wählen Sie beispielsweise in dunkler Umgebung eine Zeitvorgabe, bei der Sie die α6300 gerade noch verwacklungsfrei auslösen können, und erhöhen Sie den ISO-Wert auf 400 bis 3200. Verwenden Sie zusätzlich den Blitz, wird sich Ihr Vordergrundobjekt scharf und gut belichtet vor einem angenehm hellen Hintergrund hervorheben.

Wenn Sie die Belichtungszeit darüber hinaus noch weiter verlängern und die Kamera während der Belichtung sogar absichtlich bewegen oder am Zoomring des Objektivs drehen, können Sie spannende Mi-

v **Abbildung 7.8**
Der Blitz friert die Protagonisten scharf ein, und die Kamerabewegung erzeugt den Wischeffekt.

[70mm | f5 | 0,5 s | ISO 800]

schungen aus verwischtem Hintergrund und scharf angeblitztem Hauptobjekt einfangen – gut geeignet für kreative Party- oder Eventfotos.

Probieren Sie hierbei auch einmal verschiedene Blitzauslösungszeitpunkte aus, indem Sie den Blitz entweder zu Beginn der Belichtung zünden lassen, so wie er es standardmäßig macht (Blitzmodus **Aufhellblitz** ⚡), oder ihn erst am Ende der Belichtung zünden (Blitzmodus **Sync 2. Vorh.** ⚡REAR). Das Blitzlicht fügt sich in der Regel harmonisch ins Bild ein. Sollte das nicht der Fall sein, erhöhen oder verringern Sie die Blitzlichtmenge mit einer Blitzkompensation ⚡± (siehe den Abschnitt »Das Blitzlicht fein dosieren« ab Seite 147).

Modus M: flexible Steuerung der Hintergrundhelligkeit

Mit der **Manuellen Belichtung** (**M**) können Sie die Schärfentiefe über den Blendenwert wie gewünscht steuern und die Helligkeit des nicht vom Blitz erreichten Hintergrunds über die Belichtungszeit und den ISO-Wert flexibel regulieren. Dies wird bei den Bildern mit dem Chamäleon (siehe Abbildungen 7.9 und 7.10) deutlich, die wir bei Tageslicht im Modus **M** wie folgt aufgenommen haben: Um die vorhandene Beleuchtung voll und ganz in das Bild einfließen zu lassen, haben wir für das erste Bild den ISO-Wert so eingestellt, dass die Markierung der **EV-Skala** bei ±0,0 ❶ lag. Mit dieser Einstellung gelangt ausreichend Umgebungslicht ins Bild, der Hintergrund sieht entsprechend hell aus, und die Blitzwirkung fällt sehr natürlich aus.

[50 mm | f16 | 1/125 s | ISO 800]

◂▴ **Abbildung 7.9**
Der hohe ISO-Wert lässt genügend Umgebungslicht auf den Sensor fließen, so dass der Hintergrund hell ist und der Blitz das Motiv dezent aufhellt.

Für das Bild aus Abbildung 7.10 haben wir lediglich den ISO-Wert auf **200** ❶ gesenkt. Die **EV-Skala** zeigt folglich eine Unterbelichtung von **–2** ❷ Stufen an. Dadurch wird vor allem der Hintergrund, der vom Blitzlicht wenig abbekommt, dunkler abgebildet. Das Chamäleon sieht hingegen immer noch ansprechend hell aus, da der Blitz die knappere Belichtung kompensieren konnte. Das Foto hat eine studioartige Wirkung erhalten.

∧ *Abbildung 7.10* >
Durch die Unterbelichtung wird der Hintergrund im Vergleich zum angeblitzten Chamäleon dunkler abgebildet.

[50 mm | f16 | 1/125 s | ISO 200]

Was tun gegen rote Augen?

Es kommt zwar nicht allzu häufig vor, aber wenn Ihr Model in dunkler Umgebung sehr weit vom Blitz entfernt steht, beim integrierten Blitz etwa drei Meter und mehr, kann das Blitzlicht rote Augenreflexe verursachen. Diesem Phänomen können Sie mit der Funktion **Rot-Augen-Reduz** aus dem Menü **Kameraeinstlg. 3** 📷 entgegensteuern. Bei aktivierter Rote-Augen-Reduzierung sendet der integrierte Blitz oder ein mit der Funktion kompatibler Systemblitz vor der eigentlichen Aufnahme ein paar Vorblitze aus, die dafür sorgen, dass sich die Pupillen verengen. Am besten sagen Sie vor der Aufnahme kurz Bescheid, dass es mehrmals blitzen wird, sonst schließt die Person die Augen eventuell zu früh.

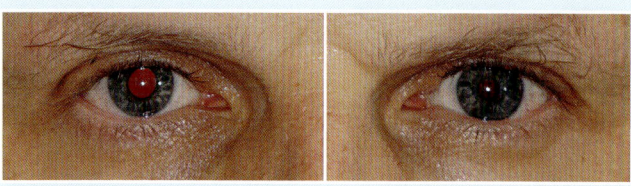

< *Abbildung 7.11*
Die Rote-Augen-Reduzierung hat die rote Netzhautreflexion (links) nicht ganz verhindert, aber verringert (rechts).

Ähnliches wie bei dem zweiten Chamäleonbild passiert beispielsweise auch, wenn Sie in großen Räumen fotografieren. Alles, was zu weit vom Blitz entfernt ist, versinkt in Dunkelheit. Daher gilt es, die Grundbelichtung anzuheben. Dies können Sie durch Verlängern der Belichtungszeit, Öffnen der Blende und Erhöhen des ISO-Wertes erreichen.

Das Blitzlicht fein dosieren

Auch der Blitz kann in seiner Dosis verändert werden. Er sendet dann je nach Einstellung der **Blitzkompensation** eine stärkere oder eine gedrosselte Lichtmenge ab. Damit können Sie das Zusammenspiel von Blitz- und Umgebungslicht flexibl beeinflussen.

◂ **Abbildung 7.12**
Einstellen der Blitzkompensation

Wählbar ist die **Blitzkompensation** in den Modi **P**, **A**, **S** und **M** über die **Fn**-Taste im **Quick Navi**-Menü. Steuern Sie das Symbol an, und stellen Sie den gewünschten Kompensationswert mit dem Einstellrad ein. Korrekturen von −3 bis +3 Stufen sind möglich. Alternativ finden Sie die Funktion **Blitzkompens.** auch im Menü **Kameraeinstlg. 3**.

[50 mm | f5,6 | 1/80 s | ISO 400 | +1]

[50 mm | f5,6 | 1/80 s | ISO 400 | +1]

▴ **Abbildung 7.13**
Links: Ohne Blitzkompensation hellte der Blitz das Motiv zu stark auf. Rechts: Mit einer Blitzkompensation von −1 Stufe werden die Kanonengriffe harmonischer belichtet.

Denken Sie auch beim nächsten Porträtshooting daran, ein wenig mit der Blitzlichtmenge zu spielen. Pluskorrekturen können bei Aufnahmen mit indirekter Blitzbeleuchtung nicht schaden, wenn Sie beispielsweise »über« die Decke blitzen oder eine Softbox oder einen Reflexschirm verwenden. Auf diese Weise lässt sich auch noch das letzte Quäntchen Licht aus dem Gerät herauskitzeln. Probieren Sie in jedem Fall verschiedene Kompensationswerte aus, wenn es sich um ein wichtiges Foto handelt. Die Möglichkeit ist bei aufsteckbaren Systemblitzen immer gegeben.

> **Blitzkompensation bei Fremdgeräten**
>
> Bei Blitzgeräten anderer Hersteller kann es vorkommen, dass die **Blitzkompensation** am Gerät justiert werden muss. Halten Sie sich in diesem Fall an die Angaben in der Bedienungsanleitung Ihres Blitzgeräts.

˅ Abbildung 7.14

*Links: Der Blitz hellt die Person gut auf, aber der Hintergrund ist zu hell geraten. Rechts: Durch die **Belichtungskorrektur** mit der Einstellung **Umlicht&Blitz** sieht zwar der Hintergrund gut aus, aber die Person wurde zu schwach aufgehellt.*

Unabhängige Steuerung von Umlicht und Blitz

Wenn das Licht mehrheitlich von hinten oder von der Seite auf das Motiv scheint, kann der Blitz ein sehr wertvoller Helfer sein. Er hellt die Schatten bei Porträts oder Gegenständen auf und sorgt auf diese Weise für weniger Kontrast und eine ausgewogenere Gesamtausleuchtung. Wichtig hierbei ist aber, den Blitz und die Hintergrundhelligkeit getrennt regulieren zu können. Bei dem hier gezeigten Porträt sind wir beispielsweise folgendermaßen vorgegangen: Für das erste Bild haben wir im Aufnahmemodus **A** den Blitz aktiviert und das Porträt mit den Standardeinstellungen aufgehellt. Die Person war damit schon einmal gut vor dem hellen Hintergrund zu erkennen.

[30 mm | f5 | 1/40 s | ISO 100]

[30 mm | f5 | 1/160 s | ISO 100 | –1,7]

Allerdings wurde der Himmel für unser Empfinden zu hell und strukturlos abgebildet. Daher haben wir flink eine **Belichtungskorrektur** von –1,7 EV eingestellt. Der Himmel im Hintergrund sieht im rechten Bild der Abbildung 7.14 jetzt wesentlich besser durchzeichnet aus. Jedoch hatte sich die **Belichtungskorrektur** auch auf die Intensität der Blitzaufhellung ausgewirkt, die nun viel zu schwach ausfiel.

Aber auch das lässt sich bei der α6300 leicht ändern, indem im Menü **Benutzereinstlg. 6** die Funktion **Bel.korr einst.** von **Umlicht&Blitz** auf **Nur Umlicht** umgestellt wird. Dadurch wirkt sich die **Belichtungskorrektur** nicht mehr auf die Blitzlichtmenge aus, sondern nur noch auf die Bildbereiche, die wenig oder kein Blitzlicht abbekommen, in unserem Fall vor allem auf den Himmel. Sollte der Blitz nun zu stark oder zu schwach sein, können Sie ihn mit der **Blitzkompensation** korrigieren, wie im vorigen Abschnitt gezeigt. Diese wirkt sich nicht auf die Hintergrundhelligkeit aus. Mit der Einstellung **Nur Umlicht** haben Sie somit die volle Kontrolle über die Helligkeit von Blitz und Umgebungslicht. Daher können wir diese Vorgabe als Standardeinstellung sehr empfehlen.

v **Abbildung 7.15**
*Mit der Einstellung **Nur Umlicht** beeinflusst die Belichtungskorrektur nur den Hintergrund. Die Person wird vom Blitz vergleichbar stark aufgehellt wie im ersten Bild.*

[200 mm | f2,8 | 1/1250 s | ISO 100]

[200 mm | f2,8 | 1/160 s | ISO 100]

Wenn es sehr hell ist: HSS aktivieren

Bei Gegenlicht schlägt die Belichtungszeit sehr schnell an der kürzestmöglichen Synchronisationszeit an. Es gibt aber eine Möglichkeit, diese auszutricksen. Dazu benötigen Sie ein Blitzgerät, das die sogenannte *Highspeed-Synchronisation* (*HSS = High Speed Synchronisation*) beziehungsweise *Kurzzeitsynchronisation* unterstützt. Das wären im aktuellen Sony-System beispielsweise die Modelle *HVL-F60M*, *HVL-F43M* sowie der *HVL-F32M* und bei Metz zum Beispiel der *Mecablitz 52 AF-1*. Die Highspeed-Synchronisation wird je nach Gerät entweder automatisch eingeschaltet, was am **HSS**-Zeichen ⚡HSS neben dem Blitzsymbol zu erkennen ist, oder sie muss am Blitzgerät aktiviert werden. Mit dieser Methode können Sie auch bei extrem kurzen Belichtungszeiten von 1/500 s oder kürzer mit Blitzlicht fotografieren.

< Abbildung 7.16
Oben: Dank Highspeed-Synchronisation gelingen schöne Porträtfreistellungen auch in heller Umgebung. Links: Ohne HSS ist das Bild hoffnungslos überbelichtet.

Funktionsweise der Highspeed-Synchronisation

Im Modus **HSS** feuert der Blitz während der gesamten Belichtungszeit extrem kurze Lichtblitze aus, was mit bloßem Auge jedoch nicht wahrzunehmen ist. Dies benötigt viel Energie, daher sorgen Sie beim Blitzen mit **HSS** für gut geladene Blitzakkus. Auch die Reichweite des Blitzlichts nimmt im **HSS**-Betrieb im Vergleich zum normalen Blitzbetrieb stark ab, was Sie an der Reichweitenangabe ❶ auf dem Blitzgerät prüfen können. Wenn Sie die **HSS**-Funktion deaktivieren möchten, drücken Sie bei den Sony-Blitzgeräten die **Fn**-Taste ❹ so lange, bis das Menü aufgerufen wird. Navigieren Sie mit den Pfeiltasten zur Funktion **HSS** ❸ (hier im Menü **C-01**), und wählen Sie mit der oberen oder unteren Pfeiltaste den Eintrag **OFF** ❷.

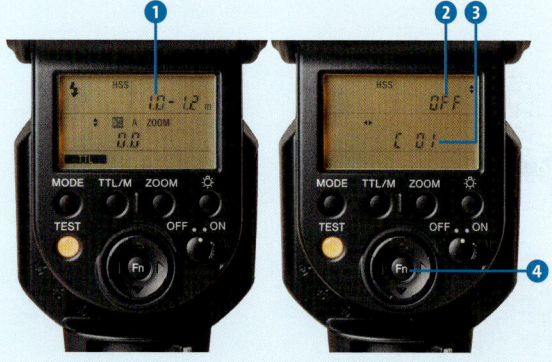

Abbildung 7.17 >
*Angabe der Reichweite mit aktivierter **HSS**-Funktion und Deaktivierung der Funktion über das Blitzmenü*

Indirekt blitzen für weiche Schattenverläufe

Externe Systemblitzgeräte haben den großen Vorteil, dass sie in der Regel einen dreh- und schwenkbaren *Blitzkopf* besitzen, mit dem das Blitzlicht in nahezu jede gewünschte Richtung gelenkt werden kann. Für die Ausleuchtung von Gegenständen und Personen empfiehlt es sich, den Blitzkopf in Richtung der Decke nach oben oder auch im 45°-Winkel in Richtung einer Seitenwand zu richten. Das Licht wird dann reflektiert und gleichmäßig über die gesamte Bildfläche verteilt. Dadurch wird die Ausleuchtung homogener, und die meisten störenden Reflexionen oder Schatten verschwinden.

‹˄ Abbildung 7.18
Links: Der direkte Blitz erzeugt eine unregelmäßige Ausleuchtung mit harten Schlagschatten, starken Reflexionen und, weil kein Raumlicht ins Bild mit einfließt, auch einen dunklen Hintergrund. Oben: Bei den gleichen Belichtungswerten konnten wir durch indirektes Blitzen über die Zimmerdecke eine viel bessere Ausleuchtung der Stabpuppen erzielen.

Einfallswinkel gleich Ausfallswinkel

Achten Sie beim Blitzen mit dem Systemblitzgerät stets genau auf die Richtung, in die das Blitzlicht abgegeben wird. Dabei ist es recht einfach, die Richtung abzuschätzen, in die das Blitzlicht nach dem Auftreffen auf die Decke in Richtung Motiv nimmt, denn es strahlt im gleichen Winkel von der Decke ab, in dem es auf sie getroffen ist. Es gilt das physikalische Reflexionsgesetz: Einfallswinkel gleich Ausfallswinkel.

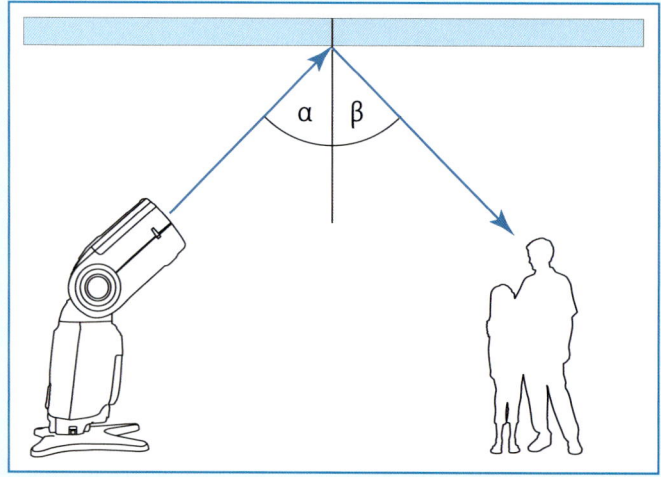

▲ Abbildung 7.19
Laut dem Reflexionsgesetz entspricht der Ausfallswinkel, den das Blitzlicht nach dem Auftreffen auf eine reflektierende Wand nimmt, genau dem Einfallswinkel. Das Motiv wird dadurch indirekt beleuchtet.

Drahtlos blitzen leicht gemacht

Systemblitzgeräte können entweder am Blitzschuh der Kamera befestigt oder als individuell positionierbare, von der Kamera getrennte Blitzgeräte verwendet werden. Diese Blitzmethode wird auch als *entfesseltes Blitzen* oder Blitzen im *Remote-* beziehungsweise *Drahtlosbetrieb* bezeichnet, weil das Blitzgerät nicht mehr über den Blitzschuh oder eine Kabelverbindung mit der Kamera in Kontakt steht. Die Sony α6300 kann auf drei grundlegende Weisen andere Blitzgeräte drahtlos auslösen.

Option A: einfacher Drahtlosblitz

Für diese Blitzmethode werden zwei oder mehr Systemblitzgeräte benötigt. Das *Master*-Gerät auf dem Blitzschuh der Kamera sendet einen Steuerblitz aus, den der *Remote*-Blitz erkennt. Im Bild wird nur das Blitzlicht des Remote-Geräts zu sehen sein. Eine eventuell eingestellte **Blitzkompensation** wirkt sich auf alle verwendeten Remote-Geräte aus. Das bedeutet, dass die entfesselten Blitzgeräte nicht unterschiedlich stark dosiert werden können. Die Blitzwirkung kann nur durch unterschiedliche Blitzentfernungen oder Blitzaufsätze variiert werden. Für den einfachen Drahtlosblitz können Sie alle Geräte von Sony, Metz und Sigma kombinieren, die für einen Master- und/oder Remote-Betrieb mit der Sony-spezifischen Blitzsteuerung **ADI-TTL** (siehe den Exkurs »Die Blitzsteuerung der α6300 im Detail« ab Seite 161) kompatibel sind, wobei reine Remote-Geräte nicht als Master-Blitz verwendet werden können.

< Abbildung 7.20
Der Sony HVL-F20M als Master (links) kann beispielsweise den Metz Mecablitz 44 AF-1 für Sony als Remote-Blitz (rechts) drahtlos auslösen.

Option B: Master plus Servo-Blitz

Auch in diesem Fall sendet das Master-Blitzgerät einen Steuerblitz aus. Das oder die Remote-Blitzgeräte erkennen das Blitzlicht und lösen aus. Die **ADI-TTL**-Steuerung kann hierbei aber nicht genutzt werden, und das Ganze funktioniert auch nur mit Remote-Geräten, die das *Servo*-Blitzen unterstützen (zum Beispiel *Metz Mecablitz 52 AF-1 digital*). Die Blitzintensität muss am Remote-Blitzgerät manuell einstellbar sein, da die Lichtmenge sonst nicht reguliert werden kann. Wenn der Master-Blitz kein Licht zum Bild beisteuern soll, stellen Sie an ihm den Blitzmodus **Drahtlos Blitz** ein.

Abbildung 7.21 >
Auch der integrierte Blitz kann als Master beispielsweise den Metz Mecablitz 52 AF-1 digital für Canon über dessen Servo-Modus kabellos auszulösen.

Möchten Sie hingegen auch von der Kamera aus Licht beisteuern, wählen Sie die Blitzmodi **Aufhellblitz** ⚡ oder **Langzeitsync.** ⚡SLOW, und regulieren Sie die Master-Blitzintensität mit der **Blitzkompensation** ⚡.

Der Clou an dieser Vorgehensweise ist, dass Sie auch den integrierten Blitz als Master verwenden können. Neigen Sie ihn etwas nach oben, damit er kein Licht zum Bild beisteuert. Zudem ist es möglich, servofähige Remote-Blitzgeräte zu verwenden, die eigentlich für andere Kamerasysteme gedacht sind, etwa den *Metz Mecablitz 52 AF-1 digital für Canon*.

> **ADI-Vorblitz ignorieren**
>
> Achten Sie bei Servo-Blitzgeräten darauf, dass es eine Funktion zum Ignorieren des Vorblitzes gibt, den die α6300 zur Blitzbelichtungsmessung einsetzt (siehe den Exkurs »Die Blitzsteuerung der α6300 im Detail« ab Seite 161). Sonst löst der Servo-Blitz mit dem **ADI**-Messblitz aus und ist nicht schnell genug wieder aufgeladen, um auch noch Licht zur eigentlichen Aufnahme beizusteuern. Bei Metz gibt es dafür extra einen *Servo-Lernmodus*, bei dem der Blitz sich automatisch auf das Verhalten des Masters einstellen kann. Dazu wird ein Testbild ausgelöst. Anschließend ignoriert der Servo-Blitz den Vorblitz zuverlässig.

Option C: Master-Remote mit Verhältnissteuerung

Als Master-Blitzgerät wird ein Blitz benötigt, der ein Menü zur drahtlosen optischen Blitzsteuerung besitzt (zum Beispiel *HVL-F43M*, *HVL-F45RM*, *HVL-F60M*, *HVL-F60RM*, *Metz Mecablitz 52 AF-1* oder *Metz Mecablitz 64 AF-1*). Die Sony-eigene Funksteuerung, die von den Geräten *HVL-F45RM* und *HVL-F60RM* unterstützt wird, kann an der α6300 leider nicht verwendet werden. Das Remote-Gerät sollte ebenfalls über ein Menü zur Drahtlossteuerung für das optische System verfügen (zum Beispiel die zuvor genannten Geräte). Dann können Sie beispielsweise einen Blitz von der linken Seite doppelt so stark dosieren wie den Blitz von rechts und beide Remote-Blitze bequem vom Master aus steuern.

Abbildung 7.22 ▾
Um die Verhältnissteuerung voll auszunutzen, ist es empfehlenswert, Geräte zu kombinieren, die selbst über ein Menü zur Remote-Steuerung verfügen, wie ein HVL-F43M als Master (links) und ein HVL-F43M als Remote-Blitz (rechts).

Drahtlos blitzen leicht gemacht

 Noch flexibler mit Funk-Blitzauslösern

Eine weitere interessante Möglichkeit fürs Drahtlosblitzen bieten Funk-Blitzauslöser. Die Funksteuerung bietet eine höhere Reichweite, und die Geräte müssen keinen Sichtkontakt haben. Hierbei verbinden Sie die α6300 mit einem Funksender und den Blitz mit einem Funkempfänger. Achten Sie auf den verbauten Blitzschuhtyp, bei einigen Geräten werden Adapter benötigt, um den Sender mit Sony/Minolta-Anschluss am *Multi-Interface-Schuh* der α6300 anzuschließen (Adapter *ADP-MAA*) oder Sony-Blitze mit *Multi-Interface-Fuß* am Sony/Minolta-Anschluss des Empfängers zu befestigen (Adapter *ADP-AMA*). Einfache Systeme arbeiten rein manuell, sprich, am Blitzgerät muss sich die Leistung manuell einstellen lassen, zum Beispiel *Pixel Soldier TF-373* (Adapter nötig) oder *Hähnel Captur Remote Sony*. Es gibt aber auch Modelle, die mit der **ADI-TTL**-Steuerung umgehen können, zum Beispiel *Phottix ODIN* (Adapter benötigt), *Pixel KING TTL Funk Blitzauslöser* (Adapter benötigt), *Nissin Air 1 Commander/Air R Receiver* oder das *Wireless Lighting Control System* von Sony mit Funksender *FA-WRC1M* und Funkempfänger *FA-WRR1*.

Informieren Sie sich zudem bei den jeweiligen Anbietern, ob Ihr Blitzgerät mit dem Blitzauslösersystem kompatibel ist.

Abbildung 7.23 >
Funk-Blitzauslöser Phottix Odin für Sony (Bild: Phottix)

Bessere Lichtqualität mit dem Drahtlosblitz und einer Softbox

Mit einem entfesselten Blitzgerät und einer Softbox können Sie Ihre Porträtaufnahmen auf recht unkomplizierte Weise deutlich verbessern. Lesen Sie im Folgenden, wie Sie dies mit der einfachen Drahtlossteuerung der α6300 oder der Methode des Servo-Blitzens durchführen können.

Wenn Sie die Drahtlossteuerung der α6300 einsetzen möchten, befestigen Sie zuerst den Remote-Blitz an der α6300. Schalten Sie den Blitz ein, und wählen Sie den Blitzmodus **Drahtlos Blitz** ⚡ aus. Das Gerät zeigt den Drahtlosbetrieb anschließend an (❶ beziehungsweise ❷), und Sie können den Blitz wieder von der α6300 abnehmen.

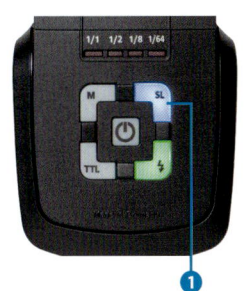 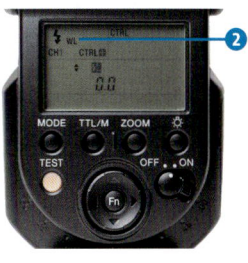

∨ Abbildung 7.24
Links: Metz Mecablitz 44 AF-1 im Remote-Betrieb ❶. Rechts: Bei Sony-Geräten wird der Remote-Betrieb durch ⚡ **WL** ❷ angezeigt.

155

[200 mm | f5 | 1/160 s | ISO 100]

Der Blitz wartet jetzt auf das Zündungssignal des Masters, zu erkennen an einer rot blinkenden Lampe auf der Vorderseite. Positionieren Sie den entfesselten Blitz an der gewünschten Stelle, zum Beispiel im 45°-Winkel frontal auf das Model ausgerichtet, wie es in der Making-of-Aufnahme unten zu sehen ist. Als Nächstes befestigen Sie den Master-Blitz an der α6300, etwa einen *Sony HVL-F20M*. Schalten Sie ihn ein, und wählen Sie auch für diesen Blitz den Blitzmodus **Drahtlos Blitz** aus.

˄ **Abbildung 7.25**
Der entfesselte Blitz mit einer Oktagon-Softbox hellt die Person mit weichen Schattenkanten deutlich auf, und die Telebrennweite sorgt für eine gute Freistellung mit angenehmer Hintergrundunschärfe.

Als Nächstes schalten Sie den Master-Blitz aus und stellen die Belichtung, am besten im Modus **Manuelle Belichtung** (**M**), so ein, dass die Szene auch ohne Blitz hell genug dargestellt wird. Anschließend verlängern oder verkürzen Sie die Belichtungszeit und prüfen die Veränderung der Hintergrundhelligkeit. Hier haben wir unterbelichtet, damit sich die vom Blitzlicht aufgehellte Person stärker vom Hintergrund abhebt. Schalten Sie den Master-Blitz nun wieder ein, und lösen Sie aus. Sollte die Blitzlichtmenge zu schwach oder zu stark sein, regulieren Sie sie mit einer **Blitzkompensation** nach.

Abbildung 7.26 ˃
Making-of der Porträtaufnahme mit einem entfesselten Blitz plus Softbox

Wichtig ist auch, dass der entfesselte Blitz das Signal des Masters ordentlich empfangen kann. Dazu muss der Sensor für den Remote-Betrieb Sichtkontakt zum Master-Blitz haben. Unter Umständen wird es notwendig sein, den Blitz so zu verdrehen, dass der Infrarotsensor zur Kamera zeigt.

Möchten Sie anstatt der automatischen Drahtlossteuerung die Servo-Blitzauslösung einsetzen? Dann stellen Sie am Remote-Blitz, zum Beispiel dem *Metz Mecablitz 52 AF-1*, den Servo-Modus ein, bei Metz am besten **M-Servo**. Als Master können Sie den integrierten Blitz der α6300 im Blitzmodus **Aufhellblitz** nutzen. Kippen Sie den Blitzkopf gegebenenfalls etwas nach oben, damit das Licht nur den Servo-Blitz auslöst und nicht Ihr Motiv mit aufhellt. Wenn Sie einen Systemblitz als Master verwenden, stellen Sie an ihm den Blitzmodus **Drahtlos Blitz** ein. In beiden Fällen muss die Lichtmenge anschließend noch am Remote-Blitz manuell eingestellt werden, wobei sich die benötigte Leistung meist im Bereich von 1/4 bis 1/1 bewegt. Als Grundbelichtung können Sie die gewählte manuelle Belichtung einfach beibehalten.

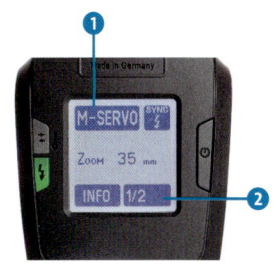

^ Abbildung 7.27
*Metz Mecablitz 52 AF-1 im Modus **M-Servo** ❶ mit einer Leistung von 1/2 ❷*

Lichtformer für Systemblitzgeräte

Mit (Blitz-)Diffusoren entsteht eine sanftere Ausleuchtung, die sowohl bei Porträts als auch bei Verkaufsgegenständen für ein harmonischeres Ergebnis sorgt. Halten Sie einfach einen Handdiffusor zwischen den Systemblitz und das Fotoobjekt, am besten möglichst dicht ans Fotomotiv, dann wird die Ausleuchtung am weichsten. Im Fall entfesselter Blitzgeräte eignen sich *Softboxen* oder *Reflexschirme* sehr gut. Bei Modellen für handelsübliche Systemblitzgeräte wird der Blitz über einen Adapter damit verbunden. Das Gewicht der Softbox liegt dabei auf dem Adapter und nicht auf dem Blitz, so dass das Blitzgerät auch ohne Weiteres entfernt werden kann. Angeboten werden solche Systeme zum Beispiel von flash2softbox, Brenner Foto Versand GmbH (*Magic Square Softbox*), Lastolite (*Ezybox Hotshoe*) oder SMDV (*Speedbox-70*).

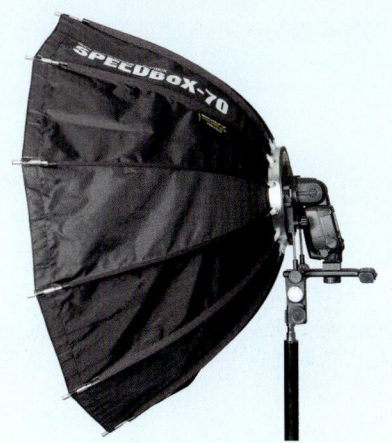

Abbildung 7.28 >
Die Speedbox-70 (Modell I und II) von SMDV erzeugt natürlich wirkende runde Lichtreflexe im Auge.

Systemblitzgeräte für die Sony α6300

Der Blitzgerätemarkt hat heutzutage einiges zu bieten. Von kleineren und im Funktionsumfang etwas eingeschränkteren »Immer-dabei-Geräten« bis hin zu Profi-Systemblitzen mit hoher Leistung und umfangreicher Ausstattung können Sie die α6300 auf vielfältige Art und Weise mit einem externen Blitz aufwerten. In diesem Abschnitt finden Sie als Anhaltspunkte einige interessante Geräte aus jedem Leistungsbereich.

Am besten gehen Sie jedoch einfach einmal zum Fachhändler Ihres Vertrauens und stecken einen kleinen und einen großen Blitz an Ihre α6300, um das Gewicht und die Dimensionen der Konstruktion selbst zu erfahren. Welches Gerät es dann sein wird, können Sie ganz nach Leistung, Ausstattung und Preis entscheiden. Achten Sie beim Blitzkauf auch stets auf die Kompatibilitäts- und Service-Informationen des Herstellers.

- Klein, aber fein, so könnte man den *HVL-F20M* beschreiben. Der kompakteste und leichteste Blitz im Sony-Sortiment spendet in vielen Situationen ein hilfreiches Zusatzlicht und kann externe Blitzgeräte drahtlos auslösen, wenn diese mit dem Sony-Blitzsystem kompatibel sind. Der *HVL-F20M* lässt sich durch Auf- oder Herunterklappen des gesamten Blitzkörpers schnell ein- oder ausschalten. Aufgrund des umstellbaren Reflektors (Schaltereinstellung von **Direct** auf **Bounce**) kann sogar indirekt über die Decke geblitzt werden. In solchen Fällen empfiehlt es sich, den Drehschalter an der Seite auf **Tele** zu stellen, damit der *HVL-F20M* seine volle Blitzleistung entfalten kann. Zugegeben, fortgeschrittene Anwender werden sicherlich die Highspeed-Synchronisation (**HSS**) vermissen, und die Blitzleistung mit Leitzahl 20 reicht auch nicht gerade zum Ausleuchten ganzer Räume aus. Aber in puncto Größe und Gewicht ist er fast unschlagbar – ein praktischer Reisebegleiter also.

- Die immer noch recht kompakten und HSS-fähigen Sony-Blitze *HVL-F32M*, *HVL-F43M* und *HVL-F45RM* haben es in sich. Durch den dreh- und neigbaren Reflektor lässt sich das Licht in jede beliebige Richtung lenken. Aufgrund des Zoom-

Abbildung 7.29 >
Der HVL-F20M kann direkt am Multi-Interface-Schuh der α6300 angebracht werden.

Abbildung 7.30 >
Der Blitzkopf des HVL-F32M kann um 90° nach oben und seitlich um 180° nach rechts oder um 90° nach links verdreht werden (Bild: Sony).

reflektors (24–105 mm) passt sich die Lichtintensität an die eingestellte Objektivbrennweite an. Mit der Weitwinkelstreuscheibe können zudem stärkere Weitwinkelperspektiven und Makromotive ausgeleuchtet werden. Überdies können beide Geräte andere Blitzgeräte drahtlos auslösen oder selbst als Remote-Gerät fungieren, wobei nur der *HVL-F43M* und der *HVL-F45RM* in der Lage sind, verschiedene Blitzgruppen unterschiedlich stark zu dosieren (*Lichtverhältnissteuerung*). Der *HVL-F45RM* beherrscht zudem die Sony-eigene Funksteuerung, die aber im Verbund mit der α6300 nicht genutzt werden kann. Die Drahtlossteuerung mittels optischer Signale steht aber zur Verfügung. Wer beim Filmen gelegentlich eine leichte Motivaufhellung benötigt, kann zudem vom eingebauten Video-LED-Licht des *HVL-F43M* und des *HVL-F45RM* profitieren, wobei dieses wirklich nicht besonders stark aufhellt. Spezielle, für das Filmen konstruierte LED-Leuchten bieten da deutlich mehr Power und eine großflächigere Ausleuchtung. Generell erweitern beide Blitzgeräte die Anwendungsmöglichkeiten der α6300 auf sinnvolle, wenngleich auch nicht besonders kostengünstige Weise.

⌃ Abbildung 7.31
Der Drehmechanismus des Blitzkopfs beim HVL-F43M ist für Hochformataufnahmen sehr praktisch.

- Die Flaggschiffe des Sony-Blitzsystems sind der *HVL-F60M* und der *HVL-F60RM*. Beide Geräte erbringen die höchste Leistung und können als Master- oder Remote-Blitz genutzt werden. Der *HVL-F60M* verwendet die ältere, etwas störanfälligere, optische Signalübertragung. Der *HVL-60RM* beherrscht zusätzlich die stabilere Funktechnik von Sony, die sich mit der α6300 allerdings nicht verwenden lässt. Der *HVL-F60RM* bietet an der α6300 also nur das optische Fernsteuerungssystem. Die Blitzgeräte besitzen darüber hinaus alle Funktionen, die man von einem professionellen Systemblitz erwartet, und die Bedienung ist sehr intuitiv. Der *HVL-F60RM* unterscheidet sich vom *HVL-F60M* noch durch eine kürzere Blitzdauer bei voller Leistung, eine USB-Schnittstelle für eventuelle Firmware-Updates, einen erweiterten Blitzreflektorbereich (Brennweite 20–200 mm statt 24–105 mm) und eine kleinere Minimalblitzlichtmenge (manuell 1/256 statt 1/128). Bei beiden Geräten gehört ein Farbwandlungsfilter für das eingebaute Video-LED-Licht zum Ausgleichen von Farbstichen bei Kunst- oder Leuchtstofflampen ebenso zur Grundausstattung, wie ein aufsteckbarer Blitzdiffusor (*Bouncer*), der die Lichtverteilung beim indirekten Blitzen optimiert. Für alle, die sich viel Leistung gepaart mit einer umfangreichen Ausstattung wünschen, sind die zugegeben recht kostspieligen Geräte auf jeden Fall zu empfehlen.

⌃ Abbildung 7.32
HVL-F60M: der Alleskönner im Sony-Sortiment (Bild: Sony)

△ **Abbildung 7.33**
Metz Mecablitz 44 AF-1 digital

Abbildung 7.34 ▷
Nissin i60a mit eingebautem TTL-Funkempfänger für den Nissin Air 1 Commander (Bild: Nissin)

- Von Größe und Gewicht lässt sich der *Metz Mecablitz 44 AF-1 digital* am ehesten mit dem *HVL-F43M* vergleichen. Er ist mit der **ADI-TTL**-Steuerung von Sony voll kompatibel und kann als Remote-Gerät entfesselt ausgelöst werden. Was ihm allerdings fehlt, sind die Funktionen zur Highspeed-Synchronisation und zum Stroboskopblitzen. Beides liefern die nächsthöher angesiedelten Modelle, der *Mecablitz 52 AF-1 digital* und der *Mecablitz 64 AF-1 digital*.

- Sehr viel Leistung (Leitzahl 60) und eine angenehm kompakte Größe bietet der neue Systemblitz *Nissin i60a*. Der Blitz ist voll kompatibel mit der **ADI-TTL**-Steuerung und überzeugt mit seinem umfangreichen Funktionspaket, zu dem unter anderem die Kurzzeitsynchronisation, eine Videoleuchte und ein mitgelieferter Blitzbouncer für das indirekte Blitzen zählen. Besonders interessant ist dieser Blitz auch deshalb, weil er mit Hilfe der Steuereinheit *Nissin Air 1 Commander* als entfesselter Blitz drahtlos ausgelöst werden kann, und das mit automatischer TTL-Funksteuerung und einer Reichweite von bis zu 30 m.

Multi-Interface-Schuh

Die α6300 besitzt den von Sony 2012 eingeführten *Multi-Interface-Schuh*. Dieser schränkt die kompatiblen Blitzgeräte teilweise etwas ein, weil einige Fremdhersteller noch keine Geräte mit passendem *Multi-Interface-Fuß* entwickelt haben. Auch einige ältere Blitzgeräte von Sony sind daher nicht ohne weiteres mit Ihrer α6300 kompatibel. Es gibt jedoch extra dafür einen *Schuhadapter* (*ADP-MAA*) von Sony, den Sie zwischen Blitzschuh und Blitzfuß stecken können.

◁ **Abbildung 7.35**
Die Konstruktion aus Sony α6300, Schuhadapter und Blitzgerät ist stabil und funktioniert tadellos.

Die Blitzsteuerung der α6300 im Detail
EXKURS

Die Sony α6300 besitzt eine ausgeklügelte Blitzsteuerung, die *ADI-TTL-Steuerung*. Diese zielt darauf ab, eine möglichst gelungene Mischung aus vorhandenem Umgebungslicht und zugeschaltetem Blitzlicht zu realisieren. Vom Prinzip her läuft die Belichtung damit in zwei Phasen ab:

- Wenn der integrierte Blitz der α6300 oder ein Systemblitz auf der Kamera eingeschaltet ist, wird bei halb gedrücktem Auslöser zunächst das Umgebungslicht der Szene gemessen und werden Informationen zur Entfernung des Objekts gesammelt.
- Wird der Auslöser durchgedrückt, zündet ein kurzer, abgeschwächter *Messblitz*, und es erfolgt eine zweite Messung. Dieser Vorgang läuft kaum bemerkbar innerhalb von Millisekunden ab. Der Messblitz dient dazu, die Reflexionseigenschaften des Objekts in die Blitzbelichtungsmessung mit einzubinden. Erst nach diesen zwei Messungen findet die eigentliche Belichtung des Bildes statt.

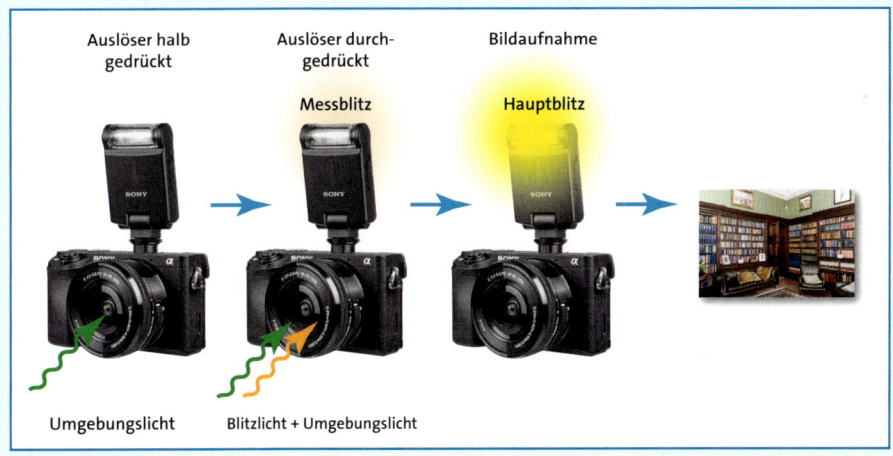

◀ **Abbildung 7.36**
Schematischer Ablauf der Sony-eigenen Blitzsteuerung **ADI-TTL**

Bei den Messungen wird das Licht erfasst, das durch das Objektiv auf den Sensor trifft, daher die Bezeichnung *TTL = Through The Lens*, also eine Messung »durch die Linse«. Das Sony-spezifische *ADI* steht für *Advanced Distance Integration* (integrierte Entfernungsmessung) und bezieht sich auf die komplexe Messtechnik, bei der die Entfernung zum Objekt in die Steuerung des Blitzlichts mit einberechnet wird.

Kapitel 8
Objektiv & Co.: das richtige Zubehör für die Sony α6300

Die α6300 mit einem Wechselobjektiv ausstatten	164
Die Möglichkeiten mit Adaptern erweitern	175
Akku und mobiles Laden	180
Speicherkarten für die α6300	180
Das richtige Stativ für jede Situation	181
Bessere Bilder mit der Fernbedienung	184
Sinnvolle Objektivfilter	185
WLAN-Verbindung mit Smartgerät, Internet und Computer	187
Den Funktionsumfang mit Apps erweitern	193
Objektiv-, Kamera- und Sensorreinigung	195
EXKURS: Firmware-Updates durchführen	199

Die α6300 mit einem Wechselobjektiv ausstatten

Eines ist sicher, die Sony α6300 wäre ohne Objektiv in etwa so nutzlos wie ein Füller ohne Tinte. Daher haben Sie bestimmt zusammen mit Ihrer neuen Kamera schon ein passendes Objektiv erworben oder besitzen vielleicht ältere hochwertige Modelle, die Sie an der α6300 verwenden möchten. In dem Fall können Sie von den flexiblen Adapterlösungen profitieren, die wir Ihnen im Abschnitt »Die Möglichkeiten mit Adaptern erweitern« ab Seite 175 näher vorstellen.

∧ Abbildung 8.1
Das Objektivsortiment für die α6300 ist schon recht umfangreich und es kommen stetig neue Modelle hinzu (Bild: Sony).

Praktische Tipps zur Objektivwahl

Selbst die Gewieftesten unter den Objektivkonstrukteuren müssen sich regelmäßig den physikalischen Gesetzen der Optik beugen. Daher gibt es auch im digitalen Zeitalter nicht das eine perfekte Objektiv, mit dem sich alle Arten von Motiven in höchster Qualität auf den Sensor bannen lassen. Es gilt also, mit Kompromissen zu leben und die wichtigsten Objektivschwächen gut zu kennen, um sich bei der Kaufentscheidung nicht allzu leicht aus dem Konzept bringen zu lassen.

Eines der wichtigsten Kriterien ist sicherlich die *Auflösung* des Objektivs, denn diese lässt sich per Nachbearbeitung kaum beeinflussen. Hochauflösende Objektive bilden feine Motivstrukturen schlichtweg schärfer und genauer ab als ihre schwächeren Pendants. Wobei die Auflösung in der Bildmitte generell besser ist als am Rand, daher wird auch oft von *Randunschärfe* gesprochen. Sind Detailauflösung und Randschärfe minderwertig, kann daran nachträglich nichts mehr verbessert werden.

Eine weitere Objektivschwäche macht sich an bunten Farbsäumen bemerkbar, die an kontrastreichen Kanten in den Bildecken auftreten und als *chromatische Aberration* bezeichnet werden. Diese Abbildungsfehler lassen sich mit entsprechender Bildbearbeitungssoftware aber recht ordentlich entfernen, indem sie entfärbt werden. Die je nach Objektiv mehr oder weniger schwammig wirkenden Kanten bleiben dabei aber erhalten.

Zudem bilden viele Objektive die eigentlich geraden Motivlinien tonnenförmig (Weitwinkelbrennweite, ❶) oder kissenförmig (Telebrennweite) gekrümmt ab, was bei Architekturaufnahmen besonders ins Auge fällt. Diese als *Verzeichnung* bekannte Objektivschwäche wird bei JPEG-Bildern meist schon in der α6300 korrigiert, kann aber auch gut in der Nachbearbeitung entfernt werden.

Wenn das Objektiv das Bild an den Ecken dunkler darstellt als in der Mitte, haben Sie es mit der *Vignettierung* ❷ zu tun. Diese entsteht vor allem bei niedrigen Blendenwerten und kann oft durch Anheben des Blendenwertes um ein bis zwei Stufen behoben werden. Manchmal erzeugen aber auch am Objektiv angebrachte Filter etwas Vignettierung. Die dunklen Ecken können jedoch kameraintern oder per Nachbearbeitung recht unkompliziert entfernt werden.

^ Abbildung 8.2
Auflösung: Die Bildmitte (links) ist oft schärfer als die Eckbereiche (rechts), was bei flächigen Motiven besonders auffällt.

^ Abbildung 8.3
Chromatische Aberration in Rot und Grün vor (links) und nach der Korrektur im RAW-Konverter

Abbildung 8.4 >
Tonnenförmige Verzeichnung ❶ und sichtbare Vignettierung ❷ bei 16 mm Weitwinkel (links) und die gleiche Aufnahme nach der Korrektur der Objektivfehler im RAW-Konverter (rechts)

Automatische Objektivfehlerkorrektur

Die α6300 ist in der Lage, einige der objektivbedingten Schwächen bereits kameraintern zu mindern. Dazu sollten Sie im Menü **Benutzereinstlg. 6** ✿ > **Objektivkomp.** die Funktionen **Schattenaufhellung** (reduziert Vignettierung), **Farbabweich.korr.** (beseitigt chromatische Aberration) und **Verzeichnungskorrektur** jeweils auf **Auto** stellen, wobei es sein kann, dass sich Letztere gar nicht ändern lässt. Die Korrekturen wirken sich nur auf JPEG-Bilder direkt aus. In den RAW-Konvertern *Image Data Converter*, *Capture One Express (for Sony)* oder *Adobe Lightroom* werden sie aber automatisch auch auf die Datei angewendet.

Der Sony-Objektiv-Code

ᐯ **Abbildung 8.5**
Sony-Objektiv mit E-Bajonett (E), Lichtstärke 3,5–5,6, einem Zoombereich von 16–50 mm und Bildstabilisator (OSS)

Im Objektivbereich erweisen sich die Hersteller als besonders kreativ, was das Erfinden von Abkürzungen angeht. Daraus ergeben sich Objektivbezeichnungen, die regelrecht an einen Geheimcode erinnern. Damit Sie jederzeit in der Lage sind, die verschiedenen Objektive zu klassifizieren, stellen wir Ihnen die von Sony verwendeten Kürzel nachfolgend einmal übersichtlich vor.

Im Fall der Objektive für Systemkameras mit APS-C-Sensorgröße und E-Bajonett, die perfekt auf die α6300 passen, beginnt die Bezeichnung stets mit dem Kürzel **E** ❶. Daran schließt sich die Angabe der Lichtstärke ❷ an, die den niedrigsten verwendbaren Blendenwert angibt. Zoomobjektive besitzen oft unterschiedliche Werte für den Weitwinkel- und Telebereich, wie etwa **3,5–5,6**. Bei Festwinkelobjektiven oder Zooms mit durchgehend konstanter Lichtstärke finden Sie nur eine Zahl, zum Beispiel **1,8**. Die dritte Angabe betrifft den Brennweitenbereich ❸. Befindet sich ein Bildstabilisator ❹ im Objektiv, erkennen Sie dies am Kürzel **OSS** oder der Aufschrift **Optical SteadyShot**.

Ferner können die Objektive einen oder auch mehrere Begriffe aus der folgenden Liste tragen:

- **A**: Objektive für das A-Bajonett, an der α6300 nur mit Mount-Adapter zu verwenden
- **DT**: Objektive, die nur den APS-C-Bildbereich abdecken
- **FE**: Objektive für Systemkameras mit Vollformatsensor und E-Bajonett, wie etwa die α7 II, auch an der α6300 einsetzbar

- **G**: besonders hochwertige Objektive (*Gold*)
- **GM**: neue Vollformat-Objektivserie von Sony (*G-Master*), die eine sehr hohe Auflösung und eine besonders ansprechende Hintergrundunschärfe (*Bokeh*) liefern
- **M**: Objektiv, das bis auf den Abbildungsmaßstab 1:1 vergrößert (*Makro*)
- **PZ**: motorgetriebene Zoomsteuerung, praktisch bei Videoaufnahmen (*Powerzoom*)
- **SAL**: Produktbezeichnung für Objektive mit A-Bajonett (*Sony A-Mount Lens*)
- **SAM**: leiser und schneller Autofokus (*Smooth Autofocus Motor*)
- **SEL**: Produktbezeichnung für Objektive mit E-Bajonett (*Sony E-Mount Lens*)
- **Sonnar (ZEISS)**: besonders leistungsfähige Objektivreihe
- **SSM**: Ultraschallmotor für den Autofokus in Premium-Objektiven (*Super Sonic Wave Motor*)
- **T***: Mehrschichtvergütung bei Zeiss-Objektiven zur stärkeren Reduktion von Reflexionen
- **Tessar (Zeiss)**: asymmetrisch aufgebaute vierlinsige Konstruktion
- **ZA**: entwickelt von Carl Zeiss, gefertigt von Sony

Verbindendes Element, das E-Bajonett

Das *E-Bajonett* ist der Standardanschluss aller Sony-Systemkameras (NEX, ILCE), wohingegen die SLT-Kameras mit dem *A-Bajonett* ausgestattet sind, das noch auf Minolta zurückgeht und daher schon eine lange Historie aufweist. Sony hat das E-Bajonett so konzipiert, dass es von seinem Öffnungsdurchmesser sowohl für APS-C-Sensoren wie den der α6300 als auch für die größeren Vollformatsensoren der α7-Serie geeignet ist. An der α6300 können Sie daher sowohl E- als auch FE-Objektive direkt verwenden.

Abbildung 8.6 >
Am E-Bajonett der α6300 können E- oder FE-Objektive direkt angeschlossen werden.

FE-Objektive sind für all diejenigen interessant, die jetzt schon mit dem Gedanken spielen, sich zukünftig auch noch eine Sony-Vollformatkamera zuzulegen, oder die α6300 als Zweitkamera verwenden. Sie sind gegenüber den E-Objektiven aber oft etwas größer und schwerer. Für A-Objektive, egal ob sie für APS-C- oder für Vollformatsensoren konstruiert sind, benötigen Sie einen speziellen Adapter, um sie an der α6300 nutzen zu können (siehe den Abschnitt »Die Möglichkeiten mit Adaptern erweitern« ab Seite 175). Um Ihnen die eventuell anstehende Wahl eines ergänzenden Objektivs ein wenig zu erleichtern, finden Sie in den folgenden Abschnitten eine kleine Auswahl empfehlenswerter Objektive für die α6300.

Auflagemaß

Das *Auflagemaß* beschreibt den Abstand zwischen der Sensorebene ⊖ ❶ und dem Bajonett ❷. Kennzeichnend für das E-Bajonett ist ein besonders kurzes Auflagemaß von 18 mm. Dieses ermöglicht die kompakte Bauweise der α6300-Gehäuse und der E- und FE-Objektive. Das A-Bajonett hat ein wesentlich längeres Auflagemaß von 44,5 mm, und die A-Objektive sind perfekt darauf abgestimmt. Um A-Objektive an der α6300 einsetzen zu können, muss das Auflagemaß von 18 auf 44,5 mm verlängert werden, daher benötigen Sie einen Adapter. Übrigens, der Bajonettname **E** basiert auf dem Anfangsbuchstaben der englischen Bezeichnung für die Zahl 18 (*eighteen*).

◀ Abbildung 8.7
Auflagemaß des E-Bajonetts

Ultraweitwinkel für Landschaft und Architektur

Mit Ultraweitwinkel(zoom)objektiven können nicht nur Landschaften oder Architekturmotive besonders raumgreifend in Szene gesetzt, sondern auch Objekte in ihrer Umgebung perspektivisch sehr prägnant in den Vordergrund gestellt werden. In diesem Zusammenhang sind für den APS-C-Sensor der α6300 das *ZEISS Touit 2,8/12* (Festbrennweite mit rein manuellem Fokus, hohe Lichtstärke) und das *Sony E 10–18 mm F4 OSS* (Autofokus, flexibler

Zoom, Bildstabilisator) empfehlenswert, wobei die Auswahl an Objektiven unter 16 mm an sich nicht groß ist. Wenn die tonnenförmige Verzeichnung herausgerechnet und die Vignettierung sowie chromatische Aberration per Nachbearbeitung entfernt werden, liefern beide Objektive sehr ordentliche Resultate. Zudem erhöhen Sie den Blendenwert am besten auf f5,6 bis f8, um die Schärfeleistung zu optimieren.

Abbildung 8.8
Ultraweitwinkelzoom Sony E 10–18 mm F4 OSS (Bild: Sony)

Normalzoomobjektive, die vielseitigen Allrounder

Normalzoomobjektive decken einen großen Bereich fotografischer Möglichkeiten ab, angefangen bei weitläufigen Landschaftsaufnahmen über spontane Schnappschüsse bis hin zu schönen Porträts. Das im Kit zusammen mit der α6300 erhältliche Modell *E PZ 16–50 mm F3,5–5,6 OSS (SELP1650)* ist mit nur drei Zentimetern Baulänge eines der kompaktesten Normalzoomobjektive, die es für die α6300 gibt – praktisch für die Mitnahme überallhin. Erst wenn die α6300 eingeschaltet wird, fährt der Objektivtubus auf die Arbeitslänge aus, was etwa zwei Sekunden dauert. Wenn Sie auf Schnappschüsse aus sind, denken Sie an diese Verzögerung, zumal auch die Brennweite jedes Mal wieder neu gewählt werden muss.

Dank des Powerzoom-Schalters (**PZ**) sind beim Filmen flüssigere Zoomänderungen möglich als beim Drehen am herkömmlichen Fokusring. Unkorrigiert erzeugt das Objektiv im Weitwinkel aber eine sehr starke Verzerrung und Vignettierung, die kameraintern oder im RAW-Konverter jedoch sehr gut herausgerechnet werden. Als kompakter Allrounder liefert das 16–50-mm-Objektiv aber insgesamt eine ordentliche Performance ab. Stellen Sie die Blende am besten auf ±f5,6–8, um die Schärfe am Bildrand zu verbessern.

Das von Zeiss entwickelte *Vario-Tessar® T* E 16–70 mm F4 ZA OSS (SEL1670Z)* schneidet bezogen auf die Bildqualität nur im Bildzentrum besser ab, es ist von Größe und Gewicht her aber auch weniger handlich. Zudem liefert das Objektiv zwar eine durchgehende Lichtstärke von F4 und sorgt bei Porträts im Telebereich für eine angenehme Hintergrundunschärfe. Bildfehler wie chromatische Aberration, Vignettierung und Verzeichnung treten aber sichtbar zutage. Der hohe Anschaffungspreis ist aus unserer Sicht daher nicht unbedingt gerechtfertigt.

Abbildung 8.9
Kompakt und gut, das Kit-Objektiv E PZ 16–50 mm F3,5–5,6 OSS (Bild: Sony)

Abbildung 8.10
Hochwertigeres Immerdabei-Objektiv: Vario-Tessar® T* E 16–70 mm F4 ZA OSS (Bild: Sony)

Objektive für Porträt und Reportage

Bei der Porträtfotografie kommt es darauf an, dass die verwendeten Objektive das Gesicht optimal scharf abbilden und den Hintergrund mit einer ansprechenden Unschärfe (*Bokeh*) darstellen, wobei auch der Übergang zwischen Schärfe und Unschärfe ein wichtiges Kriterium ist. Um beeindruckende Halbkörper- oder Gesichtsaufnahmen anzufertigen, eignen sich für die α6300 Objektive mit einer festen Brennweite von etwa 50 mm sehr gut.

Als besonders empfehlenswert kristallisieren sich hierbei die folgenden Objektive heraus: Das *ZEISS Touit 2,8/50M* ist speziell auf die Sensorgröße der α6300 abgestimmt und lässt sich dank des maximalen Abbildungsmaßstabs von 1:1 auch sehr gut für Makroaufnahmen einsetzen. Die Schärfe kann jedoch nur manuell eingestellt werden. Das Objektiv bietet eine tolle Qualität, allerdings zu einem entsprechenden Preis.

Abbildung 8.11 >
Zeiss Touit 2,8/50M: hochwertiges Porträt- und Makroobjektiv (Bild: ZEISS)

Ebenfalls für den APS-C-Sensor der α6300 ausgelegt ist das *Sony E 50 mm F1,8 OSS*. Es unterstützt den schnellen Autofokus der α6300 und sorgt dank Bildstabilisator auch in dunkler Umgebung für scharfe Freihandaufnahmen. Zudem liefert es eine hohe Schärfe im Bildzentrum und überzeugt mit einer optisch ansprechenden Hintergrundunschärfe.

Das *Sigma 60 mm F2,8 DN A* bietet das beste Preis-Leistungs-Verhältnis. Es liefert eine überzeugende Schärfe im Bildzentrum, kann aber mit der optischen Qualität der Hintergrundunschärfe der beiden anderen Linsen nicht ganz mithalten.

Aus den jeweiligen Objektivserien gibt es zudem vergleichbar gute Pendants mit ±30 mm Festbrennweite, die sich für den Einsatz als Reportageobjektiv oder für Ganzkörperporträts empfehlen (*ZEISS Touit 1,8/32*, *Sony E 35 mm F1,8*, *Sigma 30 mm F2,8 EX DN*).

< Abbildung 8.12
Links: Sony E 50 mm F1,8 OSS, Topqualität zum moderaten Preis (Bild: Sony). Rechts: Preis-Leistungs-Sieger ist das Sigma 60 mm F2,8 DN A (Bild: Sigma)

Bokeh

Mit dem Begriff *Bokeh* wird die subjektiv empfundene Qualität des unscharfen Motivhintergrunds beschrieben. Ein angenehmes Bokeh zeichnet sich dadurch aus, dass unscharfe Reflexionslichter oder Lichtquellen mit einem glatten Rand abgebildet werden und eine gleichmäßig helle Fläche aufweisen ohne zwiebelartige Ringstrukturen darin. Je mehr Lamellen die Blende im Objektiv besitzt, bestenfalls neun, desto glatter wird der Rand der Bokehlichter aussehen. Sogenannte asphärische Linsen im Objektiv sorgen dafür, dass die Bokehfläche strukturarm und gleichmäßig hell aussieht. Achten Sie im Sinne einer schönen Bokeh-Gestaltung darauf, dass die Brennweite hoch und der Blendenwert gering ist, das Motiv relativ dicht vor dem Objektiv steht und der Hintergrund möglichst weit vom Motiv entfernt ist. Dann werden die Unschärfekreise größer, und der Hintergrund wirkt weich und harmonisch.

⌃ Abbildung 8.13
Bokeh von unscharf fotografierten Auto- und Ampellichtern

Objektive für Makro und Porträt

Makroobjektive sind speziell für die geringen Aufnahmeabstände konstruiert, die Sie benötigen, um ein Insekt oder ein Blütendetail lebensgroß und mit eindrucksvoller Qualität abzubilden. Die Objektive ermöglichen einen Abbildungsmaßstab von 1:1, was bedeutet, dass Sie das Objekt genauso groß im Bild darstellen können, wie es in der Realität ist, so als würden Sie mit dem Sensor einen Abdruck davon herstellen. Makroobjektive eignen sich aber auch hervorragend als Porträtobjektive.

Die Auswahl an Makroobjektiven für das E-Bajonett der α6300 ist zwar noch nicht groß, aber die verfügbaren Modelle liefern eine überzeugende Bildqualität. Dazu zählen das *Sony FE 90 mm F2,8 Macro G OSS* (vollformattauglich, Autofokus, Bildstabilisator) und das auf Seite 170 bereits erwähnte *ZEISS Touit 2,8/50M* (vollformattauglich, manueller Fokus). Mit dem Sony-Objektiv können Sie den Abbildungsmaßstab 1:1 schon bei einem Aufnahmeabstand von 28 cm erreichen, was vorteilhaft ist, wenn Sie scheue Insekten vor der Linse haben. Die Naheinstellgrenze des ZEISS-Objektivs liegt bei 15 cm.

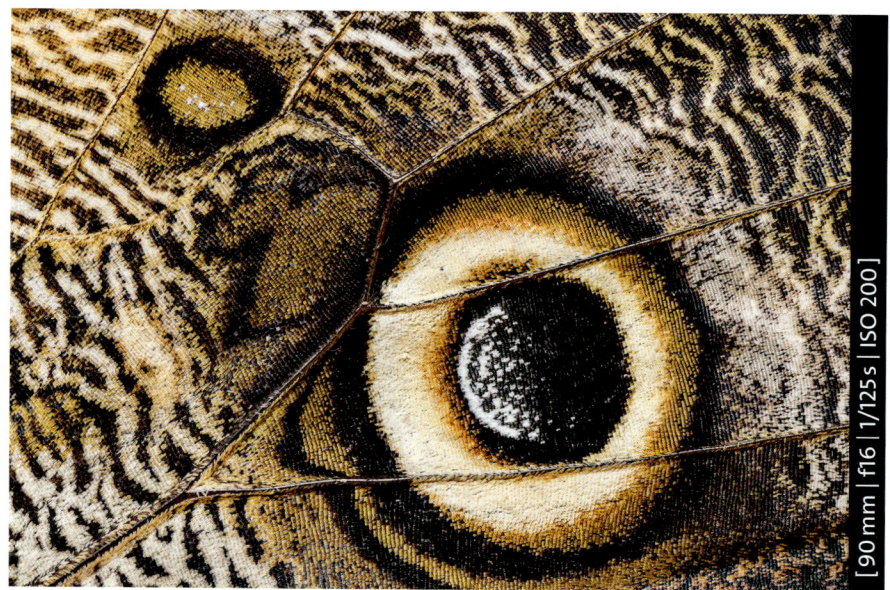

Abbildung 8.14 >
Unter dem Makroobjektiv werden die einzelnen Flügelschuppen des Bananenfalters gut sichtbar.

Alternativ gibt es eine ganze Reihe hochwertiger Makroobjektive, die sich über die A-Bajonett-Adapter *LA-EA3* und *LA-EA4* an der α6300 anschließen lassen, wie etwa das *Sigma 105 mm F2,8 EX DG OS HSM MACRO* oder das *Tamron SP 90 mm F/2,8 Di VC USD MACRO 1:1*.

Abbildung 8.15 >
Hochwertiges Makroobjektiv FE 90 mm F2,8 Macro G OSS, das auch für Gesichts- und Schulterporträts bestens geeignet ist (Bild: Sony)

Vorsatzachromat und Zwischenring

Vielleicht möchten Sie ja erst einmal testen, ob die Nah- und Makrofotografie für Sie ein interessantes Fotogebiet ist. Hierfür eignen sich *Nahlinsen*, die an das Objektiv geschraubt werden. Sie verkürzen den Aufnahmeabstand und ermöglichen eine vergrößerte Motivdarstellung. Die qualitativ besten Ergebnisse erzielen Sie mit sogenannten *Achromaten* und Kombinationen aus Nahlinsen mit 4–5 Dioptrien bei 50–70 mm Brennweite (zum Beispiel *Marumi DHG Achromat +5*), 2–3 Dioptrien bei 100–150 mm Brennweite (zum Beispiel *Marumi DHG Achromat +3*) oder 1–2 Dioptrien bei 150–200 mm Brennweite. Eine ebenfalls erschwingliche Alternative zum Makroobjektiv stellen *Zwischenringe* dar, die zwischen Gehäuse und Objektiv geschraubt werden und selbst innen hohl sind (zum Beispiel *Dörr Zwischenringsatz für Sony NEX*). Bei Zwischenringen gilt: Je höher die Brennweite ist, desto längere beziehungsweise desto mehr Ringe müssen aufeinandergeschraubt werden, um eine stärkere Vergrößerung zu erzielen. Am besten lassen sich Zwischenringe mit Brennweiten bis circa 70 mm kombinieren. Sollte die α6300 mit einem angebrachten Zwischenring nicht auslösen, aktivieren Sie im Menü **Benutzereinstlg. 4** ✿ die Funktion **Ausl. ohne Objektiv**.

Objektive für Sport- und Tieraufnahmen

Fernes näher heranzuholen und dabei im Bildausschnitt flexibel zu bleiben, das ist die Domäne der Telezoomobjektive. Sony bietet für den APS-C-Sensor der α6300 speziell das Objektiv *E 55–210 mm F4,5–6,3 OSS* an. Von der Bildqualität her liefert es wirklich gute Resultate, wenn auch das Bokeh für unseren Geschmack noch etwas weicher ausfallen könnte, was sicherlich auch an der relativ schwachen Lichtstärke liegt. Die Objektivfehler halten sich in einem erfreulich geringen Rahmen. Allerdings ist es empfehlenswert, die Blende auf f8 zu erhöhen, um die Schärfeleistung auch in der Bildmitte zu optimieren.

Eine bessere Freistellung von Objekten vor einem angenehm unscharfen Hintergrund erzielen Sie mit dem für Vollformatkameras konstruierten *FE 70–200 mm F4 G OSS*. Das 840 g schwere 70–200-mm-Telezoom gehört zur exklusiven G-Linie von Sony. Es bietet eine gute Ausstattung mit Fokushaltetaste, Fokusbereichsbegrenzer und einem Schalter für den Schwenkmodus. Die Lichtstärke von f4 empfinden wir allerdings eher als mäßig. Umso interessanter erscheint uns das von Sony für September 2016 angekündigte Nachfolgemodell *FE 70–200 mm F2,8 GM OSS*.

▲ **Abbildung 8.16**
E 55–210 mm F4,5–6,3 OSS, leichtes Telezoom mit guter Leistung (Bild: Sony)

Mit der höheren Lichtstärke und einem Mindestfokusabstand von nur 96 cm sind qualitativ hochwertige Objektfreistellungen vor einem weich auslaufenden Hintergrund zu erwarten. Die hohe Lichtstärke hat allerdings ihren Preis und schlägt auch deutlich aufs Gewicht (circa 1480 g). Daher sollte bei Aufnahmen mit Stativ auf eine ausreichende Stabilität des Systems geachtet werden.

Abbildung 8.17 >
FE 70–200 mm F2,8 GM OSS, Telezoom für professionelle Ansprüche (Bild: Sony)

 Zoomfaktor mit Telekonvertern erhöhen

An dafür kompatiblen Objektiven, bei Sony derzeit nur das *FE 70–200 mm F2,8 GM OSS*, können Sie mit einem Telekonverter eine noch stärkere Vergrößerung erzielen. Mit dem 1,4-fachen Sony-Konverter *SEL14TC* verringert sich die Lichtstärke von f2,8 auf f4 und mit dem 2-fachen Konverter *SEL20TC* auf f5,6. Auch sinkt die Bildqualität etwas, weil sich Objektivfehler verstärken und die Auflösung abnimmt.

Abbildung 8.18 >
1,4-facher Telekonverter SEL14TC (Bild: Sony)

Superzoomobjektive für die Reise

Mit ihrem extrem großen Brennweitenbereich sind die sogenannten Super- oder Megazoomobjektive besonders für Reisen mit der α6300 interessant. Die Abbildungsleistungen solcher Objektive sind jedoch meist nicht ganz so gut. Sie taugen aber als gewichtsreduzierte Reisebegleitung oder in Situationen, in denen es um schnelles Umschalten der Brennweite geht.

Abbildung 8.19 >
Superzooms mit ordentlicher Bildqualität: E PZ 18–105 mm F4 G OSS (links) und E 18–200 mm F3,5–6,3 OSS (rechts; Bilder: Sony)

Mit einem nicht ganz so breit gefassten Zoombereich liefert das *Sony E PZ 18–105 mm F4 G OSS* unter den Objektiven für die α6300 die beste Bildqualität. Mit dem Powerzoom-Schalter ist es auch für das sanfte Zoomen bei Filmaufnahmen gut gerüstet, und der Bildstabilisator hilft beim verwacklungsfreien Fotografieren unter schlechten Lichtbedingungen. Wer noch mehr Spielraum möchte und viel filmt, ist mit dem Sony-Objektiv *E PZ 18–200 mm F3,5–6,3 OSS* gut beraten, und wer überwiegend fotografiert, kann das *Sony E 18–200 mm F3,5–6,3 OSS* ins Auge fassen, das einen sehr guten Kompromiss aus Qualität und Größe bietet. Alternativ gibt es noch das etwas kompakter gebaute *Sony E 18–200 mm F3,5–6,3 OSS LE* und das *Tamron 18–200 mm F/3.5–6.3 Di III VC*, die aber beide von der Bildqualität nicht ganz mit den anderen Modellen mithalten können.

Die Möglichkeiten mit Adaptern erweitern

Verwenden Sie einen der beiden von Sony angebotenen *Mount-Adapter*, ist es möglich, Ihre Kamera auch mit A-Objektiven zu bestücken. Es stehen Ihnen damit prinzipiell alle Kleinbildobjektive von Sony/Minolta zur Verfügung, die in den letzten Jahrzehnten gebaut wurden – sowohl die Modelle für APS-C-Sensoren als auch solche für Vollformatkameras. An der Lichtstärke der verwendeten A-Objektive ändert sich durch den Adapter nichts.

Zur Wahl stehen zwei Mount-Adapter für APS-C-Objektive (*LA-EA1* und *LA-EA2*) und zwei Adapter für Vollformatobjektive (*LA-EA3* und *LA-EA4*). Wenn Sie sich alle Möglichkeiten offenhalten möchten, um den Adapter eventuell auch an einer Vollformatkamera mit Vollformatobjektiven verwenden zu können, setzen Sie am besten gleich auf die vollformattauglichen Adapter.

Alle Modelle erlauben die automatische Belichtung, sofern kompatible A-Objektive ohne Telekonverter angeschlossen werden. Der Autofokus arbeitet bei den Adaptern *LA-EA1* und *LA-EA3* aber nur bei SAM/SSM-Objektiven zusammen und ist überdies recht langsam. Wer häufig manuell fokussiert, etwa bei Makroaufnahmen, den wird dieser Umstand nicht so sehr stören. Bei bewegten Motiven fallen die Autofokusschwächen aber merklich ins Gewicht.

Anders sieht es bei den Modellen *LA-EA2* und *LA-EA4* aus, denn beide besitzen eine eigenständige Autofokuseinheit. Diese funktioniert prinzipiell

∧ **Abbildung 8.20**
Der Mount-Adapter LA-EA3 ist auch für Vollformatsensoren und -objektive geeignet (Bild: Sony).

genauso wie der Autofokus einer SLT-A-Mount-Kamera. Dazu wurde den Adaptern ein lichtdurchlässiger Spiegel ❶ verpasst, der einen kleinen Teil des Lichts ❷ nach unten auf eine Autofokuseinheit ❹ reflektiert und den Großteil des Lichts bis zum Sensor durchlässt ❸. Die Autofokuseinheit misst die Schärfe über 15 AF-Felder und verwendet dabei den klassischen Phasenerkennungs-AF. Von der Geschwindigkeit her bewegt sich der Autofokus damit im äußerst schnellen DSLR-/SLT-Bereich. Zusätzlich stellt der *LA-EA4* einen **Nachführ-AF** zur Verfügung, der sich bewegende Motive scharf im Fokus hält, was nicht zuletzt beim Filmen von großer Bedeutung ist. Als wählbare Fokusfelder stehen die Vorgaben **Breit** (automatische Wahl der 15 AF-Felder), **Mitte** (ausschließliche Verwendung des mittleren Fokusfelds) und **Flexible Spot** (Auswahl eines der 15 Fokusfelder mit Hilfe des Einstellrads) zur Verfügung.

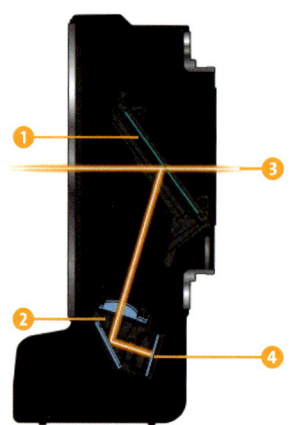

< Abbildung 8.21

Links: Der Mount-Adapter LA-EA4 steuert eine leistungsfähige Autofokuseinheit bei. Rechts: Mechanismus der Autofokuseinheit im Adapter LA-EA4 (Bild: Sony)

Den elektronischen ersten Verschluss ausschalten

Um eine störungsfreie elektronische Kommunikation zwischen der α6300 und einem per Adapter angeschlossenen A-Objektiv oder Fremdobjektiv zu gewährleisten, schalten Sie im Menü **Benutzereinstlg. 5** die Funktion **Elekt. 1.Verschl.vorh.** aus.

Den Autofokus adaptierter Objektive exakt anpassen

Das eigenständige Phasenerkennungs-AF-Modul des *LA-EA2* oder *LA-EA4* kann unter Umständen dazu führen, dass die α6300 nicht exakt fokussiert. Mit der Funktion **AF Mikroeinstellung** gibt es jedoch eine Möglichkeit, dies zu korrigieren. In der folgenden Schritt-für-Schritt-Anleitung »Test: Fokussiert mein Objektiv exakt?« lesen Sie, wie Sie die Mikroeinstellung vornehmen. Beachten Sie aber, dass Ihnen bei Verwendung von Adaptern, die für Sony-fremde Bajonetttypen gedacht sind, die **AF-Mikroeinstellung** leider nicht zur Verfügung steht.

Test: Fokussiert mein Objektiv exakt?
SCHRITT FÜR SCHRITT

1 Die Aufnahme vorbereiten
Befestigen Sie ein geeignetes Fokusziel an einer planen, senkrechten Ebene, wie zum Beispiel einer Tür. Messen Sie am besten mit einer Wasserwaage nach, ob der verwendete Untergrund auch wirklich lotrecht ist. Als Fokusziel eignen sich zweidimensionale, kontrastreich strukturierte Motive wie beispielsweise Geschenkpapier. Achten Sie jedoch darauf, dass das Papier absolut plan auf dem Untergrund aufliegt. Sorgen Sie nun für eine gleichmäßige Ausleuchtung des Motivs.

2 Die Kamera vorbereiten
Montieren Sie die α6300 auf ein Stativ, und richten Sie sie mit Hilfe einer Wasserwaage, die Sie zum Beispiel am Blitzschuh befestigen können, so aus, dass sie horizontal und vertikal gerade steht. Gehen Sie so nah ans Motiv heran, dass der Autofokus gerade noch erfolgreich scharfstellen kann (Naheinstellgrenze).

3 Belichtungseinstellungen wählen
Stellen Sie nun den Aufnahmemodus **Blendenpriorität** (**A**) ein, und wählen Sie einen Blendenwert von f4 bis f5,6. Aktivieren Sie den Fokusmodus **Einzelbild-AF** (**AF-S**) und das Fokusfeld **Mitte** [ ]. Stellen Sie zudem den **Selbstauslöser: 2 Sek.** ein.

4 Das Bild aufnehmen und prüfen
Stellen Sie scharf, und lösen Sie das Bild aus. Überprüfen Sie es anschließend, indem Sie das Foto mit der Wiedergabetaste ▶ aufrufen und mit der Taste ⊕ auf die höchste Stufe des **Wiedergabezooms** stellen. Sind die Motivstrukturen in allen Bereichen scharf zu erkennen, ist alles in Ordnung, und Sie können das Objektiv ohne Anpassung weiterverwenden. Ist das nicht der Fall, fahren Sie mit Schritt 5 fort.

5 Mikroeinstellung des Autofokus
Wählen Sie im Menü **Benutzereinstlg. 6** ✱ den Eintrag **AF Mikroeinst.**, und setzen Sie darin die Option **AF-Regelung** auf den Wert **Ein**.

6 Mikroeinstellung durchführen

Nun können Sie unter **Wert** eine Zahl zwischen **−20** und **+20** einstellen, wobei bei negativen Werten die AF-Position näher an die Kamera heran verschoben wird, bei positiven Werten hingegen von der Kamera weg. Es empfiehlt sich, zuerst jeweils eine Aufnahme mit den Einstellungen −1 und +1 zu erstellen und diese dann hinsichtlich ihrer Schärfe miteinander zu vergleichen. So können Sie erkennen, in welche Richtung es gehen muss. Stellen Sie anschließend die Werte in die eine oder andere Richtung Schritt für Schritt weiter, und fertigen Sie jeweils ein Bild an, bis alles gestochen scharf wirkt. Wiederholen Sie die Aufnahme bei dieser Einstellung mehrmals, und vergleichen Sie die Ergebnisse miteinander. Sind diese alle gleich scharf, haben Sie die optimale Einstellung für Ihr spezifisches Objektiv gefunden.

> **Speicher für 30 Objektive**
>
> Sie können die Korrektur für bis zu 30 Objektive individuell speichern, was allerdings auch bedeutet, dass Sie für jedes einzelne Objektiv das Prozedere getrennt durchführen müssen. Haben Sie für ein Objektiv schon einen Korrekturwert gespeichert, zeigt die Kamera diesen in der Einstellung **Wert** bei erneuter Verwendung des Objektivs direkt an. Ist das Objektiv unbekannt, erscheint ±0. Mit der Funktion **Löschen** können Sie die Werte aller Objektive zurücksetzen, wenn Sie lediglich ein Objektiv aus der Liste herausnehmen möchten, müssen Sie zuerst das betreffende Objektiv anbringen und dann den **Wert** auf ±0 stellen.

Adapter für Objektive anderer Hersteller

Für potenzielle Systemumsteiger ist es nicht unerheblich, zu erfahren, dass es möglich ist, mit entsprechenden Adaptern auch Objektive von Canon, Nikon, Leica, Pentax, Rokinon oder anderen Herstellern an der α6300 zu montieren. Das klingt nicht schlecht, aber ein paar Nachteile handelt man sich mit dieser Strategie dann doch leider ein.

Grundsätzlich existieren zwei Techniken: die eine, recht preisgünstige, verbindet die Kamera rein mechanisch mit dem Objektiv. Auf jegliche elektronische Steuerung müssen Sie dabei verzichten und sich um Dinge wie das Fokussieren manuell kümmern. Derartige Lösungen gibt es zum Beispiel von Novoflex und einer ganzen Anzahl diverser asiatischer Anbieter. Zusätzlich ist zu beachten, dass die meisten derartigen Adapter nur für Objektive mit manuellem Blendenring sinnvoll zu verwenden sind, da sich die Blende über die Kamera nicht automatisch steuern lässt. Für Objektive mancher Hersteller (Nikon, Pentax, Minolta-AF) bietet Novoflex Adapter mit integriertem Blendenstellring an, so dass auch Linsen ohne Blendenring adaptiert werden können.

◀ **Abbildung 8.22**
*Novoflex-Adapter mit Blendeneinstellring für das Adaptieren von Nikon-Objektiven
(Bild: Novoflex)*

Interessant sind vor allem Adapter, die eine Übertragung der elektronischen Funktionen beherrschen, etwa der Blendensteuerung und, je nach Objektiv, auch des Autofokus. Objektivseitige Bildstabilisatoren schalten Sie am besten aus, da diese mit dem SteadyShot der α6300 nicht immer kompatibel sind. Die volle Autofokusgeschwindigkeit der α6300 werden Sie so zwar nicht erreichen, aber es gibt inzwischen Modelle, zumindest für Canon EF-Objektive, mit denen sich selbst Motive in Bewegung fokussieren lassen. Dazu zählen der recht teure Adapter *Canon EF-Lens to Sony E-Mount T Smart Adapter (Mark V)* der Firma Metabones und der Adapter *Sigma Mount Converter MC-11 Canon EF-E* mit dem eindeutig besseren Preis-Leistungs-Verhältnis. Der Sigma-Adapter ist zwar eigentlich für das Anbringen von Sigma-Objektiven an ein Canon-EF-Bajonett gedacht, funktionierte bei uns aber tadellos auch mit original Canon-Objektiven. Der Adapter hat eine USB-Schnittstelle, mit der die Firmware auf dem neuesten Stand gehalten werden kann, wenn Sigma ein Update zur Verfügung stellt. Wir haben damit sehr gute Erfahrungen gemacht. Bei günstigeren Adaptern mit elektrischer Datenübertragung reduziert sich die Autofokusgeschwindigkeit in der Regel gehörig, sodass in der Praxis eigentlich nur manuell fokussiert werden kann. Prinzipiell raten wir dazu, sich das Produkt zu bestellen und mit den eigenen Objektiven zu testen. Welche Funktion mit welchem Objektiv einwandfrei beziehungsweise nur eingeschränkt funktioniert, können Sie auf der jeweiligen Homepage der Hersteller herausfinden.

˄ Abbildung 8.23
α6300 mittels Adapter am Canon-Objektiv EF 70–200 mm f2,8L IS USM angeschlossen

> **Auslösen ohne Objektiv**
>
> Sollte Ihre α6300 mit angebrachtem Adapter nicht auslösen, aktivieren Sie im Menü **Benutzereinstlg. 4** ⚙ die Funktion **Ausl. ohne Objektiv** auf **Aktivieren**.

Abbildung 8.24 >
Aufgenommen mit dem per Adapter angeschlossenen Canon-Objektiv EF 70–200 mm f2,8L IS USM.

[148 mm | f2,8 | 1/250 s | ISO 160]

Akku und mobiles Laden

Damit Ihre α6300 in allen Lebenslagen genügend Power mitbringt, ist sie mit einem Lithium-Ionen-Akku vom Typ *NP-FW50* ausgestattet. Dieser erlaubt laut Sony circa 350 Aufnahmen über den Sucher oder etwa 400 Aufnahmen bei Verwendung des rückseitigen Monitors. Unserer Erfahrung nach reicht ein Akku in der Realität aber nur für einen guten halben Fototag aus, wenn intensiv fotografiert wird und die Bilder häufig kontrolliert werden. Da hilft es nur, einen zweiten Akku mitzunehmen oder die Kamera über das mitgelieferte Micro-USB-Kabel an einem USB-Anschluss des Autos oder einen tragbaren Akkupack zwischendurch nachzuladen. Wenn die orange leuchtende Lampe neben dem USB-Anschluss der Kamera erlischt, ist der Akku voll geladen.

Abbildung 8.25 >
Angeschlossen am Akkupack (hier das Modell iconBIT FT-B2600LED), konnten wir den Akku der α6300 in der Hand bequem aufladen und dabei sogar weiter fotografieren.

Nicht ganz verstanden haben wir, warum mit der hochwertigen Kamera keine Ladestation für den Akku mitgeliefert wird und so nur die Möglichkeit besteht, diesen in der Kamera aufzuladen. Das zwingt einen geradezu, sich das Sony-Akkuladegerät *BC-VW1* oder eine günstigere Alternative, wie das Quenox-Akkuladegerät *NB107*, zuzulegen.

Speicherkarten für die α6300

Die Sony α6300 arbeitet mit *SD*, *SDHC* oder *SDXC Memory Cards* (SD = *Secure Digital*, HC = *High Capacity*, XC = *eXtended Capacity*) oder der Sony-eigenen Karte *Memory Stick PRO-HG Duo*, die Speicherkapazitäten bis einschließlich 128 GB aufweisen. Ebenfalls funktionieren *microSDHC*- oder *microSDXC*-Karten, wenn diese in einem Adapter eingesetzt sind, der der Größe einer SD-Karte entspricht. Speicherkartenmodelle der einschlägigen Hersteller wie

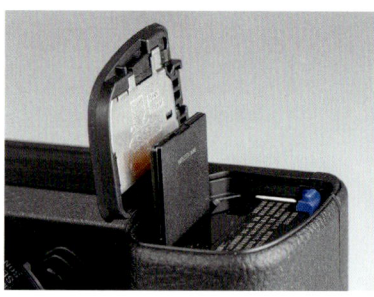

Abbildung 8.26 >
Das Entfernen der Karte erfordert Fingerspitzengefühl, da für unseren Geschmack das Speicherkartenfach zu nah am Akkudeckel sitzt.

SanDisk, Sony, Kingston, Lexar, Panasonic oder Toshiba sollten alle eine gute Performance leisten.

Bezüglich der Geschwindigkeit, mit der die Daten auf die Karte geschrieben werden können, empfehlen wir für Fotoaufnahmen Karten der Schnelligkeitsklasse *Class 10* ⑩ (älterer Standard) oder *UHS-I U1* ⓤ (verbesserter Übertragungsstandard) mit 16, 32 oder 64 Gigabyte Volumen. Diese sind auch für Videoaufnahmen im MP4- und AVCHD-Format geeignet. Wenn Sie Videos mit den Qualitäten XAVC S HD (50 Mbps) oder XAVC S 4 K (60 Mbps) aufzeichnen möchten, sollte die Karte mindestens 64 Gigabyte Speichervolumen besitzen.

Für die höchsten Videoqualitäten XAVC S HD/XAVC S 4 K mit einer Datenrate von 100 Mbps steigen die Anforderungen weiter an. Hierfür benötigen Sie eine UHS-I-Karte der Geschwindigkeitsklasse U3 ⓤ mit 64 oder 128 Gigabyte Kapazität. Selbst wenn eine Karte eingesetzt ist, die mit einer Schreibgeschwindigkeit von 30 Mbps her ausreichend wäre, weigert sich die α6300, die Filmaufnahme zu starten, und sendet eine Fehlermeldung.

< **Abbildung 8.27**
Links: Speicherkarte der Geschwindigkeitsklasse UHS-1 mit 64 Gigabyte Volumen (Bild: SanDisk).
Rechts: Speicherkarte der Geschwindigkeitsklasse UHS-3 (Bild: Transcend).

 Formatieren

Haben Sie sich eine neue Karte zugelegt oder möchten Sie eine vorher in einer anderen Kamera betriebene Karte in Ihrer α6300 verwenden, sollten Sie diese in der α6300 formatieren (Menü **Einstellung 5** 🛠 > **Formatieren**).

Das richtige Stativ für jede Situation

Ein Stativ sollte in keinem gut geführten Fotoequipment fehlen. Wie aber sieht das perfekte Stativ für den Alltagsbetrieb mit der α6300 aus? Wichtige Grundanforderungen sind sicherlich sowohl ausreichende Stabilität als auch ein fester Stand. Außerdem sind gerade bei einer so kompakten Kamera wie der α6300 gewiss auch ein nicht allzu ausladendes Packmaß und ein nicht zu hohes Gewicht erwünscht. Auf dem Markt gibt es robuste und preiswerte Aluminiumstative genauso wie die stabilen, aber deutlich leichteren Stative aus Carbon, die allerdings auch ihren Preis haben. Eine kleine Auswahl empfehlenswerter Stative haben wir für Sie in Tabelle 8.1 zusammengestellt.

Stativ	Gewicht/ Nutzlast (kg)	Packmaß (cm)	Max. Höhe (cm)	Kopf inklusive	Mittelsäule umgekehrt nutzbar/ kippbar	Preis (Euro)
Feisol Reisestativ CT-3441S (Carbon)	1,15/10	43	178	nein	ja	circa 390
Gitzo GK2545T-82QD (Carbon)	1,84/12	44,5	165,5	Kugelkopf	ja	circa 970
Manfrotto BeFree Reisestativ (MKBFRA4-BH, Alu)	1,4/4	40	144	Kugelkopf	ja	circa 130
Manfrotto MT055XPRO3 (Alu)	2,5/9	61	170	nein	ja	circa 165
Manfrotto MK190X3-2W (Alu)	2,75/4	69	170	Videoneiger	ja	circa 235
Rollei Stativ C5i II + T3S (Alu-Magnesium)	1,83/10	44,5	159	Kugelkopf	ja	circa 180
Sirui N-2205X (Carbon)	1,47/12	43,5	166	nein	ja	circa 450
Sirui N-3204X (Carbon)	1,81/18	58	175	nein	ja	circa 490

˄ Tabelle 8.1
Stative für die α6300

Ein ebenfalls wichtiger Aspekt ist die Nutzlast Ihres Stativs, also das Gewicht, das gehalten werden kann. Dabei ist es sinnvoll, von etwas mehr Kameragewicht auszugehen und ein Modell mit entsprechend angegebener Nutzlast zu wählen. Da die α6300 mit ihren circa 400 g inklusive Akku und Speicherkarte ziemlich leicht ist, kommt es bei der Entscheidung in erster Linie auf das Gewicht des schwersten Objektivs an.

Abbildung 8.28 >
Bei dem Rollei Stativ C5i II + T3S Titan kann ein Bein als Einbeinstativ verwendet werden (Bild: Rollei).

Für einen noch festeren Stand
Gute Stative besitzen am unteren Ende der Mittelsäule einen Haken, an den Sie zum Beispiel den Fotorucksack hängen können. Diese einfache Maßnahme verleiht dem Stativ gerade bei windigem Wetter zusätzliche Stabilität.

Da viele Stative ohne Stativkopf angeboten werden, gilt es, sich auch um dieses verbindende Element zwischen Kamera und Stativ zu kümmern. Für die meisten fotografischen Aktivitäten mit der α6300 sind Kugelköpfe mit einer Nutzlast von 4 bis 5 kg sehr empfehlenswert. Stabile Köpfe mit Schnellwechselsystem gibt es beispielsweise von Benro (*V1* oder *V3*), Manfrotto (*468 MGRC4*), Tiltall (*BH-10*), Sirui (*G-10X*) oder Feisol (*CB–40D*).

Für das nötige Maß an Flexibilität sollten Sie einen Stativkopf mit Schnellkupplungssystem verwenden. Dabei wird eine Stativplatte an der α6300 befestigt, die dann zügig auf dem Stativkopf eingerastet oder festgeschraubt werden kann. Genauso schnell lässt sich die Kamera wieder lösen. Sehr verbreitet sind sogenannte *Arca-Swiss-kompatible Schnellkupplungen* mit dem schönen Namen *Schwalbenschwanzklemmsystem*. Diese ermöglichen es, diverse Schnellwechselplatten, Panoramaköpfe oder Winkelschienen zu montieren.

∧ Abbildung 8.29
Sehr leichter Kugelkopf: Sirui G-10X (300 g), der in Schrägstellung bis zu 2,5 kg Equipment halten kann (Bild: Sirui)

< Abbildung 8.30
Stativplatte für Schwalbenschwanzklemmsysteme von Novoflex

 Klemmstative

Ebenfalls sehr praktisch ist ein flexibles Klemmstativ, wie es von Herstellern wie Gorillapod oder Rollei angeboten wird. Sie können an Geländern, Ästen, Autoaußenspiegeln, Fahrrädern oder anderen Trägerobjekten im Stil eines sich festhaltenden Kraken montiert werden. Wobei Klemmstative allein wegen ihrer flexiblen Beine nicht dieselbe Stabilität gewährleisten können wie ein klassisches Dreibeinstativ. Für mittlere Telezooms benötigen Sie Modelle, die 3 kg Gewicht und mehr tragen können.

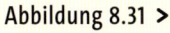

Abbildung 8.31 >
GorillaPod 1k für 1 kg Traglast (Bild: Joby)

Bessere Bilder mit der Fernbedienung

Sobald die Belichtungszeit länger wird als 1/30 s, besteht bei Stativaufnahmen akute Gefahr, an Bildschärfe zu verlieren. Um dies zu verhindern, empfiehlt es sich, die α6300 auf einem Sativ zu montieren und berührungslos auszulösen: entweder mit dem **Selbstauslöser: 2 Sek.** ↻₂ oder per Smartphone/Tablet oder mit einer Fernbedienung.

Sony bietet hierfür verschiedene Fernbedienungslösungen an. Zum Beispiel die kabellose Infrarot-Fernbedienung *RMT-DSLR2* oder ähnliche Geräte von JJC (15-m-IR-Fernbedienung oder *JJC IS-S1*), mit denen sowohl Fotos als auch Filmaufnahmen fernausgelöst werden können. Das Sony-Modell ist auch als Fernbedienung zum Ansehen von Fotos und Filmen mit der an den Fernseher angeschlossenen Kamera verwendbar. Der Auslöseknopf für die 2-Sekunden-Verzögerung erweist sich bei Selbstporträts als äußerst hilfreich, da Sie nach dem Auslösen so noch einen Augenblick Zeit haben, den Fernauslöser verschwinden zu lassen. Wichtig ist, dass Sie im Menü **Einstellung 3** 🧰 die Option **Fernbedienung** aktivieren, damit der Infrarotsensor der α6300 die Signale auch empfangen kann. Aber Achtung, die α6300 ist jetzt permanent aktiv, was viel Akkupower kostet! Kabelfernauslöser stellen in diesem Zusammenhang stromsparendere Alternativen dar.

∧ Abbildung 8.32
Infrarot-Fernbedienung RMT-DSLR2 (Bild: Sony)

Von Sony gibt es beispielsweise zwei Kabelfernbedienungen, von denen die günstigere *RM-SPR1* lediglich das Auslösen unterstützt. Das Modell *RM-VPR1* ist dagegen auch geeignet, Videoaufnahmen zu starten und zu stoppen. Andere Hersteller haben Funkfernauslöser mit Reichweiten von 30 bis 100 Metern im Programm (zum Beispiel *JJC JM-F2(II)*) oder Timer-Fernauslöser, mit denen beispielsweise Intervallaufnahmen für Timelapse-Videos machbar sind (zum Beispiel *Hama DCCS Universal Timer-Auslöser*). Das Starten von Filmaufnahmen ist aber mit vielen dieser Geräte nicht möglich, weil die Filmauslösung bei der α6300 nicht auf den Auslöser umprogrammiert werden kann und die meisten Fernbedienungen die Filmtaste der Kamera nicht ansteuern können. Wenn Sie sich ein Blitz-Funkauslösersystem zulegen, denken Sie daran, dass auch diese Geräte meist als Fernauslöser eingesetzt werden können.

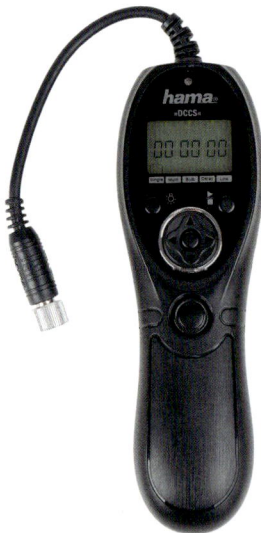

Abbildung 8.33 >
Mit dem Anschlussadapterkabel SO-2 kann der Hama DCCS Universal Timer-Auslöser an der α6300 angeschlossen werden.

Sinnvolle Objektivfilter

Auch im digitalen Zeitalter gibt es noch zwei Filtertypen, die selbst die beste Software nicht wirklich nachstellen kann: den zirkularen *Polarisations-* bzw. *Polfilter* und den *Neutraldichte-* bzw. *Graufilter*. Die Anschaffung dieser Filtertypen ist daher durchaus immer noch lohnenswert.

Der zirkulare Polfilter wird häufig in der Landschafts- und Architekturfotografie eingesetzt, um die Spiegelung von Wasser oder Glasscheiben zu verringern oder zu verstärken und den Himmel abzudunkeln, damit die Wolken sich plastischer davon abzeichnen. Bei Pflanzen wird die Reflexion des Lichts auf den Blattoberflächen reduziert – toll für farbintensive Waldaufnahmen. Hochwertige Zirkular-Polarisationsfilter gibt es zum Beispiel von B+W, Hoya, Heliopan, Hama oder Rodenstock.

Allerdings sind Polfilter nicht immer wirksam, denn es hängt von der Richtung ab, aus der das natürliche Licht die Szene beleuchtet. Am besten ist die Wirkung, wenn die Sonne etwa im 90°-Winkel zur Kamera steht, also nicht von hinten oder vorne auf die Kamera trifft. Polfilter schlucken zudem 1–2 EV an Licht, die benötigte Belichtungszeit kann sich daher verlängern. Wer viel aus der freien Hand fotografiert, kann zu sogenannten *High-Transparency-* oder *High-Transmission*-Polfiltern greifen (zum Beispiel dem *Hoya HD High Transparency Filter CIR-PL*). Diese vermindern die Lichtmenge nur um etwa 1/2–1 EV.

⌃ Abbildung 8.34
Hier haben wir den Polfilter (58 mm) mit einem 40,5–58-mm-Step-up-Adapter versehen, um ihn am 16–50-mm-Kit-Objektiv der α6300 zu befestigen.

⌄ Abbildung 8.35
Im Bild unten konnte mit dem Polfilter die rechte Glasfläche des Gebäudes entspiegelt werden. Außerdem wirken die Farben etwas intensiver.

> **Wie Polfilter funktionieren**
>
> Der Polfilter wirkt wie ein Gitter aus Längsstäben, das alle wellenförmig schwingenden Lichtstrahlen aussortiert, die nicht parallel zu den Gitterstangen ausgerichtet sind. Um die Filterwirkung möglich zu machen, werden eine grau eingefärbte und eine polarisierende Glasfläche gegeneinander verschoben, indem man am Filter dreht.

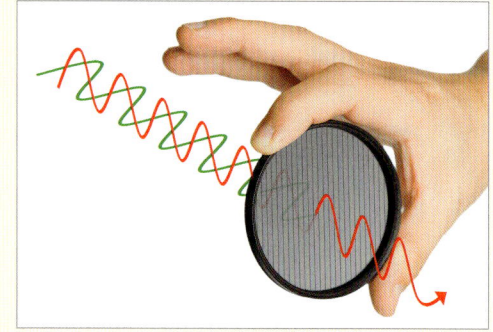

Abbildung 8.36 >
Wirkungsweise eines Polarisationsfilters

Mit einem *Neutraldichte-* oder *Graufilter* können Sie den Lichteinfluss ins Objektiv verringern. Dadurch verlängert sich beim Fotografieren mit der **Zeitpriorität (S)** die Belichtungszeit, und Sie können beispielsweise Wasser in Brunnen, Flüssen oder die Brandung an der Küste stark verwischt abbilden. Sekundenlange Belichtungszeiten bei Tage erzielen Sie mit Graufiltern, die 8 bis 10 EV Licht schlucken. Durch diese Filter kann man aber überhaupt nicht mehr hindurchsehen. Daher fotografieren Sie am besten mit der manuellen Belichtung. Zu große Neutraldichtefilter halten wir übrigens einfach per Hand möglichst dicht vors Objektiv, ohne es zu berühren.

Abbildung 8.37 >
Mit dem Graufilter der Stärke ND4 hinterlässt das Wasser stark verwischte Spuren im Bild.

[50 mm | f10 | 3,2 s | ISO 100 | +0,3]

Fabneutralität

Der Neutraldichtefilter sollte die Bildfarben möglichst nicht verändern. Aus unserer Praxis können wir Ihnen für die α6300 folgende Modelle empfehlen: *RODENSTOCK Graufilter Digital HR ND4* (2 EV), *Dörr DHG ND8* (circa 3 EV), *Hoya HMC ND×400* (circa 9 EV) und *LEE Filter Big Stopper* (10 EV). Fotografieren Sie aber am besten im RAW-Format, um den Weißabgleich später perfekt austarieren zu können.

WLAN-Verbindung mit Smartgerät, Internet und Computer

Heutzutage gehört die kabellose Übertragung von Daten und Informationen schon fast überall zum Standard. Drucker kommunizieren kabellos mit Laptops und PCs. Der Tablet-PC kann Daten mit dem Smartphone austauschen, und selbst viele Fernseher sind für die kabellose Datenübertragung ausgelegt. Die α6300 fügt sich mit ihren eingebauten WLAN-Funktionen nahtlos in den Reigen mit ein.

Bilder auf das Smartgerät übertragen

Sicherlich ist für viele die Bildübertragung auf das Smartgerät oder das Weiterleiten der Fotos per E-Mail und das Hochladen ins Internet am interessantesten. Dies in die Tat umzusetzen ist auch gar nicht so kompliziert. Führen Sie die folgende Schritt-für-Schritt-Anleitung einmal durch, anschließend sollten Sie das Kopieren und Freigeben Ihrer schönsten Bilder im Griff haben.

Bilder per WLAN aufs Smartgerät bringen
SCHRITT FÜR SCHRITT

1 PlayMemories Mobile installieren
Bevor es richtig losgeht, installieren Sie zuerst die Anwendung *PlayMemories Mobile* auf Ihrem Smartgerät. Diese finden Sie kostenlos im App Store für iOS-Geräte oder bei Google Play für Android.

2 Gerätenamen eingeben (optional)
Damit Ihre Kamera bei der Verbindung zum Internet im Netzwerk auch gut zu finden ist, können Sie ihr einen aussagekräftigen Kurznamen verpassen. Dazu wählen Sie das Menü **Drahtlos 2** 🔊 **> Gerätename bearb.** und bestätigen das Namensfeld mit dem Eintrag **ILCE-6300** mit der Mitteltaste ●. Geben Sie den gewünschten Namen oder eine Namenserweiterung ein, im Beispiel »KYRAs_a6300«. Steuern Sie dann zweimal hintereinander die Schaltfläche **OK** an, und bestätigen Sie die Namenseingabe mit der Mitteltaste.

3 Bilder an das Smartgerät senden
Für das direkte Senden von Bildern an Ihr Smartgerät wählen Sie im Menü **Drahtlos 1** 🔊 die Option **An Smartph. send.**. Im Anschluss haben Sie zwei Möglichkeiten:

- **Auf diesem Gerät auswählen**: Damit wählen Sie die Bilder in der α6300 erst aus und senden sie dann auf Ihr Smartphone oder Tablet. Wenn Sie sich in der Wiedergabeansicht der α6300 befinden, kann diese Option auch direkt mit der Taste ↗ gestartet werden.
- **Auf Smartphone auswählen**: In diesem Fall stellen Sie erst die Verbindung zum Smartgerät her und bestimmen die zu übertragenden Bilder dann von dort aus.

Im Folgenden zeigen wir Ihnen, wie Sie die Bilder auf der Speicherkarte der Kamera vom Smartgerät aus auswählen und dann darauf übertragen können.

> **Die Kamera fernauslösen**
> Wenn Sie die α6300 kabellos vom Smartgerät aus fernauslösen möchten, wählen Sie in Schritt 3 im Menü **Applikation** 📱 den Eintrag **Applikationsliste** und darin die Option **Smart-Fernbedienung** aus. Nach dem Verbindungsaufbau, beschrieben in den Schritten 4 und 5, können Sie die α6300 vom Smartgerät aus bedienen.

4 Verbindungsdaten aufrufen
Nachdem Sie die Schaltfläche **Auf Smartphone auswählen** betätigt haben, präsentiert Ihnen die α6300 die benötigten Informationen für die Verbindung zwischen Ihrem Smartgerät und der Kamera. Wichtig ist dabei der **QR-Code** ❶. Öffnen Sie auf Ihrem Smartgerät die App *PlayMemories Mobile*. Tippen Sie auf den Eintrag **QR Code der Kamera scannen**, und lesen Sie den QR-Code mit der Smartgerätkamera ein.

5 Verbindung per Passwort zur α6300 herstellen (optional)
Sollten Sie ein älteres Smartgerät verwenden, bei dem sich der QR-Code-Reader nicht öffnet, können Sie sich in Schritt 4 nach Drücken der Taste 🗑 ein **Passwort** anzeigen lassen. Öffnen Sie auf Ihrem Smartgerät die App *PlayMemories Mobile*, und tippen Sie bei **Mit Kamera verbinden** auf die Bezeichnung Ihrer α6300, die mit **DIRECT** beginnt. Anschließend geben Sie das Passwort ein.

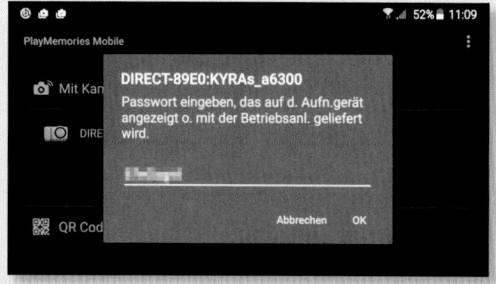

WLAN-Verbindung mit Smartgerät, Internet und Computer

6 Kopie-Bildgröße einstellen

Die auf der Speicherkarte enthaltenen Bilder werden nach Datum sortiert aufgelistet. Wählen Sie nun einfach ein Datum aus. Wenn Sie oben rechts bei **Einstellungen** ❷ den Eintrag **Kopie-Bildgröße** antippen, können Sie festlegen, ob Sie die **Original**-Bilder mit reduzierter Größe (**2M**egabyte oder **VGA**) übertragen möchten. Wir entscheiden uns meist für **2M**.

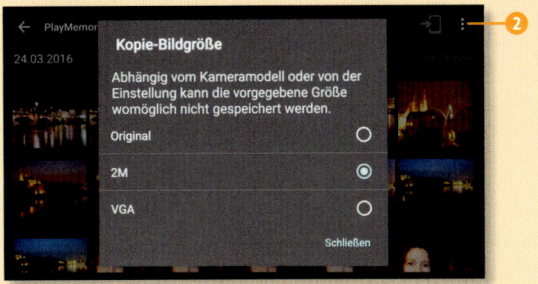

7 Bild(er) auf das Smartgerät kopieren

Um ein Bild groß zu betrachten, tippen Sie es an. Wenn Sie mehrere Bilder auswählen möchten, tippen Sie oben rechts auf **Senden** ❸, und versehen Sie alle Fotos, die Sie übertragen möchten, durch Antippen mit einem Häkchen. Tippen Sie dann erneut auf **Senden**. Die Fotos werden auf die Speicherkarte Ihres Smartgeräts kopiert, so dass Sie sie auch später weiterverschicken oder ins Internet hochladen können.

8 Bild(er) direkt freigeben

Wählen Sie oben rechts bei den Einstellungen ❹ den Eintrag **Freizugebene Eintr. auswählen**. Markieren Sie anschließend alle Bilder, die Sie versenden möchten, durch Antippen mit einem Häkchen. Tippen Sie anschließend auf die Schaltfläche **Freigabe** ❺. Danach können Sie die gewünschte Anwendung oder Internetplattform (Facebook, Whatsapp etc.) auswählen, über die oder zu der die ausgewählten Bilder gesendet werden sollen. Je nach gewählter Anwendung muss Ihr Smartgerät dazu mit dem Internet verbunden sein.

⚠ Stromverbrauch

Denken Sie daran, dass Ihre α6300 permanent angeschaltet bleibt, solange Sie irgendeine der WLAN-Funktionen benutzen! Das zehrt ordentlich an den Energiereserven. Daher beenden Sie die Verbindung mit dem Smartgerät oder Internet, wenn Sie sie nicht mehr benötigen. Dazu bestätigen Sie die Schaltfläche **Abbrechen** mit der Mitteltaste ● oder schalten die Kamera einfach aus.

Die NFC-Schnellverbindung nutzen

Mit der Funktechnologie *Near Field Communication* (*NFC*) lässt sich die α6300 ohne Zugangsdaten mit einem NFC-kompatiblen Smartgerät verbinden. Aktivieren Sie dazu die NFC-Steuerung Ihres Smartgeräts, und starten Sie die App *PlayMemories Mobile*. Rufen Sie anschließend die Funktion **One-Touch(NFC)** im Menü **Drahtlos 1** der α6300 auf, und drücken Sie die Mitteltaste ●.

Möchten Sie Bilder auf das Smartgerät übertragen, bestätigen Sie als Nächstes die App **PlayMemories Camera Apps** mit der Mitteltaste und öffnen anschließend den Menüeintrag **An Smartph. send.**. Wählen Sie die Bilder dann entweder in der α6300 aus (**Auf diesem Gerät auswählen**) und stellen die NFC-Verbindung danach her, oder stellen Sie erst die Verbindung her (**Auf Smartphone auswählen**) und wählen die Bilder danach am Smartgerät aus. Halten Sie nun Ihr Smartgerät mit dem NFC-Bereich ganz dicht an das Zeichen N auf der rechten Kameraseite, und warten Sie so lange, bis die Bildübertragung startet oder die Bilder am Smartgerät angezeigt werden. Anschließend können Sie die Geräte trennen, die Verbindung bleibt bestehen, bis alle Bilder übertragen wurden oder Sie *PlayMemories Mobile* oder die α6300 ausschalten.

Möchten Sie die α6300 hingegen vom Smartgerät aus fernsteuern, bestätigen Sie nach Auswahl der Funktion **One-Touch(NFC)** die App **Smart-Fernbedienung** mit der Mitteltaste. Tippen Sie danach den Auslöser an, um das Menü zu verlassen. Jetzt können Sie die NFC-Verbindung wie beschrieben herstellen, wobei Sie nun so lange warten sollten, bis das Livebild am Monitor der α6300 und in der App *PlayMemories Online* am Smartgerät erscheint. Jetzt können Sie die α6300 vom Smartgerät aus auslösen.

< Abbildung 8.38
Nach dem Herstellen der NFC-Verbindung werden Bilder auf das Smartgerät übertragen.

Die α6300 direkt mit dem Internet verbinden

Ihre α6300 kann sich auch direkt mit dem Internet verbinden. Das ist zum Beispiel praktisch, wenn Sie Bilder ohne Umweg über das Smartgerät auf Onlineplattformen hochladen oder neue Apps auf Ihrer Kamera installieren möchten, wie im Abschnitt »Den Funktionsumfang mit Apps erweitern« ab Seite 193 gezeigt. Um die Internetverbindung herzustellen, benötigen Sie ein Drahtlosnetzwerk in Ihrer Umgebung. Das kann das heimische Netzwerk sein, das in Ihrer Wohnung von einem WLAN-Router (zum Beispiel einer *FRITZ!Box*) zur Verfügung gestellt wird, oder ein frei verfügbares drahtloses Netzwerk eines Cafés in der Innenstadt (mobiler WLAN-Hotspot). Wichtig ist, dass Sie entweder den *Netzwerkschlüssel* (Passwort) für das Netzwerk kennen oder die Verbindung mit einer sogenannten *WPS-Schnellverbindung* durchführen können.

^ Abbildung 8.39
Verbindung mit dem Netzwerk über die WPS-Schnellverbindung

Die Methode mit der WPS-Schnellverbindung funktioniert sehr einfach. Drücken Sie dazu die Taste **WPS** auf Ihrem Router, so dass diese anfängt zu blinken. Wählen Sie dann gleich im Menü **Drahtlos 2** 🔊 Ihrer α6300 die Funktion **WPS-Tastendruck**, und bestätigen Sie dies mit der Mitteltaste ●. In wenigen Sekunden wird die Verbindung aufgebaut, ganz ohne umständliche Passworteingabe.

Wenn eine WPS-Schnellverbindung nicht möglich ist, verbinden Sie die α6300 folgendermaßen mit dem Internet: Wählen Sie im Menü **Drahtlos 2** 🔊 den Eintrag **Zugriffspkt.-Einstlg.**. Nach Bestätigung mit der Mitteltaste fängt die α6300 an, nach verfügbaren Drahtlosnetzwerken zu suchen. Wählen Sie das gewünschte Netzwerk aus der Liste aus, und bestätigen Sie dies mit der Mitteltaste.

^ Abbildung 8.40
Auswahl des verfügbaren Drahtlosnetzwerks

Anschließend können Sie den Netzwerkschlüssel (Passwort) eingeben, indem Sie erst das Eingabefeld **Passwort eingeben** auswählen und anschließend den Zahlen- oder Buchstabencode eintragen. Danach bestätigen Sie die Schaltfläche **OK** mit der Mitteltaste und wiederholen das Ganze auch im nächsten Menüfenster. Auch die Verbindungsbedingungen, namentlich **IP-Adresseneinstlg** (**Auto**) und **Bevorzugte Verbind.** (**Aus**), können Sie so belassen und den Menüpunkt mit der Schaltfläche **OK** bestätigen. Nach ein paar Sekunden wird die hergestellte Verbindung mit der Bestätigung **Registriert** abgeschlossen.

Bilder per WLAN auf den Computer übertragen

Wenn Sie Bilder und Videos kabellos in ein Speicherverzeichnis Ihres Computers senden möchten, installieren Sie die Software *PlayMemories Home* auf Ihrem Rechner. Anschließend erfolgt eine einmalige notwendige Einrichtung. Dazu setzen Sie im Menü **Einstellung 4** 🧰 der α6300 die Funktion **USB-Verbindung** auf **MTP**. Schließen Sie die Kamera dann mit dem mitgelieferten Micro-USB-Kabel an den Computer an, und schalten Sie sie ein. Wählen Sie in *PlayMemories Home* das Laufwerk der Kamera ❶ im linken Fensterbereich aus. Klicken Sie anschließend die Schaltfläche **Wi-Fi-Importeinstellungen** ❷ an, und bestätigen Sie im nächsten Menüfenster den Eintrag **Empfohlen** ❸ mit der Schaltfläche **Weiter** ❹. Bestätigen Sie das eventuell auftauchende Hinweisfenster zur Benutzerkontensteuerung (Windows) mit **Ja**, und schließen Sie den Vorgang mit der Schaltfläche **Fertigstellen** ab.

Abbildung 8.41
Wi-Fi-Importeinstellungen einrichten

Wählen Sie nun noch den gewünschten Speicherordner aus, in den die Bilder zukünftig übertragen werden sollen. Dazu navigieren Sie über **Werkzeuge > Einstellungen** zur Option **Wi-Fi-Import** ❺ und bestimmen den Speicherordner bei **Importieren in:** ❻. Sollen auch Videos übertragen werden, setzen Sie ein Häkchen bei **Videos importieren** ❼. Nach der Bestätigung mit der Schaltfläche **Anwenden** können Sie das Programm schließen, die α6300 ausschalten und das USB-Kabel abziehen.

Wenn Sie anschließend oder auch später im Menü **Drahtlos 1** der α6300 die Option **An Comp. senden** wählen, verbindet sich die Kamera per WLAN mit Ihrem Computer, vorausgesetzt, die Computerverbindung wurde zuvor einmalig, wie oben beschrieben, eingerichtet. Anschließend werden alle Bilder und Videos in das gewählte Computerverzeichnis gesendet, die zuvor noch nicht an diesen Ort übertragen worden sind. Bedenken Sie aber, dass die Übertragung der großen Bild- und Videodateien aus der α6300 ziemlich lange dauert. Als Standardübertragung ist die Kabel- oder Kartenleserverbindung immer noch die schnellste und stabilste.

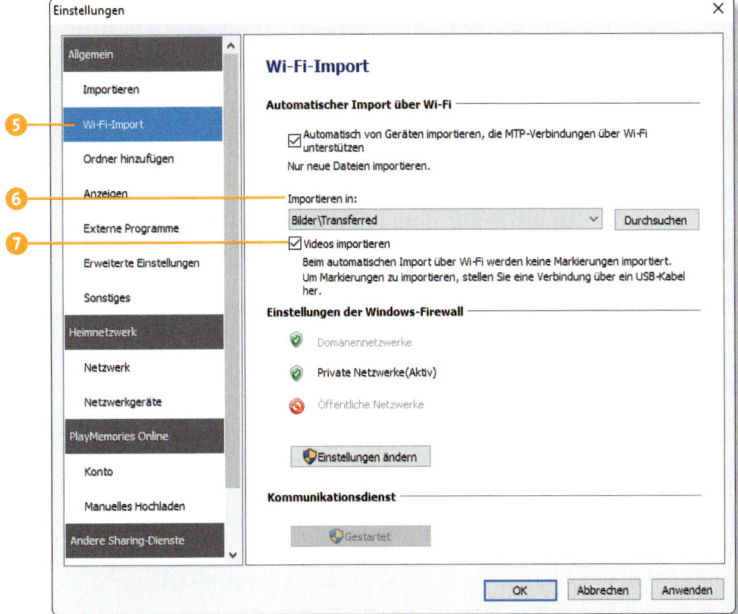

▲ Abbildung 8.42
Aktive Bild- und Videoübertragung per WLAN auf den Computer

◀ Abbildung 8.43
Legen Sie den Speicherort für die importierten Bilder fest.

Den Funktionsumfang mit Apps erweitern

Möchten Sie die Funktionen Ihrer α6300 gerne um Zeitraffer oder Mehrfachbelichtungen erweitern, oder sind Sie daran interessiert, Ihre Kamera mit dem Smartgerät aus der Distanz zu bedienen? Alles kein Problem, mit dem hauseigenen System *PlayMemories Camera Apps* (*www.sony.net/pmca*) bietet Sony diese Funktionen und noch einige weitere Apps an. Einige davon sind gratis, andere kosten zwischen 4,99 und 9,99 Euro.

▼ **Abbildung 8.44**
Des Menü der App Smart-Fernbedienung ist verfügbar, sobald die α6300 mit dem Smartgerät verbunden wurde.

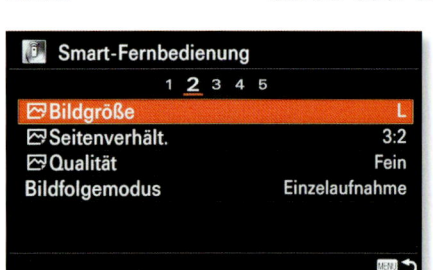

Die Anwendung **Smart-Fernbedienung** ist bereits in der α6300 installiert. Die App ermöglicht es, die α6300 vom Smartgerät aus fernzusteuern. Die Bilder werden anschließend automatisch an Ihr Smartgerät gesendet, von wo aus Sie sie sofort mit anderen teilen können. Dafür ist die Installation der Gratis-App *PlayMemories Mobile* auf dem Smartgerät erforderlich, die Sie bei Google Play oder im App Store von Apple herunterladen können. Wenn die α6300 über die App **Smart-Fernbedienung** mit dem Smartgerät verbunden ist, lassen sich an der Kamera über die **MENU**-Taste alle verfügbaren Aufnahmeeinstellungen wählen. Für weitere Informationen zum Verbindungsaufbau zwischen Kamera und Smartgerät können Sie die Schritt-für-Schritt-Anleitung »Bilder per WLAN aufs Smartgerät bringen« auf Seite 187 oder den Abschnitt »Die NFC-Schnellverbindung nutzen« auf Seite 190 zurate ziehen.

Wie kommt die App auf die α6300?

Alle verfügbaren Apps werden von Sony über die Plattform *PlayMemories Camera Apps* zum Herunterladen angeboten. Was Sie dafür auf jeden Fall benötigen, ist ein Benutzerkonto bei der Onlineplattform, erreichbar unter *www.sony.net/pmca*. Für die eigentliche Installation der Apps gibt es nun zwei Möglichkeiten:

- Verbinden Sie Ihre α6300 über das mitgelieferte USB-Kabel mit Ihrem Computer, und verwenden Sie als Internetbrowser am besten Chrome oder den Internet Explorer. Am Computer melden sich dann bei *PlayMemories Camera Apps* (*www.sony.net/pmca*) an. Klicken Sie dort die gewünschte App an, zum Beispiel die Aktualisierung für die bereits installierte App **Smart-Fernbedienung.** Mit der Schaltfläche **Installieren** oder **Aktualisieren** starten Sie den Vorgang. Im Zuge der ersten App-Installation müssen Sie vorab einmalig den *PlayMemories Camera Apps-Downloader* installieren. Nach Abschluss der Installation der zuvor ausgewählten App schalten Sie die α6300 aus und ziehen dann das USB-Kabel wieder ab.

▼ **Abbildung 8.45**
Installation einer neuen App oder Aktualisieren einer vorhandenen App mit der per Micro-USB-Kabel am Computer angeschlossenen α6300

- Stellen Sie eine Verbindung mit einem Drahtlosnetzwerk her (siehe den Abschnitt »Die α6300 direkt mit dem Internet verbinden« ab Seite 191), und laden Sie die App auf die Kamera. Dazu wählen Sie im Menü **Applikation 1** den Eintrag **Applikationsliste > PlayMemories Camera Apps**. Die α6300 verbindet sich daraufhin mit der Applikationsseite von Sony. Wählen Sie eine App aus, zum Beispiel **Bildeffekt+**, und bestätigen Sie die Auwahl mit der Mitteltaste ●. Bestätigen Sie anschließend die Schaltfläche **Installieren**. Danach müssen Sie sich mit Ihren Benutzerdaten anmelden. Zum Schluss navigieren Sie nach unten auf die Schaltfläche **Anmelden** und drücken die Mitteltaste. Der Downloadvorgang beginnt, zu erkennen am orangefarbenen Fortschrittsbalken, und geht dann automatisch in den Installationsvorgang über. Warten Sie, bis die α6300 den Informationsbildschirm der geladenen App anzeigt. Navigieren Sie dann ganz nach unten auf die Schaltfläche **Install. Applikation benutzen**, und bestätigen Sie dies mit der Mitteltaste. Ihr Neuzugang in der **Applikationsliste** ist nun für die Anwendung bereit.

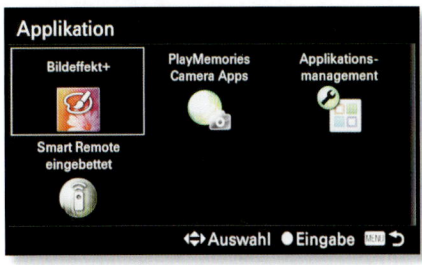

▲ **Abbildung 8.46**
Oben: Installieren der ausgewählten App **Bildeffekt+**. *Unten: Die App wurde installiert und ist in der Applikationsliste der α6300 verfügbar.*

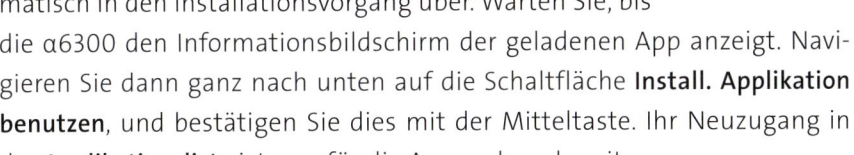

Apps sortieren und löschen

Um die Apps neu zu sortieren oder zu löschen, wählen Sie im Menü **Applikation 1** den Eintrag **Applikationsliste > Applikationsmanagement** und darin entweder die Funktion **Sortieren** oder **Verwalten und entfernen**. Sollten Sie eine gelöschte App erneut installieren wollen, ist es notwendig, diese wieder bei *PlayMemories Camera Apps* aus dem Internet herunterzuladen. Dies ist nur bis zu zehnmal möglich!

Objektiv-, Kamera- und Sensorreinigung

Egal, wo man sich aufhält, Staub und Schmutzpartikel sind leider so gut wie überall zu finden und haben die unangenehme Eigenschaft, sich langsam, aber stetig auch auf Ihrer wunderbaren α6300 niederzulassen. Dabei sind es vornehmlich zwei Bauteile, denen Sie bezüglich ihrer Reinheit hin und wieder etwas Aufmerksamkeit widmen sollten: die Objektivlinsen an Front- und

Rückseite und der Sensor, der nicht nur sauber, sondern wirklich porentief rein sein sollte (um hier einmal eine historische Waschmittelwerbung zu zitieren). Jede Reinigung bedeutet aber stets auch eine Belastung für die Oberflächen und sollte nur durchgeführt werden, wenn sie auch wirklich notwendig ist.

Behutsame Reinigung der Objektivlinsen

Pusten Sie zunächst mit einem *Blasebalg* den Staub und andere leicht anhaftende Verschmutzungen von der Linse. Sie können auch einen Blasebalg mit integriertem Pinsel verwenden und damit zusätzlich zum Abpusten vorsichtig pinseln. Sehr effektiv ist der *Dust Ex* von Hama oder der *AgfaPhoto-Profi*-Blasebalg.

Fingerabdrücke und andere hartnäckigere Verschmutzungen entfernen Sie am besten mit einem feinen Mikrofasertuch. Bei Bedarf können Sie dieses auch mit etwas klarem Wasser anfeuchten. Des Weiteren gibt es spezielle Reinigungsflüssigkeiten für Objektive, die meist in einem Kit zusammen mit Reinigungspapier oder Reinigungsstiften angeboten werden, so zum Beispiel das *Carl Zeiss Lens Cleaning Kit* oder das *SpeckGRABBER®-Pro*-Kit von Kinetronics.

∧ Abbildung 8.47
Objektivreinigung mit dem Blasebalg

Die behutsame Reinigung des Sensors

Zuallererst sei gesagt, dass Ihre α6300 sich schon selbst um die Reinigung ihres Sensors kümmert und beim Ausschalten der Kamera automatisch eine Sensorvibration mit Hilfe von Ultraschall durchführt. Diese kann bei Bedarf auch über das Menü **Einstellung 3** unter **Reinigungsmodus** manuell gestartet werden. Die Bedienungsanleitung von Sony empfiehlt nach jeder internen Reinigung eine manuelle Sensorreinigung mit dem Blasebalg. Das erscheint uns etwas übertrieben, wir würden dies nur dann als nächsten logischen Schritt einsetzen, wenn durch die kamerainterne Reinigung keine Verbesserung erzielt werden konnte. Wie Sie prüfen, ob der Sensor Ihrer α6300 verschmutzt ist, lesen Sie in der Schritt-für-Schritt-Anleitung auf Seite 198.

Abbildung 8.48 >
Manuell initiierte Reinigung des Sensors

Akkuladung zur automatischen Reinigung

Die Reinigung funktioniert nur dann, wenn die **Akku-Restzeitanzeige** mindestens drei weiße Teilstriche anzeigt.

Bei der Reinigung des Sensors gilt es besonders vorsichtig vorzugehen, da es sich um ein empfindliches Bauteil handelt. Wir empfehlen ein zweistufiges Vorgehen: Zuerst versuchen wir, den Staub mit dem Blasebalg vorsichtig vom Sensor zu pusten. Das ist nach dem Abnehmen des Objektivs bei der α6300 besonders einfach zu bewerkstelligen, denn der Sensor ist nicht weit vom Bajonettring entfernt. Führen Sie also das Ende des Blasebalgs in die Nähe des Sensors, und pumpen Sie mehrere Male mittelkräftig. Kontrollieren Sie den Erfolg der Prozedur mit der zuvor beschriebenen Methode. Sind immer noch Verunreinigungen zu erkennen, wiederholen Sie den Vorgang, oder gehen Sie zum nächsten Schritt über, der Feuchtreinigung.

Zur Feuchtreinigung des Sensors gibt es verschiedene Reinigungsflüssigkeiten, zum Beispiel von Green Clean, Eclipse oder VisibleDust. Der entscheidende Punkt bei diesen Flüssigkeiten ist, dass sie neben ihrer Reinigungswirkung auch keine Schlieren hinterlassen. Zum vorsichtigen Abziehen des Sensors sind nicht haarende Reinigungsstäbchen, wie zum Beispiel die *Vswabs* (grün, 1,6× für APS-C-Sensorgröße) mit der Reinigungslösung *VDust Plus*™ von VisibleDust zu empfehlen. Die sind zwar nicht ganz billig, aber in ihrer Wirkung sehr effektiv. Warten Sie nach dem Reinigen mit dem Aufsetzen des Objektivs einen Moment, bis die Feuchtigkeit vollständig verdunstet ist.

▲ Abbildung 8.49
Wird die Kamera nach unten gehalten, kann der Staub am besten aus dem Sensorbereich herausfallen.

Gratis-Sensorreinigung

Bei Fotoveranstaltungen gibt es immer einmal wieder die Möglichkeit, eine Gratisreinigung des Sensors am Stand des Herstellers zu bekommen. Sony ist zwar nicht ganz so häufig vertreten, aber zum Beispiel wird dieser Service bei den Hausmessen von Calumet angeboten, wenn leider auch nicht an allen Standorten.

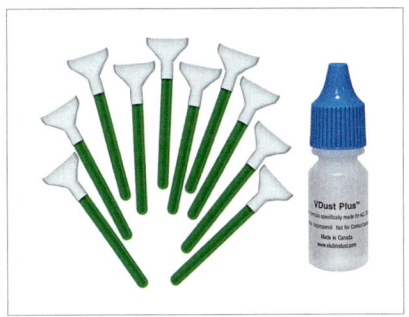

▲ Abbildung 8.50
Reinigungsstäbchen und -lösung (Bilder: VisibleDust)

> **Möglicher Garantieverlust**
>
> Sony informiert in seinen Produktinformationen, dass die Kontaktreinigung des Sensors zum Verlust der Garantie für die α6300 führen kann. Lediglich das Abblasen des Sensors durch den Kunden wird akzeptiert oder sogar vielmehr empfohlen. Überlegen Sie sich also, ob Sie trotzdem eine Feuchtreinigung selbst durchführen oder doch lieber den von Sony empfohlenen professionellen Service in Anspruch nehmen möchten.

Sensorflecken aufspüren
SCHRITT FÜR SCHRITT

1 Aufnahmeeinstellungen
Wann der Sensor manuell gereinigt werden sollte, können Sie ganz einfach selbst überprüfen, indem Sie mögliche Staubflecken aufspüren. Wählen Sie die **Blendenpriorität** (**A**), und stellen Sie mit dem Einstellrad ⊙ die größtmögliche Blendenzahl ein. Setzen Sie den ISO-Wert zudem auf **100**.

2 Manuellfokus
Wählen Sie den Fokusmodus **Manuellfokus** (**MF**), und drehen Sie den Fokussierring nach links auf die Ferneinstellung.

3 Testbild aufnehmen
Nähern Sie sich mit der Kamera einem strukturlosen hellen Motiv bis auf 10 cm, zum Beispiel einem weißen Blatt Papier. Die Aufnahme darf ruhig verwackeln.

4 Testbild prüfen
Übertragen Sie das Bild auf Ihren Computer, und betrachten Sie es in der 100 %-Ansicht. Staubpartikel und andere Verunreinigungen sind jetzt recht gut zu erkennen.

> **Kontrast erhöhen**
>
> Um eventuelle Sensorflecken noch etwas besser sichtbar zu machen, können Sie in Ihrem Bildbearbeitungsprogramm über die Tonwertkorrektur den Kontrast erhöhen, dann sind die Partikel noch besser zu erkennen.

Firmware-Updates durchführen
EXKURS

Die Funktionen Ihrer α6300 werden über eine kamerainterne Software gesteuert. Diese wird als *Firmware* bezeichnet und stellt quasi das »Gehirn« der Kamera dar. Ab und zu benötigt die zentrale Steuereinheit ein Update. Welche Softwareversion auf Ihrer α6300 installiert ist, können Sie im Menü **Einstellung 7** 💼 **> Version** herausfinden. Sollte ein Update anstehen, achten Sie darauf, dass der Akku vollständig geladen ist.

Auf den Internetseiten von Sony können Sie nun prüfen, ob für die α6300 eine aktuelle Software zur Verfügung steht. Rufen Sie dazu den Link *www.sony.de/support/de* auf, und geben Sie in das Suchfeld »ILCE-6300« ein. Sie gelangen daraufhin auf die Supportseite der α6300. Sony bietet Ihnen hier neben Firmwareaktualisierungen für Ihre Kamera außerdem die Bedienungsanleitung als PDF-Datei sowie die Bearbeitungsprogramme *PlayMemories Home/Mobile* und *Sony Image Data Converter* zum kostenlosen Download an.

▲ Abbildung 8.51
Installierte Firmware von Gehäuse und Objektiv

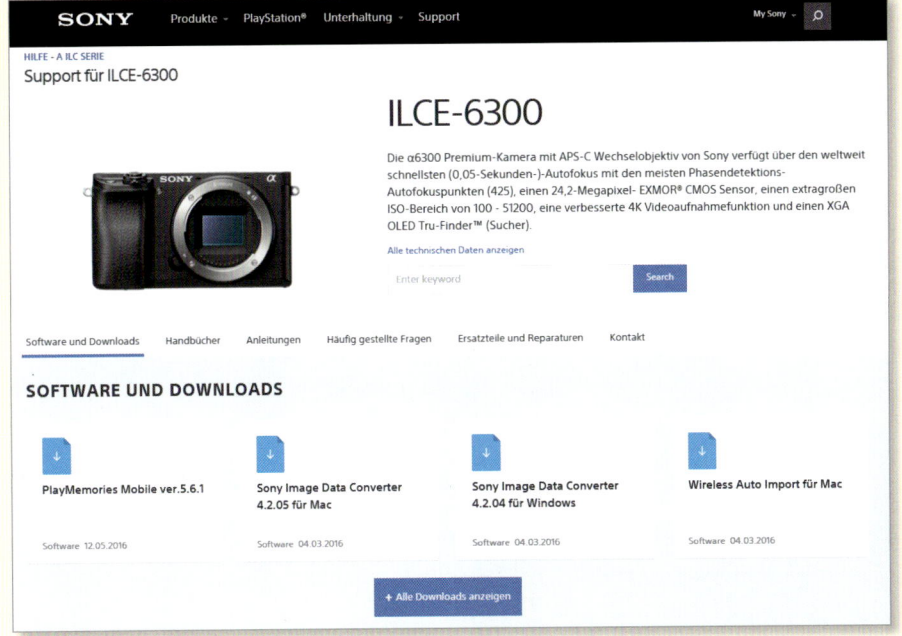

◂ Abbildung 8.52
Auf der Supportseite der α6300 stehen Ihnen verschiedene kostenlose Downloads zur Verfügung.

Da zur Drucklegung dieses Buches noch kein Update für die α6300 verfügbar war, zeigen wir Ihnen die Vorgehensweise beispielhaft anhand der Sony α7 II. Wählen Sie auf der Registerkarte **Software und Downloads** den für Ihr Computersystem geeigneten Eintrag **Firmware-Update auf Version 1.xx (Mac)** oder **(Windows)** ❶ aus. Auf der nächsten Seite können Sie die Datei mit einem Klick auf **HERUNTERLADEN** auf Ihrem Computer speichern.

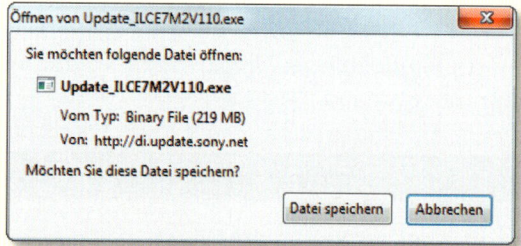

◁⌃ **Abbildung 8.53**
Oben: Auswahl des Firmware-Updates. Links: Speichern der Update-Datei (hier »Update_ILCE7M2V110.exe«)

Bevor das Update durchgeführt wird, vergewissern Sie sich, dass der Akku Ihrer α6300 voll geladen ist, der ganze Prozess dauert etwa 15 Minuten. Entfernen Sie auch die Speicherkarte aus der Kamera. Wählen Sie zudem im Menü **Einstellung 4** 🧰 > **USB-Verbindung** die Vorgabe **Massenspeich.**.

Schließen Sie alle laufenden Programme Ihres Computers, und deaktivieren Sie den Ruhemodus, sonst wird das Update möglicherweise unterbrochen, und Sie müssen von vorne beginnen. Anschließend können Sie die heruntergeladene Update-Datei per Doppelklick starten. Verbinden Sie die α6300 mit dem mitgelieferten USB-Kabel an Ihren Computer, und folgen Sie den weiteren Anweisungen des *System Software Updaters* mit einem Klick auf **Weiter**.

Abbildung 8.54 ▷
Vorbereiten des benötigten USB-Verbindungstyps

Nach erfolgreicher Installation klicken Sie die Schaltfläche **Beenden** an. Warten Sie nun, bis die α6300 die individuellen Kameraeinstellungen wiederhergestellt hat und der Hinweis **Datenrückgewinnung. Bitte warten...** ausgeblendet wird. Danach startet die Kamera neu. Im Anschluss daran können Sie die α6300 wieder vom Computer trennen, indem Sie sie ausschalten und das USB-Kabel abziehen. Wenn Sie möchten, prüfen Sie die Firmware-Version im Menü erneut wie zu Beginn gezeigt. Die heruntergeladene Update-Datei im Computer können Sie löschen.

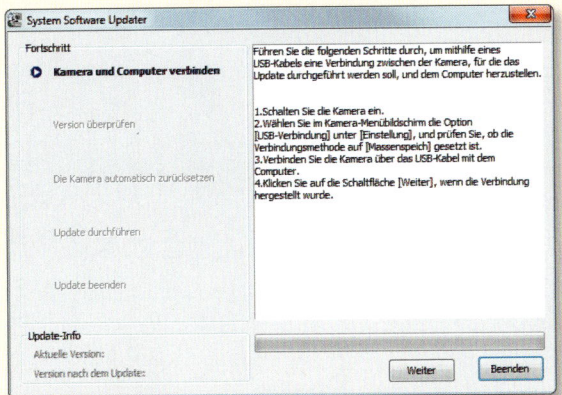 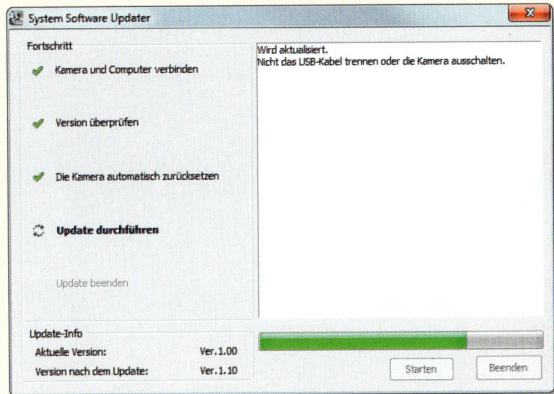

∧ Abbildung 8.55
Links: Startbildschirm des System Software Updaters. Rechts: Statusanzeige während des Aktualisierungsprozesses

 Updates für Objektiv und Blitz

Auch für die Sony-Objektive, die verschiedenen Mount-Adapter (*LA-EA*) und Blitzgeräte kann es Firmware-Updates geben. Der Vorgang läuft vergleichbar ab wie beim Aktualisieren der Kamerasoftware. Zudem finden Sie auf der Support-Seite zur α6300 auch Updates für die mitgelieferte Software *PlayMemories Home*, *Image Data Converter* und weitere Anwendungen.

Kapitel 9
Bilder gestalten und Motive gekonnt in Szene setzen

Grundlagen einer gelungenen Bildästhetik	204
Porträts und Gruppen vor der Kamera	207
Unterwegs in Stadt und Land	213
Nah- und Makrofotografie	220
EXKURS: Feuerwerk fotografieren	224

Grundlagen einer gelungenen Bildästhetik

Motive zu erkennen und sie ansprechend in Szene zu setzen ist mindestens genauso wichtig wie die Beherrschung der grundlegenden Kameratechnik. Das fängt bei der Wahl des Bildausschnitts an und hört bei der Positionierung der Hauptelemente im Foto noch lange nicht auf. Wo liegen also die fotografischen Geheimnisse, mit deren Hilfe sich wirklich beeindruckende Bilder erzeugen lassen, die man auch gerne herzeigt? Nun, es gibt derer natürlich viele, so dass man hierüber ganze Bücher schreiben könnte. Die wichtigsten Grundlagen einer gelungenen Bildgestaltung aber finden Sie in diesem und dem nachfolgenden Kapitel.

Den Horizont gerade ausrichten

Bilder mit schiefem Horizont hat bestimmt jeder schon einmal produziert. Auch Profis halten im Eifer des Gefechts die Kamera nicht immer perfekt gerade. Wenn jedoch genügend Zeit für die Bildgestaltung bleibt, spricht nichts dagegen, den Horizont im Bild möglichst balanciert auszurichten. Die α6300 hat dafür zwei Hilfen an Bord, die einblendbaren Gitterlinien und die Monitor- beziehungsweise Sucheranzeige **Neigung**, bei der eine elektronische Wasserwaage angezeigt wird.

v **Abbildung 9.1**
Blick auf die Havel, gerade ausgerichtet mit der Gitterlinienfunktion

Grundlagen einer gelungenen Bildästhetik

Um die Gitterlinien zu aktivieren, navigieren Sie im Menü **Benutzereinstlg. 1** ✿ zur Option **Gitterlinie** und wählen die Vorgabe **6 × 4 Raster**. Das Bildfeld wird dann in 24 Teilbereiche untergliedert. So können Sie ganz einfach den Horizont gerade halten. Auslaufende Seen und Meere gehören damit ab sofort der Vergangenheit an.

Die elektronische Wasserwaage lässt sich mit der **DISP**-Taste sowohl im Sucher als auch auf dem Monitor einblenden, sofern die Ansichtsoption **Neigung** im Menü **Benutzereinstlg. 2** ✿ bei **Taste DISP** freigeschaltet ist. Diese weist Sie mit orangefarbenen Leuchtstrichen auf eine Schieflage der α6300 hin, wobei sowohl ein Kippen auf der horizontalen Achse ❶ als auch das Nach-vorne- beziehungsweise Nach-hinten-Neigen ❷ registriert wird. Bei einer perfekt ausgerichteten Kamera leuchten alle Markierungen grün ❸.

▲ **Abbildung 9.2**
*Die Einstellung **6 × 4 Raster** eignet sich zur Horizontausrichtung, aber die Linien werden sich nicht immer genau mit der Horizontlinie decken.*

◀ **Abbildung 9.3**
Die elektronische Wasserwaage

> **Schieflage trotz Wasserwaage?**
> Aus eigener Erfahrung empfehlen wir Ihnen, die elektronische Wasserwaage einmal zu überprüfen, beispielsweise mit einer Blitzschuh-Wasserwaage. Es können durchaus Abweichungen um wenige Grade vorkommen, und es gibt aus uns unerfindlichen Gründen leider keine Möglichkeit einer softwaregestützten Kalibrierung.

Die Drittel-Regel und Bilddiagonalen als Gestaltungshilfe

Besonders harmonisch wirken viele Bilder, wenn nicht nur der Horizont oder senkrecht stehende Motivteile gut ausgerichtet sind, sondern auch die wichtigsten Bildelemente der Komposition ein ästhetisch ansprechendes Plätzchen im Bildausschnitt erhalten. Maler orientieren sich bei der Anordnung der zentralen Bildelemente zumeist an den Regeln des sogenannten *Goldenen Schnitts*. Da der Sensor der α6300 jedoch ein etwas anderes Format hat, als es dem Goldenen Schnitt zugrunde liegt, lassen sich die Gestaltungslinien besser mit dem Begriff *Drittel-Regel* beschreiben.

Abbildung 9.4 >
Bildgestaltung getreu der Drittel-Regel: Die Kirche kreuzt einen der Schnittpunkte, das linke Gebäude den anderen und der Metallstab vorne links ist nahe der senkrechten linken Linie angeordnet. Die Gebäude liegen zudem auf der oberen Horizontallinie.

Hierbei werden interessante Punkte des Motivs in etwa auf die »Drittel-Schnittpunkte« des Bildausschnitts gelegt. Das Bild wirkt dadurch ausgeglichen, und die Aufmerksamkeit des Betrachters wird unbewusst genau auf das oder die Hauptelemente gelenkt. Würde das Hauptobjekt einfach nur in der Bildmitte auftauchen, hätte das Auge des Betrachters erstens weniger »Mühe«, es zu finden, und wäre zweitens ziemlich schnell gelangweilt. Auch der Horizont wird der Drittel-Regel nach in etwa auf die Linie des oberen oder des unteren Drittels gelegt. Um die Drittel-Linien auf dem Monitor oder im Sucher der α6300 einzublenden, wählen Sie, wie zuvor gezeigt, im Menü **Gitterlinie** diesmal das **3 × 3 Raster**.

^ Abbildung 9.5
Das 3 × 3 Raster eignet sich für Kompositionen im Stile der Drittel-Regel.

Die α6300 stellt Ihnen zudem noch ein weiteres Linienmuster für die Bildgestaltung zur Verfügung. Dieses **4 × 4 Raster + Diag.** teilt das Bildfeld in 16 Rechtecke ein und verbindet die Schnittpunkte mit zwei Diagonalen, die sich in der Mitte treffen. Damit können Sie Ihre Bilder ebenfalls in etwa nach der Drittel-Regel gestalten, indem Sie das Hauptmotiv entlang einer der beiden

Diagonalen platzieren und es damit für den Betrachter in den Vordergrund holen.

Wie meistens in der Fotografie sind auch die Gestaltungsregeln nicht in Stein gemeißelt. So haben ein mit Absicht schief gelegter Horizont oder eine radiär angeordnete Sonnenblumenblüte mit mittiger Positionierung ebenfalls ihren Reiz. Ausnahmen von den keinesfalls festgezurrten Regeln machen kreative Fotoeffekte ja oftmals erst möglich.

∧ Abbildung 9.6
Bildkomposition per **4 × 4 Raster + Diag.**

Porträts und Gruppen vor der Kamera

Im Urlaub, zu Hause, bei einer Feier oder für Präsentationen in der Firma: Es gibt viele Gelegenheiten, Menschen vor die Linse zu bitten. So unterschiedlich die Situationen sind, so vielseitig sollten Sie auch mit der α6300 darauf reagieren. Das hat aber wenig mit komplizierter Wissenschaft zu tun. Eigentlich bedarf es nur ein paar grundlegender Herangehensweisen, dann steht der gekonnten Peoplefotografie nichts mehr im Weg.

Die richtigen Grundeinstellungen für Porträts und Gruppenbilder

Die abgebildeten Personen stehen bei der Peoplefotografie naturgemäß im Bildmittelpunkt. Das können Einzelpersonen oder ganze Gruppen sein, und dementsprechend wird der Bildausschnitt enger oder weiter zu gestalten sein. Daher müssen zunächst das Objektiv und die Brennweite auf die Situation abgestimmt werden.

Mit Brennweiten im Bereich von 18 bis etwa 70 mm werden Sie kleinere bis größere Gruppen gut in Szene setzen können. Für Einzelporträts sind Brennweiten von 40 bis 200 mm gut geeignet. Bei Veranstaltungen, kann es aber schnell passieren, dass Ihnen die freie Sicht auf das Motiv versperrt wird.

∨ Abbildung 9.7
Im Getümmel eines Straßenfestes lassen sich schöne Porträts mit 40 bis 70 mm Brennweite und einem Blendenwert zwischen f2,8 und f4 einfangen.

[41mm | f4 | 1/500 s | ISO 400]

Daher sind in solchen Fällen auch für Einzelporträts oft die kürzeren Brennweiten von 40 bis 70 mm vorteilhafter. Wenn Sie hingegen nicht nah genug an das Motiv herankommen, eignen sich auch bei Personengruppen Telebrennweiten von 100 bis 200 mm sehr gut. Sie müssen dann gegebenenfalls den Standort häufiger wechseln, um Ihr Motiv optimal in Szene zu setzen. Flexibilität ist also stets gefragt.

Geeignete Porträt- und Teleobjektive

Eine Auswahl empfehlenswerter Objektive für unterschiedliche Porträtsituationen finden Sie in den Abschnitten »Objektive für Porträt und Reportage« ab Seite 170, »Objektive für Makro und Porträt« ab Seite 171 und »Objektive für Sport- und Tieraufnahmen« ab Seite 173.

Um Ihr Motiv möglichst prägnant hervorzuheben, fotografieren Sie am besten im Modus **Blendenpriorität** (**A**). Denn je geringer der Blendenwert und je größer die Brennweite, desto unschärfer sieht der Hintergrund im Bild aus. Gute Kombinationen aus Brennweite und Blende sind beispielsweise f1,2–f2 bei 50 mm, f1,2–f2,8 bei 85 mm oder f2,8–f5,6 bei 100 mm oder mehr. Wenn Gruppen in die Tiefe gestaffelt stehen, werden gegebenenfalls höhere Blendenwerte benötigt, denn es sollen ja alle Personen von vorne bis hinten scharf dargestellt werden. Mit der **Blendenvorschau** der α6300 können Sie die aktuelle Schärfentiefe Ihrer Komposition prüfen (siehe den Abschnitt »Die Schärfentiefe stets im Blick« ab Seite 47).

Abbildung 9.8 >
Höhere Brennweiten können auch bei Gruppen nützlich sein, entweder wie hier, um den Hintergrund sehr unscharf zu gestalten, oder, um die Szene zu verdichten und die Protagonisten optisch enger zusammengerückt darzustellen.

Liegen die Augen bei Kopfporträts relativ zur Kamera nicht auf einer Ebene, ist es für die Bildwirkung meist vorteilhaft, wenn das vordere Auge scharfgestellt wird. Das ist mit der α6300 aber kein Hexenwerk, denn mit dem **Augen-AF** können Sie den Fokus ganz präzise auf das zur α6300 nächstgelegene Auge lenken (siehe den Abschnitt »Mit dem Augen-AF noch gezielter scharfstellen« ab Seite 83). Alternativ können Sie auch flink die Schärfespeicherung verwenden, also zum Beispiel mit Fokusfeld **Mitte** [▫] oder **Flexible Spot** [▫] auf das Auge fokussieren, bei gehaltenem Auslöser den Bildausschnitt einstellen und dann schnell auslösen.

Bildaufbau für Schulterporträts

Sehr beliebt bei Einzelporträts ist das sogenannte *Schulterporträt*, bei dem noch ein Teil des Oberkörpers im Bild zu sehen ist, das Gesicht aber auf jeden Fall das dominierende Element darstellt. Gerade wenn ein solches Porträt im Querformat aufgenommen wird, stellt sich oft die Frage: Wie baue ich das Foto denn am besten auf? Was wirkt harmonisch? Wo kann ich das Bild eventuell beschneiden?

Nun, am besten halten Sie sich an folgende Punkte, wobei es natürlich auch hier keine Regel ohne Ausnahme gibt. Orientieren Sie sich zunächst einmal an der Drittel-Regel. Legen Sie die Augenpartie der Person zum Beispiel ins obere Drittel des Bildes. Hierbei sind die **Gitterlinien** mit dem **3 × 3 Raster** sehr hilfreich (siehe den Abschnitt »Die Drittel-Regel und Bilddiagonalen als Gestaltungshilfe« ab Seite 205).

[100 mm | f2,8 | 1/400 s | ISO 100]

▲ **Abbildung 9.9**
Guter Beschnitt: Die Drittel-Regel wurde angewendet, und die Proportionen stimmen.

Achten Sie darauf, dass das Bild nicht zu dicht über den Augenbrauen endet und die Schnittkante bei Personen mit hoher Stirn nicht direkt am Haaransatz verläuft, sonst wirkt die Stirn wie in die Länge gezogen. Es ist besser, Sie schneiden auf Stirnmitte oder deutlich über dem Haaransatz. Ist die Hand im Bild, schneiden Sie nicht direkt durchs Handgelenk, auch nicht durch den Ellenbogen, lieber darüber oder darunter.

Den Bildausschnitt automatisch bestimmen lassen

Wenn Sie sich einmal nicht ganz sicher sein sollten, welcher Bildausschnitt bei einem Porträt am besten aussieht, dann überlassen Sie die Wahl doch einfach einmal Ihrer α6300. Schalten Sie dazu die **Gesichtserkennung** oder die **Gesichtsregistrierung** ein, und aktivieren Sie zudem die Funktion **Auto. Objektrahm.**, die Sie im Menü **Kameraeinstlg. 7** finden. Sobald die α6300 ein Gesicht erkennt und dieses mit dem Autofokusrahmen für Gesichter markiert, kann sie die automatische Komposition des Bildausschnitts anwenden.

Als Ergebnis erhalten Sie zwei Bilder auf der Speicherkarte, eines mit dem quer- oder hochformatigen Originalbildausschnitt und eines mit der von der α6300 gewählten Bildkomposition im Hochformat. Allerdings können Sie den **Auto. Objektrahm.** nur einsetzen, wenn Sie mit JPEG-Qualitäten fotografieren. Außerdem besitzt der automatisch erstellte Ausschnitt die gleiche Pixelauflösung wie das Original. Das bedeutet, dass kameraintern Pixel hinzugerechnet werden (Interpolation), um den Ausschnitt auf die Pixelzahl des Originals zu bringen. Schärfe und Bildqualität sind daher nicht vergleichbar gut wie bei dem nicht beschnittenen Bild. Um keine Qualitätseinbußen zu riskieren, fertigen Sie bei wichtigen Porträtaufnahmen lieber auch noch ein eigenständiges Bild im Hochformat an, als dies der Software zu überlassen.

[50 mm | f5,6 | 1/160 s | ISO 3200]

▲ Abbildung 9.10 ▶
Die automatische Objektrahmenfunktion hat einen engen Bildausschnitt gewählt, aber das mit einer ästhetisch guten Positionierung.

Was tun bei starkem Sonnenschein?

Da man sich das natürliche Licht in der Regel nicht aussuchen kann, wird es häufig Situationen geben, in denen Sie im prallen Sonnenschein fotografieren müssen. Hierbei empfehlen sich folgende Vorgehensweisen:

- Suchen Sie sich für Ihr Modell ein schattiges Plätzchen aus, unter einem Baum, einem Dachvorsprung oder Ähnlichem. Positionieren Sie die Person so, dass sie nicht direkt ins grelle Licht schauen muss, da sie sonst die Augen eng zusammenkneifen wird. Erzeugen Sie vielmehr eine Gegenlichtsituation.

▲ Abbildung 9.11
Ein Diffusor (Sun Swatter Mini) als Schattenspender und ein Reflektor zur Aufhellung (Sun-Bouncer Mini): einfach, aber äußerst effektvoll (Bild: California Sunbounce)

- Ist kein Schatten zu finden, erzeugen Sie mit Hilfe eines Diffusors selbst Schatten. Passende Diffusoren am Galgen oder am Lampenstativ gibt es beispielsweise von California Sunbounce.
- Hellen Sie das Gesicht mit Blitzlicht auf. Das Zusatzlicht mindert nicht nur die Schatten, sondern zaubert obendrein schöne Lichtreflexe in die Augen. Diese sogenannten *Spitzlichter* lassen den Blick sehr lebendig erscheinen.
- Statt des Blitzlichts können Sie auch Handreflektoren einsetzen, um das Sonnenlicht auf das Gesicht umzulenken. Besonders schönes Licht erzeugen hierbei Reflektoren mit Sunlight- beziehungsweise Sunflame-Beschichtung.

Abbildung 9.12 ❯

Mit dem Omega Reflektor von Westcott ist es möglich, mit einem entfesselten Blitz hinter dem Model dessen Konturen aufzuhellen und gleichzeitig das Gesicht von vorne mit reflektiertem Blitzlicht anzuleuchten. Fotografiert wird durch die Öffnung.

Hautweichzeichnung mit dem Soft Skin-Effekt

Porträtierten Personen schmeichelt es oftmals, wenn die Haut ein wenig weichgezeichnet wird. Sie wirkt dann ebenmäßiger, ist weniger kontrastiert, und kleine Fältchen verschwinden. Genau da setzt der **Soft Skin-Effekt** der α6300 an, der die Haut glättet, dabei aber die Augen und den Mund ausspart. Grundvoraussetzung für die Hautweichzeichnung ist eine erfolgreiche Gesichtserkennung. Daher schalten Sie auf jeden Fall die **Gesichtserkennung** oder die **Gesichtserkennung (registr. Ges.)** ein. Deaktivieren Sie zudem die Reihenaufnahme, und verwenden Sie eine andere Bildqualität als **RAW**. Für die Weichzeichnung stehen drei Stärken zur Auswahl (**Niedrig**, **Mittel** und **Hoch**), die Sie über das Menü **Kameraeinstlg. 7** unter **Soft Skin-Effekt** einstellen können.

▲ Abbildung 9.13
Aktivieren der Hautweichzeichnung mit dem **Soft Skin-Effekt** *in der Stärke* **Hoch**

Achten Sie darauf, dass die Weichzeichnung nicht zu intensiv ausfällt, sonst sieht die Haut maskenartig aus. Dies hängt einerseits vom Alter Ihrer Protagonisten ab und andererseits von der Lichtqualität. Ein wenig Ausprobieren ist hier gefragt.

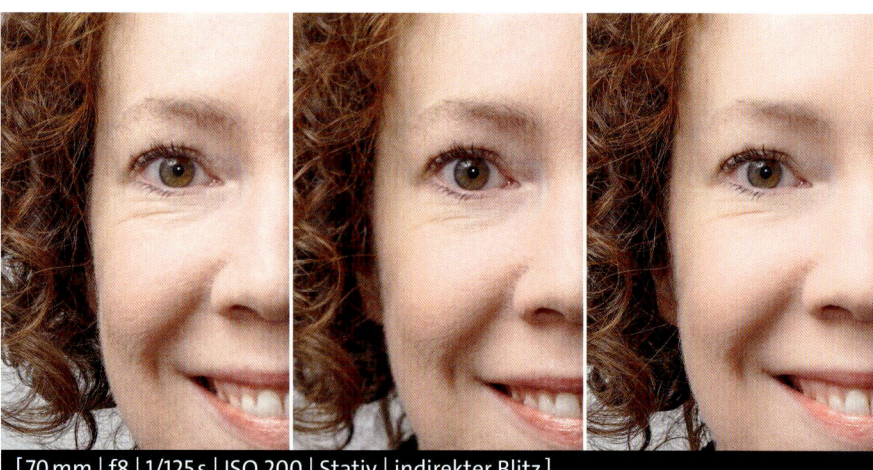

Abbildung 9.14 ▸
Soft Skin-Effekt: Aus (links), **Niedrig** *(Mitte) und* **Hoch** *(rechts)*

[70 mm | f8 | 1/125 s | ISO 200 | Stativ | indirekter Blitz]

Keine Weichzeichnung möglich
Übrigens, der **Soft Skin-Effekt** ist bei Serienaufnahmen und mit der Bildqualität RAW nicht verwendbar. Doch besonders bei RAW-Dateien können Sie diesen Effekt nachträglich am Computer leicht auf Ihre Bilder anwenden.

Unterwegs in Stadt und Land

Urlaubsreisen, kleinere Tagesausflüge oder einfach nur die Großstadt vor der Tür – überall stoßen wir auf interessante Gebäude und spannende Landschaften, die uns dazu verleiten, die Kamera zu zücken und das Gesehene in Bildern festzuhalten. Gehen Sie mit der α6300 kreativ »on tour«!

< **Abbildung 9.15**
Motivspiegelung auf der glatten Metalloberfläche, hier treffen Porträt-, Natur- und Architekturfotografie in einem Bild zusammen.

[31 mm | f11 | 1/125 s | ISO 100]

Stürzende Linien vermeiden

Bei dem Einsatz von Weitwinkelbrennweiten ist bei Architekturaufnahmen, die meist klare geometrische Formen und gerade Linien besitzen, ein wenig Vorsicht geboten. Denn wenn das Weitwinkelobjektiv aus der horizontalen Betrachtungsebene nach oben oder unten gekippt wird, erscheinen eigentlich gerade Linien im Bild unnatürlich gekippt. So streben die Linien auseinander, wenn die Kamera nach unten geneigt wird, beim Kippen nach oben laufen sie dagegen aufeinander zu. Diese stürzenden Linien gilt es immer dann zu vermeiden, wenn es darum geht, Abbildungen mit korrekten Proportionen zu erstellen.

Der Trick besteht darin, das Motiv aus einer größeren Entfernung und eventuell auch von einem erhöhten Standort aus zu fotografieren. Wenn Sie die beiden Aufnahmen des Leuchtturms aus Abbildung 9.16 miteinander vergleichen, fallen die Unterschiede sofort ins Auge. Das erste Bild ist verzerrt worden, weil es von einer Position dicht vor dem Leuchtturm aufgenommen wurde. Die größere Entfernung beim zweiten Bild konnte die stürzenden Linien eliminieren. Allerdings können sehr stark stürzende Linien einer Aufnahme auch einen besonderen Charakter verleihen. Wir halten es meist so: Wenn sich die stürzenden Linien nicht vermeiden lassen, gestalten wir das Bild so, dass die Verzerrung sehr stark ist, und nehmen dies als Gestaltungselement.

Da es nicht immer möglich ist, architektonisch interessante Motive aus größerer Distanz auf den Sensor der α6300 zu bannen oder gar vom zweiten Stock eines gegenüberliegenden Hauses aus zu fotografieren, muss man in der Realität zu einem gewissen Teil mit den stürzenden Linien auskommen. Das ist aber nicht weiter schlimm, denn es ist sogar ratsam, die Linien nicht im exakten rechten Winkel abzubilden, denn unser Auge ist an den leicht gewinkelten Verlauf der geraden Linien gewohnt, da auch wir die Gebäude stets mit mehr oder weniger stark stürzenden Linien betrachten.

Abbildung 9.16 >
Links: Wird das Weitwinkelobjektiv aus der horizontalen Ebene nach oben gekippt, stürzen die eigentlich senkrechten Linien optisch aufeinander zu. Rechts: Bei größerer Entfernung lässt sich die α6300 nahezu parallel zur Gebäudefront aufstellen, so dass die stürzenden Linien minimiert werden.

Software gegen stürzende Linien

Mit einer digitalen Perspektivkorrekturfunktion, die von vielen RAW-Konvertern und Bildbearbeitungsprogrammen wie zum Beispiel *Adobe Lightroom*, *Capture One Pro*, *GIMP* oder dem speziell darauf ausgerichteten *DxO ViewPoint* angeboten wird, können Sie die stürzenden Linien auch nachträglich aus Ihren Bildern entfernen. In jedem Fall ist es vorteilhaft, beim Fotografieren um das gewünschte Motiv herum genügend Platz zu lassen. Dann können die überzähligen Bildränder, die nach der Entzerrung auftreten, ohne den Verlust wichtiger Motivbereiche abgeschnitten werden.

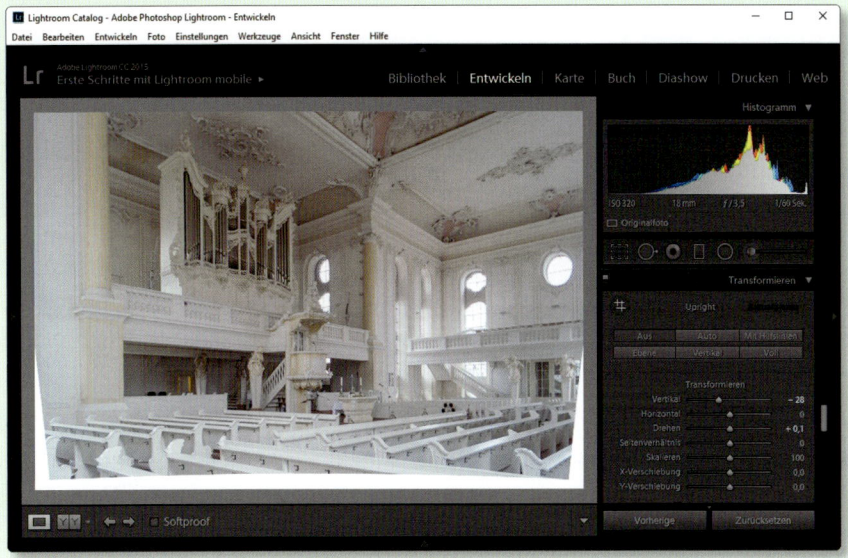

ᴧ Abbildung 9.17
Mit Adobe Lightroom können perspektivische Korrekturen automatisch oder anhand verschiedener Regler individuell auf das Motiv abgestimmt werden.

Grauverlaufsfilter

Bei weitläufigen Ansichten von Landschaften in Stadt und Natur kommt es häufig vor, dass der Himmel viel heller ist als der Bodenbereich. Daher ist es nicht immer so leicht, beide Bereiche gut durchzeichnet wiederzugeben. Wird auf den Boden belichtet, wird der Himmel zu hell, sieht der Himmel gut belichtet aus, versinkt der Bodenbereich im Dunkeln. Gut, dass es spezielle Grauverlaufsfilter gibt.

Durch den geänderten Helligkeitsverlauf erhöht sich die optische Bildtiefe, und meist wirken die Fotos auch etwas wilder oder dramatischer. Wenn Sie sich die beiden Landschaftsaufnahmen in Abbildung 9.18 einmal ansehen, ist der Unterschied gut zu erkennen.

ᴀ Abbildung 9.18
Links: Ohne Grauverlaufsfilter ist der Bodenbereich zwar gut belichtet, der Himmel wirkt indes etwas hell und blass. Rechts: Der Grauverlaufsfilter (ND Grad 0.9 von Formatt Hitech) dunkelt nur den Himmel ab und erhöht damit auch die Tiefenwirkung des Bildes.

Am besten in der Praxis bewährt haben sich 10 × 15 cm große Steckfilter, dünne Platten aus Glas oder Plastik. Der Filterverlauf kann hier perfekt an das Motiv angepasst werden, indem der Steckfilter mal mehr, mal weniger tief ins Bild gezogen wird oder auch schräg gehalten werden kann.

Der teilabdunkelnde Effekt eines Grauverlaufsfilters könnte natürlich auch bequem per Software nachgestellt werden. Unserer Erfahrung nach macht es vom Bildresultat her optisch aber doch noch einen Unterschied, ob die Abdunkelung des Himmels softwaregestützt oder mit einem »richtigen« Filter durchgeführt wird.

< Abbildung 9.19
Links: Grauverlaufsfilter mit weicher Übergangskante für nicht lineare Horizonte (Neutral Density Grad Soft Edge 0.9 von Formatt Hitech). Rechts: Für Sonnenauf- und -untergänge gibt es die speziellen Reverse Graduate Filter (Neutral Density Reverse Grad 0.9 von Formatt Hitech).

Fotografieren mit Grauverlaufsfiltern
SCHRITT FÜR SCHRITT

1 Aufnahmemodus wählen
Stellen Sie beispielsweise den Modus **Blendenpriorität** (**A**) ein. Aufnahmen mit den anderen Aufnahmemodi der α6300 sind aber genauso möglich, beispielsweise auch im **SCN**-Modus **Landschaft** ▲▲. Am besten befestigen Sie die α6300 zudem auf einem Stativ. Richten Sie die Bildhelligkeit nun so ein, dass Ihnen die Bodenhelligkeit zusagt.

2 Die Belichtung zwischenspeichern
Stellen Sie den **AF/MF/AEL**-Hebel auf **AEL**. Drücken Sie dann die **AEL**-Taste, und halten Sie diese gedrückt, um die Belichtung zu speichern. Es erscheint ein Sternsymbol ✱ unten rechts im Monitor beziehungsweise im Sucher. Wenn Sie das Halten der Taste umständlich finden, belegen Sie im Menü **Benutzereinstlg. 7** ✿ > **Benutzer-Key(Aufn.)** die **Funkt. d. AEL-Taste** mit der Einstellung **AEL Umschalten**. Dann bleiben die Belichtungswerte nach dem Drücken der **AEL**-Taste gespeichert, bis Sie die Taste erneut drücken.

3 Den Grauverlaufsfilter positionieren
Ziehen Sie den Grauverlaufsfilter langsam von oben nach unten ins Bild, und beobachten Sie die Änderung des Helligkeitsverlaufs auf dem Monitor oder im Sucher. Achten Sie darauf, dass der Filter dicht am Objektiv anliegt, damit keine versehentlichen Reflexionen entstehen. Sobald Ihnen die Belichtung gefällt, lösen Sie aus.

Filterhalter

Mit einem Filterhalter, in den zwei oder drei rechteckige Filter eingeschoben werden können, lassen sich mehrere Fotos mit exakt der gleichen Filterposition anfertigen und die Gefahr von Fingerabdrücken und Kratzern auf den Filtern sinkt. Solche Filterhalter gibt es zum Beispiel von Hitech, Cokin oder Lee Filters. Bei Weitwinkelobjektiven ist es sinnvoll, den Filterhalter so umzubauen, dass nur ein Filter eingesetzt werden kann, damit der Rahmen das Bild nicht abschattet.

Den Mond im Visier

Unser Erdtrabant, der Mond, vermag es, Landschafts- oder Städteaufnahmen als gestaltendes Element aufzupeppen oder selbst als Hauptobjekt groß im Bild zu wirken. Oft gehen wir einen Tag vor dem Vollmond auf die Jagd nach Luna. Der Mond geht dann kurz vor dem Sonnenuntergang auf und erscheint groß und gelb beleuchtet am Dämmerungshimmel, wenngleich noch nicht zu 100 Prozent rund. Die Kontraste sind dadurch nicht so hoch, und man kann sowohl den Vordergrund als auch den Mond gut belichten.

▲ **Abbildung 9.20**
Die beiden Ausgangsbilder für das Fusionsergebnis in Abbildung 9.22, einmal fokussiert auf den Birkenstamm (links) und einmal auf den Mond (rechts)

Um sowohl den Mond als auch die Objekte im Vordergrund scharf abzubilden, fotografieren Sie mit Brennweiten bis etwa 50 mm und Blende f8–f11, einstellbar im Modus **Blendenpriorität** (**A**) oder **Manuelle Belichtung** (**M**) der α6300. Dann wird der Mond aber ziemlich klein abgebildet. Mit Telebrennweiten ab 200 mm erscheint er schon angenehm groß im Bild, aber es wird schwieriger, auch den Vordergrund scharf zu bekommen, vor allem wenn dieser relativ dicht vor der α6300 angeordnet ist. Möglich ist es dann, zwei Bilder mit unterschiedlichem Fokus aufzunehmen und diese nachträglich zu fusionieren, wie wir es bei dem in Abbildung 9.22 gezeigten Bild getan haben. In dem Fall können Sie auch mit niedrigeren Blendenwerten und entsprechend kürzeren Belichtungszeiten fotografieren. Erscheint der Mond bei 500 mm Brennweite fast formatfüllend im Bild, wird er selbstverständlich exakt scharfgestellt, was mit dem **Manuellfokus** am besten funktioniert.

Um genügend Spielraum für die nachträgliche Kontrastkorrektur zu haben, verwenden Sie am besten das RAW-Format und fotografieren mit ISO 100–400. Die Belichtungszeit sollte bei weitwinkligen Aufnahmen nicht länger als 0,5 s sein und bei Teleaufnahmen nicht länger als 1/15 s, damit die Mondbewegung nicht zu Unschärfe im Bild führt.

Passen Sie die Helligkeit der Aufnahme schließlich mit einer Belichtungskorrektur (Modus **A**) oder durch Ändern der Belichtungszeit (Modus **M**) so an, dass der Mond zwar sehr hell aussieht, aber nicht zu sehr überstrahlt. Die Lichter sollten sich in der RAW-Bearbeitung zurückfahren lassen, sonst werden die Oberflächenstrukturen nicht mehr sichtbar, und es wäre doch schade, wenn man Mare Humorum, Krater Tycho und Co. nicht erkennen könnte. Das Histogramm unserer Aufnahmen sehen Sie oben. Für Fokusverschiebungen oder Aufnahmen mit längeren Belichtungszeiten ist es zudem sinnvoll, vom Stativ aus mit einer Fernsteuerung oder dem Bildfolgemodus **Selbstauslöser: 2 Sek.** ☉₂ zu fotografieren. Also dann, auf zu Luna!

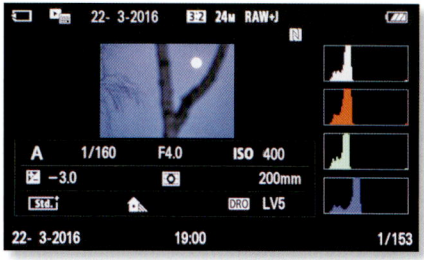

∧ Abbildung 9.21
Die Belichtung wurde so eingerichtet, dass das Histogramm links nicht beschnitten wird (Unterbelichtung) und der helle Mond nicht zu stark überstrahlt.

∨ Abbildung 9.22
Einen Tag vor dem eigentlichen Vollmond zeigt sich der Erdtrabant groß und von der untergehenden Sonne kräftig gelb gefärbt. Hier haben wir zwei Aufnahmen miteinander fusioniert, um sowohl den Birkenstamm als auch den Mond scharf darzustellen.

Nah- und Makrofotografie

Kleines ganz groß abzubilden ist eine sehr reizvolle fotografische Betätigung. Die faszinierenden Facettenaugen einer Libelle oder die Schuppenstruktur von Schmetterlingsflügeln sind mit bloßem Auge oft nicht so genau zu erkennen. So werden wir von guten Makroaufnahmen immer wieder von Neuem überrascht.

Abbildung 9.23 ▶
Flügel und Körper eines Himmelsfalters im Detail, mit dem Systemblitz Metz Mecablitz 44 AF-1 für Sony und daran befestigter Softbox III von LumiQuest besonders zum Schillern gebracht

Die α6300 für Makroaufnahmen vorbereiten

In der Nah- und Makrofotografie werden die Objekte möglichst stark vergrößert. Dazu gehen Sie mit der α6300 so nah wie möglich an das Motiv heran. Verwenden Sie hierzu etwa die Teleeinstellung des Kit-Objektivs, und sorgen Sie mit vergrößernden Nahvorsatzlinsen oder Zwischenringen für eine stärkere Vergrößerung, oder setzen Sie im Idealfall ein Makroobjektiv ein (siehe auch den Abschnitt »Objektive für Makro und Porträt« ab Seite 171).

Die am Objektiv vermerkte *Naheinstellgrenze* gibt Ihnen vor, wie gering der Abstand zwischen der Sensorebene (siehe die **Bildsensor-Positionsmarke** ⊖ oben links auf dem Kameragehäuse) und dem Objekt sein darf, um noch scharfstellen zu können. Mit Nahvorsatzlinsen oder Zwischenringen verringert sich dieser Abstand mit zunehmender Dioptrienstärke oder Tubuslänge.

Die kurzen Motivabstände bewirken in der Regel aber, dass sich die Belichtungszeit verlängert. Daher wird des Öfteren ein Stativ benötigt, oder der Lichtverlust muss mit höheren ISO-Werten oder Blitzlicht kompensiert werden, um Verwacklungen zu vermeiden. Hinzu kommt, dass die Schärfentiefe im Nah- und Makrobereich sehr begrenzt ist. Aus diesem Grund ist es von Vorteil, den Blendenwert individuell zu steuern. Die bevorzugten Belichtungsprogramme für die Makrofotografie sind daher die **Blendenpriorität** (**A**) oder die **Manuelle Belichtung** (**M**). Alternativ können Sie natürlich auch im **SCN**-Programm Makro 🌷 fotografieren, auf die Gestaltung der Schärfentiefe und die Lage des Fokusfelds haben Sie dann aber keinen Einfluss mehr.

▲ Abbildung 9.24
Mit dem Vorsatzachromat Marumi DHG Achromat +5 verringert sich die Naheinstellgrenze des E PZ 16–50 mm F3,5–5,6 OSS bei 50 mm von 30 auf 18,5 cm, so dass Objekte etwa doppelt so groß abgebildet werden können.

Die Rolle des Abbildungsmaßstabs

Nach allgemeinem Gusto kann eigentlich erst dann von Makrofotografie gesprochen werden, wenn das Fotomotiv in seiner realen Größe oder noch größer dargestellt wird. Die reale Größe entspricht hierbei dem Abbildungsmaßstab 1:1. Bei dieser Vergrößerung wird das Motiv auf dem Sensor genauso groß abgebildet, wie es in der Realität ist, quasi so, als würden Sie den Sensor daraufkleben und einen Abdruck vom Motiv nehmen. Mit einem speziellen Makroobjektiv lässt sich der Abbildungsmaßstab 1:1 ohne Probleme erreichen.

Bei einem Abbildungsmaßstab von 2:1 wird das Objekt doppelt so groß abgebildet und bei 1:2 nur halb so groß. Achten Sie daher bei Objektiven, die die Bezeichnung *Makro* tragen, auf die Angaben zum Abbildungsmaßstab. Steht dort beispielsweise 1:3,9, handelt es sich nicht wirklich um ein Makroobjektiv.

◂ Abbildung 9.25
Wird das Motiv in seiner realen Größe auf dem Sensor abgebildet, liegt der Abbildungsmaßstab 1:1 vor.

Manueller Fokus bevorzugt

Die starke Vergrößerung bringt es in der Makrofotografie mit sich, dass die automatische Fokussierung nicht immer zum besten Ergebnis führt. Denn häufig ist der Bildbereich, der die Hauptschärfe bekommen soll, recht dunkel oder wenig strukturiert. Daher kommt der **Manuellfokus** (**MF**) in der Praxis des Öfteren zum Zuge.

Bei uns läuft das dann beispielsweise so ab: Wenn wir möglichst nah ans Motiv heranwollen, fokussieren wir manuell auf die Nähe. Dann bewegen wir uns mitsamt der Kamera vorsichtig auf die Blüte, ein Insekt oder ein anderes Motiv zu und lösen aus, sobald die Schärfe im Sucher gut aussieht.

Wichtig ist, dass die Hauptschärfe bei Tieren auf den Augen liegt, denn darüber läuft der größte Teil der Kommunikation zwischen Bild und Betrachter ab. Es folgen dann noch ein paar weitere Aufnahmen zur Sicherheit, bei denen wir die Schärfe über den Fokussierring nachjustieren, dann ist das Motiv im Kasten.

Abbildung 9.26 >
Mit dem Manuellfokus konnten wir die Schärfeebene genau auf das obere Blütenblatt des Wiesensalbeis legen.

[90 mm | f4,5 | 1/320 s | ISO 200]

Makroaufnahmen aus der freien Hand

Wenn Sie Ihre Makromotive hauptsächlich aus der Hand fotografieren möchten, was sich bei Insekten oder anderen bewegten Objekten natürlich anbietet, ist es häufig sinnvoll, mit Blitzlicht zu fotografieren. In solchen Situationen wird eine hohe Schärfentiefe (Blende f11–f22) in Kombination mit einer kurzen Belichtungszeit benötigt. Ohne Blitzlicht müsste der ISO-Wert für eine adäquate Bildhelligkeit so stark erhöht werden, dass die in der Makrofotografie so wichtige Detailschärfe merklich nachließe. Also befestigen Sie am besten einen Systemblitz an Ihrer α6300 und statten diesen mit einer guten Softbox aus.

Stellen Sie zudem die **Manuelle Belichtung** (**M**) ein, und legen Sie die Belichtungszeit auf etwa 1/100 s fest. Für schöne Freisteller wählen Sie anschließend geringe Blendenwerte bis f5,6, und für eine hohe Schärfentiefe stellen Sie die Blende auf f11–f16. Regulieren Sie die Helligkeit des Hintergrunds schließlich über die Lichtempfindlichkeit des Sensors im Bereich von ISO 100 bis 1600. Niedrige ISO-Werte eignen sich für plane Motive wie Schmetterlingsflügel, während höhere ISO-Werte sinnvoll sind, um den Hintergrund außerhalb der Blitzreichweite auch noch hell darzustellen.

∧ Abbildung 9.27
LumiQuest Softbox III, ein empfehlenswerter Lichtformer für Systemblitzgeräte, der bei Makroaufnahmen sehr weiches, gleichmäßiges Licht liefert

Fokusvergrößerung ausschalten

Beim Fotografieren von Makromotiven aus der Hand schalten wir im Menü **Benutzereinstlg. 1** ✿ die  MF-Unterstützung aus, denn mit dem hochauflösenden elektronischen Sucher der α6300 lässt sich die Schärfe auch bei Betrachtung der gesamten Bildfläche gut beurteilen. Mit der automatischen Fokusvergrößerung würden wir zu schnell die Orientierung im Bildausschnitt verlieren.

[90 mm | f8 | 1/80 s | ISO 400]

< Abbildung 9.28
Aus der Hand konnten wir die nur etwa 1,5 cm große Wespe mit hoher Schärfentiefe und, dank Systemblitz und Softbox, optimal beleuchtet in Szene setzen.

Feuerwerk fotografieren
EXKURS

Die bunten Lichtspuren von Feuerwerk effektvoll mit der α6300 einzufangen ist mit der individuellen Belichtungsdauer im Modus **BULB** ein Leichtes, denn die α6300 belichtet das Bild so lange, wie Sie den Auslöser herunterdrücken – günstige Belichtungszeiten bei Feuerwerk bewegen sich im Bereich von 1 bis 10 s.

Fixieren Sie die α6300 dazu auf einem Stativ, und richten Sie das Objektiv schon einmal grob auf die Szene aus. Stellen Sie anschließend die Belichtungszeit im Modus **Manuelle Belichtung** (**M**) auf **BULB** ❶ ein, das ist eine Stufe unterhalb von 30 s im Bildfolgemodus **Einzelbild** ☐ ❸. Wählen Sie zudem ISO 100 ❺, wenn es noch dämmert, oder ISO 200–800 bei sehr dunklem Himmel. Richten Sie nun den Blendenwert an den vorhandenen Bedingungen aus. Mit Werten von f3,5 bis f8 ❷ können kürzere Zeiten genutzt werden. Das ist praktisch bei starkem Wind, damit die Feuerwerksfontänen und vor allem der Rauch im Bild nicht so stark verwischen. Wenn viele helle Raketen hochgehen, sind Blendenwerte von f11 bis f22 besser, damit sich keine allzu heftigen Überstrahlungen an den Stellen der Zündfeuer im Bild breitmachen.

Damit während der Belichtung nichts verwackelt, fixieren Sie die α6300 auf einem Stativ und lösen mit einer Fernbedienung aus (zum Beispiel die *RMT-DSLR2* von Sony oder ein vergleichbares Modell). Wenn nun die erste Rakete hochgeht, bestimmen Sie den Bildausschnitt und fokussieren auf die Raketenlichter. Schalten Sie danach den Fokusmodus auf **Manuellfokus** (**MF**) ❹ um. Sobald die nächsten Raketen zünden, brauchen Sie nur noch per Fernsteuerung auszulösen, die gewünschte Zeit abzuwarten und die Belichtung durch erneutes Drücken des Fernsteuerungsknopfes wieder zu beenden. So können Sie ganz individuell regeln, wie viele Raketenschweife ins Bild gelangen.

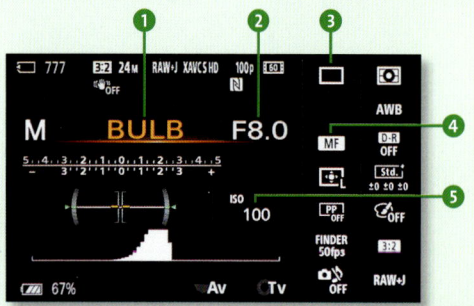

Abbildung 9.29
Geeignete Basiseinstellungen für die Feuerwerksfotografie

> **Zügiges Fotografieren**
>
> Schalten Sie die Funktion **Langzeit-RM** im Menü **Kameraeinstlg. 6** 📷 aus. Sonst dauert es zu lange, bis die nächste Belichtung gestartet werden kann.

EXKURS

[35 mm | f18 | 8 s | ISO 100]

< Abbildung 9.30
Mit der **BULB**-Belichtung und einer Fernbedienung können Sie solange warten, bis sich die Raketen entfaltet haben, und die Belichtung dann stoppen.

Kapitel 10
Fototipps für Fortgeschrittene

Hohe Kontraste? Dank DRO kein Problem!	228
Kontrastmanagement mittels HDR	231
Beeindruckende Panoramen erstellen	235
Tipps für tolle Actionfotos	239
EXKURS: Bildvergrößerung mit dem Digitalzoom	246

Hohe Kontraste? Dank DRO kein Problem!

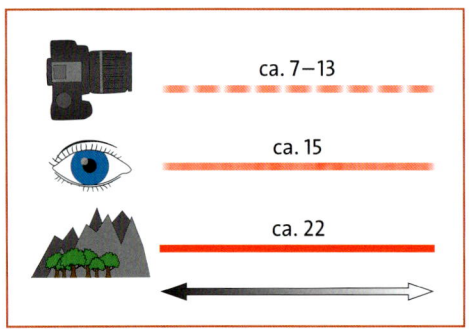

▲ Abbildung 10.1
Vergleich des Dynamikumfangs Kamera – Auge – Natur

Unsere Augen sind in der Lage, ein sehr großes Spektrum an hellen und dunklen Farben auf einmal wahrzunehmen. Daher können wir kontrastreiche Situationen wie eine Person im Gegenlicht oder Ähnliches ohne Fehlbelichtung wahrnehmen. Es erscheint uns natürlich, alles sieht durchzeichnet aus. Der Sensor der α6300 ist in dieser Hinsicht etwas weniger dynamisch veranlagt. So kommt es häufig vor, dass ein kontrastreiches Motiv als Foto deutlich von der eigenen Wahrnehmung abweicht. Meist macht sich dies in zu hellen oder stark unterbelichteten Bildpartien bemerkbar. Doch es gibt ein paar Praxistipps, mit denen selbst hoch kontrastierte Motive ausgewogen auf dem Kamerasensor landen.

Dynamikumfang der α6300

Der *Dynamikumfang* beschreibt, wie gut das Aufnahmemedium alle vorhandenen Helligkeitsstufen eines Motivs auch tatsächlich wiedergeben kann. Angegeben wird der Dynamikumfang in der Fotografie in Blendenstufen. Unsere natürliche Umgebung hat in etwa einen Dynamikumfang von 22 Blendenstufen. Davon kann unser Auge etwa 14 bis 15 Stufen erfassen. Der Sensor der α6300 bewältigt etwa sieben (≥ ISO 25 600) bis 13 Stufen (ISO 100). Die eingeschränkte Dynamik macht sich vor allem bei höheren ISO-Werten bemerkbar.

Kontraste verbessern mit der Dynamikbereichoptimierung DRO

Da die Belichtung der α6300 in erster Linie darauf abzielt, keine Überstrahlungen in den hellsten Bildstellen zu erzeugen, werden stark kontrastierte Motive häufig eher zu dunkel aufgenommen, mit dem Ergebnis einer entsprechend unausgeglichenen Bildwirkung. Genau an dieser Stelle setzt die *Dynamikbereichoptimierung DRO* (= *Dynamic Range Optimizer*) an. Diese analysiert den Kontrast und sorgt für eine ausgewogenere Durchzeichnung, indem vor allem die Schatten aufgehellt, ein wenig aber auch die Lichter abgeschwächt werden. Vergleichen Sie dazu einmal die beiden Holzgesichter. Mit aktivierter Funktion konnten wir mehr strukturierte Details aus den schattigen Partien herauskitzeln.

Hohe Kontraste? Dank DRO kein Problem!

[135 mm | f5,6 | 1/500 s | ISO 100]

[135 mm | f5,6 | 1/500 s | ISO 100]

< Abbildung 10.2
*Links: Mit der Dynamikbereichoptimierung (Stärke **Lv5**) sind die Schatten besser durchzeichnet. Rechts: Ohne Dynamikbereichoptimierung wirkt das Motiv aufgrund der harten Kontraste unausgeglichen.*

Die **DRO**-Funktion wirkt sich auf JPEG-Bilder unwiderruflich aus. Bei RAW-Bildern werden die DRO-Einstellungen hingegen verlustfrei mitgespeichert, so dass Sie sie im *Image Data Converter* von Sony einfach übernehmen oder bei Bedarf auch noch abändern können.

Um die Dynamikbereichoptimierung motivbezogen einzusetzen, fotografieren Sie in den Modi **P**, **A**, **S** oder **M** und schalten die **Bildeffekte** und die **Multiframe-Rauschminderung** aus. Rufen Sie den Eintrag **DRO/Auto HDR** entweder im **Quick Navi**-Menü auf. Mit dem Einstellrad wählen Sie anschließend die Vorgabe **DRO** ❶ aus und mit dem Drehregler die Stärke des Effekts. Hierbei können Sie entweder die **DRO-Automatik** oder eine von fünf Effektstärken **Lv1** bis **Lv5** ❷ aktivieren. Alternativ finden Sie die Funktion auch im Menü **Kameraeinstlg. 5** > DRO/Auto HDR.

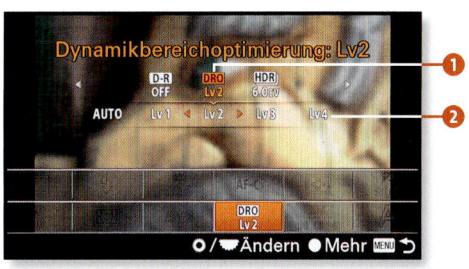

< Abbildung 10.3
*Einstellen der **DRO-Automatik** oder einer der fünf Intensitätsstufen*

Nehmen Sie das Bild anschließend wie gewohnt auf. Schauen Sie sich danach aber die Schattenbereiche in der vergrößerten Wiedergabe genau an. Ist deutliches Bildrauschen zu erkennen, stellen Sie eine schwächere

DRO-Stufe ein. Wunder kann die Funktion überdies nicht vollbringen. Hoffnungslos überstrahlte oder extrem unterbelichtete Bildflächen können nicht gerettet werden, die Grundbelichtung muss also gut gewählt sein. Am besten stellen Sie die Bildhelligkeit so ein, dass es gerade eben nicht zu Überstrahlungen kommt. Um sich hier langsam den richtigen Belichtungswerten anzunähern, können Sie die Bildanzeige mit dem **Histogramm** nutzen oder die **Zebra**-Funktion verwenden und die Helligkeit mit einer **Belichtungskorrektur** anpassen. Je heller das gesamte Bild, desto weniger stark muss die DRO-Funktion eingreifen, das schont die Bildqualität.

> **ISO-abhängige DRO-Wahl**
>
> Bei höheren ISO-Werten steigt die Gefahr von Bildrauschen stark an. Daher ist es sinnvoll, bei ISO-Werten von 800 und höher entweder die **DRO-Automatik** zu verwenden oder die Funktion auszuschalten. Auch können Sie eine an den ISO-Wert angepasste **DRO**-Stufe wählen, etwa: **Lv1** bis ISO 3200, **Lv2** bis ISO 1600, **Lv3** und **Lv4** bis ISO 800 und **Lv5** bis ISO 400.

Kontraste mit der automatischen DRO-Reihe managen

Sollten Sie sich einmal nicht ganz sicher sein, welche **DRO**-Stärke für Ihr Bild gerade die beste ist, dann nehmen Sie einfach eine automatische Belichtungsreihe auf, bei der die α6300 von selbst drei unterschiedliche Dynamikbereichoptimierungen durchführt. Anschließend können Sie sich daraus das beste Bild aussuchen und die anderen verwerfen. Die **DRO-Reihe** lässt sich flink über die Taste für den **Bildfolgemodus** aufrufen. Wählen Sie darin eine der beiden Stärken, **Hi** oder **Lo**, und nehmen Sie Ihr Motiv auf. Da die Dynamikbereichoptimierung durch kamerainterne Bildbearbeitung stattfindet, zeichnet die α6300 in dem Fall nur ein Bild auf. Dieses wird anschließend mit drei in ihrer Stärke aufsteigenden **DRO**-Stufen verarbeitet, so dass Sie am Ende drei Bilder auf der Speicherkarte finden werden. Die Effekte fallen allerdings meist weniger stark aus als bei den manuell wählbaren **DRO**-Stufen **Lv3** bis **Lv5**.

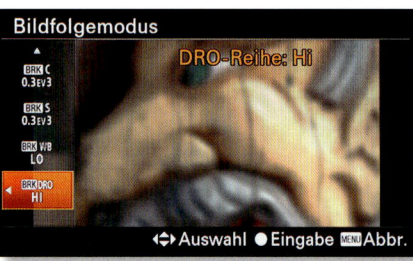

Abbildung 10.4 >
Aktivieren der DRO-Reihe

Kontrastmanagement mittels HDR

In diesem Abschnitt wird dem hohen Dynamikumfang mit der sogenannten *HDR*-Technik ein Schnippchen geschlagen. Erstellen Sie aus mehreren Einzelfotos ein Bild mit einer beeindruckenden Durchzeichnung, ein sogenanntes *HDR-Bild* oder *HDR-Image (HDRI)*.

◀ **Abbildung 10.5**
HDR-Darstellung auf Basis dreier Ausgangsbilder mit Belichtungszeiten von 1/160 s, 1/40 s und 1/10 s

Besonders eignen sich hierfür Motive, bei denen hohe Kontrastunterschiede zwischen den sehr hellen Bildbereichen – den *Lichtern* – und den sehr dunklen Bildbereichen – den *Tiefen* – auftreten, wie zum Beispiel Landschaften oder Architekturmotive bei Gegenlicht, Sonnenauf- und -untergänge, Bilder zur Blauen Stunde oder Nachtaufnahmen und Innenaufnahmen mit hellen Fenstern oder hellen Lampen im Bild. Weniger gut funktioniert die Technik bei Aufnahmen bewegter Objekte, da eine Grundvoraussetzung für HDR die absolute Deckungsgleichheit der einzelnen Ausgangsbilder ist. Damit ist zum

Beispiel die Tier- und Peoplefotografie nicht das beste, aber dennoch mögliche Betätigungsfeld. Mit der α6300 stehen Ihnen prinzipiell vier HDR-Strategien zur Verfügung:

- Erzeugen Sie mit der Funktion **Auto HDR** [HDR] oder mit dem Bildeffekt **HDR Gemälde** [Pntg Mid] ein HDR-Bild ohne zusätzliche Software direkt in der Kamera.
- Fertigen Sie mit der **Manuellen Belichtung** (**M**) beliebig viele Ausgangsbilder einzeln an, und verarbeiten Sie diese mit einer speziellen Software zur HDR-Fotografie.
- Nutzen Sie die **Serienreihe** [BRK]**C** oder die **Einzelreihe** [BRK]**S** der α6300, und fertigen Sie eine Reihe von drei, fünf, sieben oder neun unterschiedlich hellen Bildern an, die Sie nachträglich zu einem HDR-Bild verarbeiten.
- Entwickeln Sie unterschiedlich helle Bildvarianten aus einer RAW-Datei, und verarbeiten Sie diese zu einem HDR-Image.

Mit Auto HDR unkompliziert zum Ergebnis

Bei der kamerainternen HDR-Verarbeitung mit der Funktion **Auto HDR** [HDR] nimmt die α6300 automatisch drei unterschiedlich helle Bilder auf und verschmilzt diese zu einem einzigen Foto. Dabei versucht sie, von den Tiefen bis zu den Lichtern alle Bildbereiche mit guter Durchzeichnung darzustellen.

Um die HDR-Automatik anzuwenden, stellen Sie dazu einen der Modi **P**, **A**, **S** oder **M** und den Messmodus **Multi** [⊞] ein. Wählen Sie zudem eines der **JPEG**-Formate, zum Beispiel **Extrafein**, als Speichertyp aus, da die HDR-Funktion mit dem **RAW**-Format nicht zu betreiben ist. Auch bei eingeschalteter **Multiframe-Rauschminderung** [ISO] ist die Funktion nicht verfügbar.

∧ Abbildung 10.6
Links: Wirkung der **Auto HDR**-Stärke **6.0 EV**. Rechts: **Auto-HDR** ausgeschaltet

Navigieren Sie anschließend im **Quick Navi**-Menü zur Option **DRO/Auto HDR**, und wählen Sie die unterste Funktion HDR [HDR] ❶ mit dem Einstellrad ⌾ aus. Anschließend können Sie sich mit dem Drehregler 🎛 für eine der angebotenen Effektstärken entscheiden: **Auto** oder **1.0 EV** bis **6.0 EV** ❷. Alternativ finden Sie die Funktion auch im Menü **Kameraeinstlg. 5** 📷 > DRO/Auto HDR.

▲ Abbildung 10.7
Aktivieren der **Auto HDR**-Funktion

Bei Gegenlicht wählen Sie am besten höhere EV-Werte ab **3.0 EV**. Bei weniger starken Kontrasten achten Sie vor allem darauf, dass die Wirkung nicht zu künstlich wird, es sei denn, das ist explizit gewünscht. Generell liefert die α6300 mit **Auto HDR** aber sehr natürliche Bilder.

Lösen Sie aus, und halten Sie die α6300 dabei möglichst ruhig, denn es werden automatisch drei Bilder aufgenommen, die anschließend in der Kamera miteinander verrechnet werden. Schauen Sie sich das Bild am besten auch in der vergrößerten Wiedergabe an, um zu prüfen, ob die Motivkanten scharf zu sehen sind oder eventuell das Ergebnis durch Motivverschiebungen nicht optimal ist.

 Stärker verfremden

Mit dem Bildeffekt **HDR Gemälde** (Pntg Mld) werden ebenfalls Bilder mit erhöhtem Dynamikumfang generiert. Im Unterschied zu **Auto HDR** [HDR] wirken die Bilder aber etwas künstlicher, was je nach Motiv durchaus auch sehr gut aussehen kann. Probieren Sie daher ruhig beide Optionen aus.

Wege zu professionellen HDR-Ergebnissen

Wer professioneller in die HDR-Gestaltung eintauchen und den Stil des Ergebnisses obendrein selbst gestalten möchte, nimmt die Ausgangsbilder am besten wie nachfolgend beschrieben auf und verrechnet sie dann mit spezieller HDR-Software zum fertigen Bild. Dazu sollte die α6300 bestenfalls auf einem Stativ stehen.

Stellen Sie im Modus **Blendenpriorität** (**A**) einen Blendenwert ein, der Ihrem Motiv die richtige Schärfentiefe mit auf den Weg gibt. Damit es nicht zu Bildrauschen kommt, wählen Sie ISO 100–200. Wichtig ist auch, den **Weißabgleich** auf eine Vorgabe oder einen festen Kelvin-Wert zu setzen, so dass alle Bilder auch farblich mit den gleichen Grundvoraussetzungen aufgenommen werden. Wenn Sie im **RAW**-Format fotografieren, lässt sich dies natürlich auch später noch erledigen. Um zu verhindern, dass die Schattenpartien in den Bildern unkontrollierbar aufgehellt werden, schalten Sie die **DRO**-Funktion am besten aus .

Aktivieren Sie nun mit der Taste / im Menü des **Bildfolgemodus** die Vorgabe **Serienreihe: 1,0EV 9-Bilder** C. Mit dieser Funktion nimmt die α6300 die Belichtungsreihe automatisch auf. Wenn die Serie vom Stativ aus absolut erschütterungsfrei gestartet werden soll, aktivieren Sie überdies im Menü **Kameraeinstlg. 2** > **Belicht.reiheEinstlg.** > **Selbst. whrd. Reihe** die Option **2 Sek.**, dann wird die Belichtung nach dem Auslösen verzögert gestartet. Wenn Sie dann auch noch im Menü **Benutzereinstlg. 5** die **Geräuschlose Auf.** aktivieren, ist nach dem Herunterdrücken des Auslösers von der Aufnahmeprozedur der neun Bilder nichts zu hören, was in der leisen Atmosphäre einer Kirche natürlich sehr praktisch ist.

˅ **Abbildung 10.8**
HDR-Ergebnis, erstellt aus neun Einzelaufnahmen, die sich in ihrer Belichtung um jeweils 1 EV unterscheiden (1/8 s, 1/4 s, 1/15 s, 0,5 s, 1 s, 2 s, 4 s, 8 s und 15 s)

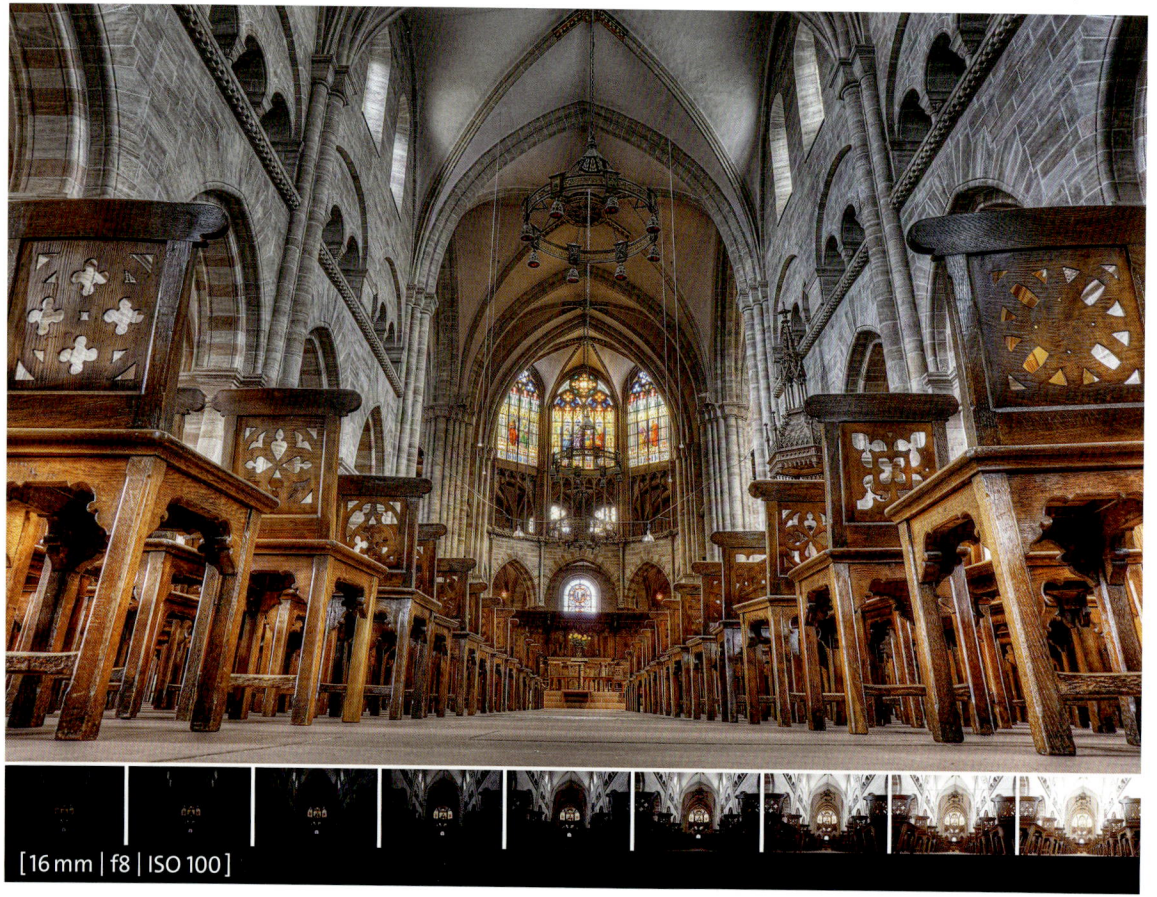

[16 mm | f8 | ISO 100]

Beeindruckende Panoramen erstellen

 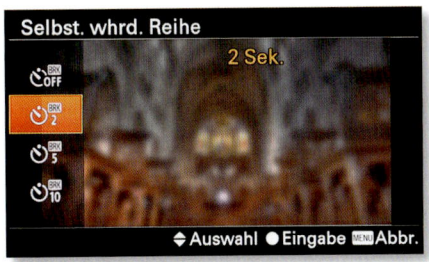

< Abbildung 10.9
Auswahl der Serienreihe (links) und der 2-Sekunden-Vorlaufzeit für den Start der Serienreihe

Die Ausgangsbilder können im nächsten Schritt softwaregestützt miteinander verrechnet werden, zum Beispiel mit *Photomatix Pro*, *Adobe Lightroom*, *Oloneo PhotoEngine*, *HDR projects* oder *Luminance HDR*. Je nach Motiv werden unterschiedlich viele Einzelfotos benötigt, um eine optimale Durchzeichnung aller hellen und dunklen Bildpartien zu gewährleisten. In Tabelle 10.1 finden Sie ein paar Anhaltspunkte für beliebte HDR-Fotosituationen. Fertigen Sie generell lieber ein paar Bilder zu viel an als zu wenig. Weglassen kann man überzählige Fotos später immer noch.

Motiv	Bilder	Belichtungsschritte
Landschaften, Motive mit indirekter Beleuchtung	3	je 1–2 EV
Innenraum mit Blick auf helles Fenster	5	je 1 EV
direkte Lichtquelle im Bild (Sonne, Lampen)	9–12	je 1 EV

< Tabelle 10.1
Empfehlenswerte Anzahl an Einzelbildern und EV-Stufen für gängige HDR-Szenarien

Beeindruckende Panoramen erstellen

Für Panoramafotos gibt es viele Anlässe, denken Sie an das Gefühl von Weite bei Landschaftsaufnahmen, das ein Foto im Breitbildformat auslösen kann, oder die Möglichkeit, hohe Gebäude im Hochformat-Panorama darzustellen, die sonst nicht auf den Sensor passen würden. Praktischerweise offeriert die α6300 mit ihrem Modus **Schwenk-Panorama** eine Automatik, mit der sich solche Motiveen recht unkompliziert umsetzen lassen. Beim Schwenken nimmt die α6300 kontinuierlich Bilder auf und fügt diese zum fertigen Panorama zusammen.

Nach dem Aufrufen des Programms deutet ein weißer Pfeil auf die eingestellte Schwenkrichtung hin. Diese können Sie mit dem Drehregler direkt

^ Abbildung 10.10
Die Pfeilrichtung gibt die Drehrichtung vor.

anpassen oder im Menü **Kameraeinstlg. 1** ◉ bei **Panorama: Ausricht.** ändern. Probieren Sie aus, in welche Richtung Ihnen die Schwenkbewegung am leichtesten fällt. Wichtig ist, dass Sie die α6300 möglichst exakt auf der horizontalen (oder vertikalen) Ebene drehen, damit das Panorama gerade wird und keine Motivteile ungünstig abgeschnitten werden. Auch funktioniert die Verarbeitung am besten, wenn Sie beim Drehen durch den Sucher blicken und aus dem festen Stand heraus nur den Oberkörper drehen.

Als nächsten Schritt überlegen Sie sich, in welchem Format Ihr Panorama am besten wirkt. Es stehen zwei Bildgrößen zur Auswahl, die Sie im Menü **Kameraeinstlg. 1** ◉ bei **Panorama: Größe** auswählen können: **Standard** STD und **Breit** WIDE. Damit erzielen Sie die in Tabelle 10.2 aufgeführten Bildgrößen.

Tabelle 10.2 ›
Die vier Bildgrößen im Aufnahmemodus Schwenk-Panorama

Einstellungen		Querformat	Hochformat
Panoramagröße STD	Pixelmaße	8192 × 1856 Pixel	3872 × 2160 Pixel
	Seitenverhältnis	circa 9:2	circa 16:9
	Druckgröße (300 dpi)	69,4 cm × 15,7 cm	32,8 cm × 18,3 cm
Panoramagröße WIDE	Pixelmaße	12 416 × 1856 Pixel	5536 × 2160 Pixel
	Seitenverhältnis	circa 20:3	circa 5:2
	Druckgröße (300 dpi)	105,1 cm × 15,7 cm	46,9 cm × 18,3 cm

˅ Abbildung 10.11
Panoramagröße Breit im Hochformat: unsere erste Wahl bei Schwenk-Panoramen

Unsere persönlichen Favoriten sind die Panoramagröße **Breit** WIDE im Hochformat und **Standard** STD im Querformat, die anderen beiden Optionen des Aufnahmemodus liefern für unseren Geschmack ein zu wenig panoramabreites und ein zu schmales Bild.

[16mm | f10 | 1/200 s | ISO 100]

Beeindruckende Panoramen erstellen

[16 mm | f8 | 1/125 s | ISO 100 | +1]

∧ **Abbildung 10.12**
Panoramagröße **Standard** im Querformat: unsere zweite Wahl

[16 mm | f9 | 1/160 s | ISO 100]

< **Abbildung 10.13**
Panoramagröße **Standard** im Hochformat: zu wenig Panoramabreite

[16 mm | f10 | 1/200 s | ISO 100]

∧ **Abbildung 10.14**
Panoramagröße **Breit** im Querformat: sehr schmal, aber zum Beispiel für Webseiten-Banner gut geeignet

Machen Sie sich nun ein paar Gedanken zur Belichtung, denn die Belichtungswerte werden beim Starten des Schwenks für das gesamte Panorama festgelegt. Haben Sie beispielsweise eine Landschaft vor sich, bei der die Sonne oder sehr helle Wolken mit ins Bild kommen, sollte die Belichtung so eingestellt werden, dass der helle Bereich nicht total überstrahlt, die dunkleren Areale der anderen Panoramastellen aber auch nicht ins Dunkle abrutschen. Am besten fixieren Sie die Belichtung auf einer mittleren Helligkeit. Dazu richten Sie die α6300 auf einen mittelhellen Panoramaabschnitt und speichern die Belichtung mit der **AEL**-Taste, die Sie per **BenutzerKey(Aufn.)** im Menü **Benutzereinstlg. 7** ✱ auf **AEL Umschalten** programmiert haben sollten. Schwenken Sie nun über Ihr Panorama, und prüfen Sie die verschieden hellen Motivbereiche. Wenn die Helligkeit insgesamt gut aussieht, können Sie die Aufnahme starten. Wenn nicht, korrigieren Sie die Helligkeit mit einer **Belichtungskorrektur** ☒.

Die eigentliche Aufnahme ist an sich nicht kompliziert, hat aber ein paar Tücken. Daher ist es wichtig, dass Sie folgende drei Punkte nach dem Starten der Aufnahme beachten:

- Es reicht aus, den Auslöser einmal für den Aufnahmestart ganz herunterzudrücken. Für eine geradlinige Schwenkführung kann es aber hilfreich sein, den Auslöser durchgehend zu drücken, was die α6300 bei der Aufnahme nicht stört.
- Schwenken Sie mit einer möglichst gleichmäßigen Geschwindigkeit über die Szene. Wenn Sie zu langsam oder zu schnell drehen, stoppt die Aufnahme mit einer Fehlermeldung. Orientieren Sie sich am besten an dem wandernden weißen Rechteck, das innerhalb des grauen Panorama-Schwenkbereichs von einer Seite zur anderen wandert.
- Bei einer Weitwinkelbrennweite müssen Sie etwas schneller schwenken als bei einer Telebrennweite, auch die Wahl von Quer- oder Hochformat kann hierbei eine Rolle spielen.

˅ Abbildung 10.15
Start der Schwenk-Panorama-Aufnahme, das weiße Rechteck ❶ *zeigt die aktuelle Position des Bildausschnitts innerhalb der Panoramafläche an.*

Hat alles geklappt, wird das Bild sofort in der α6300 zum Panorama zusammengesetzt, und Sie können Ihr Werk in der Wiedergabeansicht prüfen. Es kann aber auch durchaus sein, dass Sie ein paar Anläufe benötigen, bis Sie im wahrsten Sinne des Wortes den richtigen Dreh raushaben – bei uns war das jedenfalls so. Danach aber macht die Schwenk-Panorama-Fotografie richtig viel Spaß.

Panoramen manuell erstellen

Wenn das **Schwenk-Panorama** ⌑ nicht so funktioniert, wie es soll, können Sie die Bilder auch manuell aufnehmen und mit geeigneter Software wie *PTGui*, *Photoshop/Photoshop Elements*, *Lightroom*, *Autopano Pro* oder *PanoramaStudio* zum Panorama verarbeiten. Wählen Sie hierzu im Modus **Manuelle Belichtung (M)** eine Blende von 8 bis 11 und einen ISO-Wert, bei dem die Belichtungszeit für Freihandaufnahmen kurz genug ist. Justieren Sie nun die Belichtungszeit, und zwar so, dass die hellste Stelle in Ihrem Panorama nicht komplett überstrahlt. Nun legen Sie noch den **Weißabgleich** auf eine bestimmte Vorgabe fest. Fokussieren Sie schließlich auf den Bildbereich, der Ihnen am wichtigsten ist. Danach stellen Sie den Fokusmodus auf **Manuellfokus (MF)** um. Halten Sie die α6300 am besten hochkant, und drehen Sie sich um die eigene Achse. Nehmen Sie schrittweise die Bilder auf, die sich jeweils etwa um ein Drittel bis zur Hälfte überlappen sollten. Als Überlappungshilfe können Sie das **3×3 Raster** über das Menü **Benutzereinstlg. 1 ✿ > Gitterlinie** einblenden.

Tipps für tolle Actionfotos

Das Fotografieren bewegter Motive macht unheimlich viel Spaß. Scharf abgebildete Momentaufnahmen können spannende Details einer rasanten Bewegung aufdecken, oder Sie fangen die Dynamik in teilweise verwischten Bildern ein. Mit ein paar grundlegenden Tipps haben Sie die Actionfotografie schnell in Ihr fotografisches Repertoire aufgenommen.

< **Abbildung 10.16**
Tinguely-Brunnen in Basel, mit den Voreinstellungen für das Einfrieren schneller Bewegungen ließen sich alle Wassertropfen scharf einfangen

Bewegungen einfrieren – mit perfekter Schärfe

Um rasante Bewegungsabläufe gestochen scharf mit der α6300 im Bild einzufangen, ist die Einstellung kurzer Belichtungszeiten von zentraler Bedeutung. Fotografieren Sie daher am besten im Aufnahmemodus **Zeitpriorität** (**S**) ❶, und geben Sie eine kurze Belichtungszeit ❷ vor. Tabelle 10.3 gibt Ihnen ein paar Anhaltspunkte für häufig fotografierte Actionmotive und die dazu passenden Belichtungszeiten.

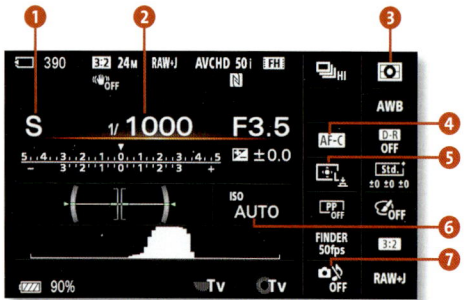

▲ Abbildung 10.17
Basiseinstellungen für das Einfrieren schneller Bewegungen

Aktivieren Sie am besten auch die **ISO-Automatik** ❻, und stellen Sie je nach Helligkeit eine maximale Empfindlichkeit von 3200 oder auch 12 800 ein. Bewegt sich das Fotoobjekt von Ihnen weg, seitwärts oder auf die Kamera zu, ist es hilfreich, den Fokusmodus **Nachführ-AF** (**AF-C**) ❹ und das Fokusfeld **AF-Verriegelung: Feld** oder, wenn Sie Ihr Motiv gut verfolgen können, das Fokusfeld **AF-Verriegelung: Erw. Flexible Spot** ❺ zu verwenden. Die **AF-Verriegelung: Feld** ist auch bei Sportaufnahmen in dunkler Umgebung, etwa einem Turner in einer Sporthalle, am besten geeignet. Da der Phasenerkennungs-AF unter diesen Bedingungen nicht arbeiten kann und der Kontrast-AF weniger schnell ist, können Sie mit den Ausschuss an unscharfen Bildern immerhin etwas besser begrenzen. Der Messmodus **Multi** ❸ leistet als Belichtungsmessmethode gute Dienste, denn die bewegten Objekte werden in den meisten Fällen nicht das gesamte Bildfeld ausfüllen. Zu guter Letzt deaktivieren Sie am besten auch die **Geräuschlose Aufnahme** ❼, weil es bei schnellen Bewegungen sonst zu verzerrt dargestellten Motivbereichen kommen kann.

Objekt	Bewegung auf α6300 zu	Bewegung quer zur α6300	Bewegung diagonal
Fußgänger	1/60 s	1/200 s	1/125 s
Jogger	1/200 s	1/800 s	1/320 s
Radfahrer	1/250 s	1/1000 s	1/500 s
fliegender Vogel	1/500 s	1/1600 s	1/1000 s
Auto (circa 120 km/h)	1/800 s	1/2000 s	1/1000 s

▲ Tabelle 10.3
Belichtungszeiten, die für das Einfrieren verschiedener Bewegungen geeignet sind

Programmalternativen

Alternativ eignet sich auch die **Blendenpriorität (A)** mit einem geringen Blendenwert und **ISO AUTO** mit einer Mindestverschlusszeit von 1/500 s oder 1/1000 s (Menü **Kameraeinstlg. 4** > **ISO AUTO Min. VS**). Damit ist eine konstant niedrige Schärfentiefe garantiert. Oder Sie wählen den **SCN**-Modus **Sportaktion**. In diesem Fall können Sie die Belichtungszeit jedoch nicht einstellen, was bei schwächerer Beleuchtung dazu führen kann, dass bei sehr schnellen Bewegungen nicht alle Details perfekt scharf eingefroren werden. Außerdem lässt sich das Fokusfeld nicht selbst wählen, was bei einem unruhigen Hintergrund oft dazu führt, dass die Schärfe nicht auf dem Hauptmotiv liegt, sondern dahinter.

Ein wenig Bewegungsunschärfe zulassen

Es gibt eine ganze Reihe von Motiven, die von einer Mischung aus Schärfe und Unschärfe profitieren. Dazu zählen beispielsweise Propellerflugzeuge, Hubschrauber und alles, was Reifen hat. Achten Sie bei der Wahl der Belichtungszeit darauf, dass das Gefährt zwar scharf abgebildet wird, die rotierenden Teile aber noch ein wenig Bewegungsunschärfe zeigen. Bei dem Rennwagens haben wir aus diesem Grund nur mit 1/500 s belichtet, damit die Reifenbewegung zu sehen ist. Das erhöht den Eindruck von Dynamik.

◀ Abbildung 10.18
Bei der gewählten Belichtungszeit resultiert die Drehbewegung der Reifen in Unschärfe, was die dynamische Bildwirkung stärkt.

Serienaufnahmen anfertigen

Bei schnellen Bewegungen besteht die Hauptschwierigkeit darin, den besten Moment eines Bewegungsablaufs einzufangen. Erhöhen Sie daher die Wahrscheinlichkeit auf einen guten Treffer, indem Sie die Serienaufnahmefunktion Ihrer α6300 verwenden. Unter optimalen Bedingungen, wenn die Szene hell ist und sich das Motiv gut fokussieren lässt, erzielt die α6300 wirklich hervorragende Geschwindigkeitswerte.

Abbildung 10.19 >
Mit der schnellen Serienaufnahme wurde der Snowboarder in sechs Bildern scharf eingefangen, die Fotos wurden in Photoshop zu einer Aufnahme fusioniert.

[50 mm | f5,6 | 1/2000 s | ISO 200 | +0,7]

Um die Serienaufnahme in vollem Umfang einzusetzen, müssen die folgenden Funktionen deaktiviert sein: **Bildeffekt**, **DRO/Auto HDR**, **Multiframe-RM**, **Auslös. bei Lächeln** und **Geräuschlose Aufnahme**. Drücken Sie anschließend die Taste für den **Bildfolgemodus**, und wählen Sie die **Serienaufnahme** mit dem Einstellrad aus. Entscheiden Sie sich dann mit dem Drehregler für eine der vier Geschwindigkeiten: (circa 11 Bilder/s), Hi (circa 8 Bilder/s), Mid (circa 6 Bilder/s) oder Lo (circa 3 Bilder/s).

Um die Bildfolgen auch tatsächlich in der jeweils angegebenen Geschwindigkeit aufnehmen zu können, setzen Sie im Menü **Benutzereinstlg. 5** am besten auch noch die Funktion **Elekt. 1.Verschl.vorh.** auf **Aus**. Das Auslösen ist dann zwar lauter, dafür aber auch schneller. Drücken Sie anschließend beim Fotografieren den Auslöser länger durch, um die Bilderserie aufzunehmen.

Mit den schnellen Geschwindigkeiten in den Modi ⚞Hi+ und ⚞Hi lassen sich nahezu alle Details einer rasanten Bewegung scharf einfangen. Selbst die Schärfe wird hierbei vom Fokusmodus **Nachführ-AF** (**AF-C**) mit dem Objekt mitgeführt – bei den anderen Seriengeschwindigkeiten natürlich auch. So konnten wir den Snowboarder vom Auftauchen über der Hügelkante bis zum Ende der Performance in allen Bildern scharf in Szene setzen.

△ **Abbildung 10.20**
Auswahl von Serienaufnahme und Aufnahmegeschwindigkeit

Der Vorteil von ⚞Hi gegenüber ⚞Hi+ besteht darin, dass bei ⚞Hi das Livebild im Sucher oder Monitor zwischen jedem Foto eingeblendet wird. Objekte, die sich sehr schnell bewegen, wie der gezeigte Snowboarder, oder bei denen die Bewegungsrichtung schwer abzuschätzen ist, zum Beispiel ein Volleyballer, lassen sich mit ⚞Hi besser im Bildfeld verfolgen. Dabei kann es zusätzlich hilfreich sein, die Sucherbildfrequenz auf 100/120 Bilder pro Sekunde zu erhöhen (Menü **Benutzereinstlg. 4** ✿ > ⌘ **Sucher-Bildfreq.**).

Die Seriengeschwindigkeit kann je nach Aufnahmesituation allerdings auch etwas schwanken. Denn wenn der **Nachführ-AF** (**AF-C**) nicht gleich greift, gerät die α6300 kurzzeitig ins Stocken. Bei ruckartigen, starken Abstandsänderungen können auch ein paar unscharfe Aufnahmen entstehen, bis der Fokus auf dem neuen Motivausschnitt wieder richtig liegt. Wenn Sie diese unscharfen Bilder nicht aufzeichnen möchten, schalten Sie im Menü **Benutzereinstlg. 5** ✿ > **PriorEinstlg bei AF-C** die Vorgabe **AF** ein. Die α6300 wird dann bei Verlust des Fokuspunktes die Serienaufnahme so lange aussetzen, bis die Schärfe wieder sitzt. Halten Sie den Auslöser während der ganzen Zeit aber durchgehend heruntergedrückt.

Wenn Sie die Kamera mehr oder weniger stark mit dem Motiv mitbewegen, kann es zu unschönen Helligkeitsschwankungen zwischen den Aufnahmen einer Serie kommen. Um dies zu verhindern, speichern Sie entweder die Belichtung mit der **AEL**-Taste (siehe die Schritt-für-Schritt-Anleitung »Die Belichtung zwischenspeichern« auf Seite 58), oder programmieren Sie den Auslöser mit der Belichtungsspeicherung (Menü **Benutzereinstlg. 5** > ⌘ **AEL mit Auslöser > Ein**). Wenn Sie den Auslöser zum Fokussieren halb herunterdrücken, wird die Belichtung gespeichert, solange Sie den Auslöser auf halber Stufe halten oder ihn zur Serienaufnahme dauerhaft ganz herunterdrücken.

△ **Abbildung 10.21**
Mit dieser Einstellung wird die Bildhelligkeit beim Drücken des Auslösers fixiert.

Pufferspeicher

Die α6300 speichert die in kurzer Zeit anfallenden umfangreichen Bilddaten der Serienaufnahmen zunächst im kamerainternen *Pufferspeicher*, bevor diese an die Speicherkarte weitergegeben werden. Wenn der Pufferspeicher voll ist, können die Bilder nur noch so schnell aufgezeichnet werden, wie die Speicherkarte die Daten aufnehmen kann. Bemerkbar macht sich dies am plötzlichen Geschwindigkeitsabfall und an der rot leuchtenden Zugriffslampe am Kameraboden neben dem Akkufach. Erst wenn diese erloschen ist, ist der Pufferspeicher wieder gänzlich frei für neue Bilder. Die maximale Anzahl an Fotos, die Sie mit der jeweils höchsten Geschwindigkeit am Stück aufzeichnen können, finden Sie in der folgenden Tabelle.

Bildgröße	Lo	Hi+
JPEG L Standard	bis Karte voll	circa 57 Bilder
JPEG L Fein	bis Karte voll	circa 56 Bilder
JPEG L Extrafein	bis Karte voll	circa 47 Bilder
RAW	circa 30	circa 22 Bilder
RAW und JPEG	circa 27	circa 21 Bilder

◁ **Tabelle 10.4**
Anzahl möglicher Serienaufnahmen, getestet mit einer UHS-1-Speicherkarte bei 1/500 s, ISO 100

Die Kamera mit dem Motiv mitziehen

Das sogenannte *Mitziehen* ist eine sehr kreative Art, die Dynamik bewegter Objekte in Bildern einzufangen. Die Bewegungsgeschwindigkeit kommt hier sehr deutlich zum Ausdruck. Tolle Motive für Mitzieher sind beispielsweise fahrende Autos, übers Wasser rasende Boote, rennende Hunde, Läufer, Radrennfahrer, Vögel im Flug oder Pferde im Galopp.

▽ **Abbildung 10.22**
Geeignete Basiseinstellungen für Mitzieher

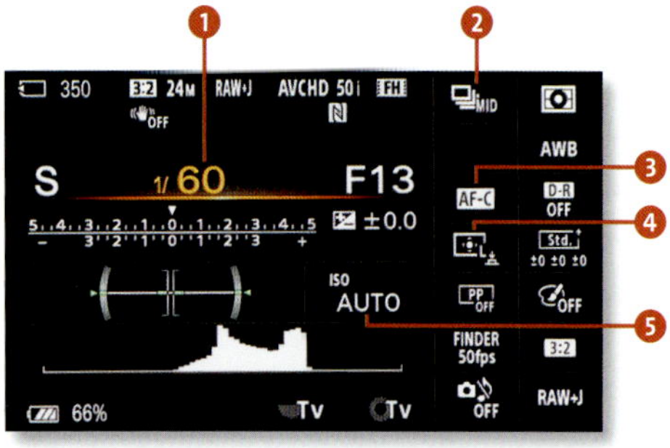

Um einen Mitzieher zu gestalten, fokussieren Sie Ihr Objekt, verfolgen es kontinuierlich und nehmen eine Bilderserie auf, während Sie das Fotoobjekt mit der Kamera weiter verfolgen. Sehr hilfreich ist dabei die Kombination der **Serienaufnahme: MID** oder **HI** ❷ mit dem **Nachführ-AF (AF-C)** ❸, dem Fokusfeldtyp **AF-Verriegelung: Flexible Spot L** ❹ und der ISO-Automatik ❺. Als Belichtungszeiten eignen sich Werte zwischen 1/250 s und 1/60 s ❶ sehr gut. Dann wird das Hauptobjekt weitgehend scharf erkennbar abgebildet. Bei längeren Belichtungszeiten wird zwar der Hintergrund noch schöner verwischt, aber die Gefahr steigt, dass auch das fokussierte Objekt zu sehr verwackelt, vor allem bei nicht schnurgerade ablaufenden Bewegungen. Die Belichtungszeit muss zudem umso kürzer sein, je näher das Objekt an der α6300 vorbeirast.

< **Abbildung 10.23**
Spitzenläufer beim Berliner Halbmarathon, mit der α6300 dynamisch mitgezogen inszeniert

Peilen Sie Ihr Mitziehobjekt mit dem Fokusfeld an, und warten Sie mit halb gedrücktem Auslöser, bis die α6300 das Objekt im Fokus hat. Lösen Sie die Bilderserie anschließend aus, und ziehen Sie die Kamera dabei gleichmäßig mit dem Objekt mit. Wichtig ist, dass Sie die Kamera exakt mit der Schnelligkeit bewegen, in der das Fotomotiv vorbeizieht, und dabei nicht nach oben oder unten wackeln. Das funktioniert ganz gut, wenn Sie Ihre α6300 vom Einbeinstativ aus horizontal zur Bewegung mitdrehen. Mit ein wenig Übung geht es aber auch ohne Stativ.

< **Abbildung 10.24**
Einbeinstative, hier das Einbein aus dem Rollei Stativ C5i II + T3S Titan, sind praktisch, wenn man wenig Platz hat oder schnelle Ortswechsel notwendig sind (Bild: Rollei).

 Der Bildstabilisator beim Mitziehen

Der **SteadyShot**-Bildstabilisator kann bei Mitziehern eingeschaltet bleiben. Aus unserer Erfahrung erkennt er die Schwenkbewegung und steuert nicht dagegen an. Sollten Sie Probleme mit der Bildstabilisierung haben, können Sie ihn aber probeweise auch einmal ausschalten und die Wirkung testen.

Bildvergrößerung mit dem Digitalzoom
EXKURS

Mit Zoomobjektiven fahren Sie durch Drehen des Zoomrings in die Teleeinstellung immer näher ins Motiv hinein, ohne die Perspektive dabei zu ändern. Neben dieser optischen Zoommöglichkeit bietet die α6300 zusätzlich noch einen Digitalzoom an, mit dem Sie Ihrem Fotomotiv noch näher zu Leibe rücken.

[16 mm | f5,6 | 1/400 s | ISO 100]

[50 mm | f5,6 | 1/320 s | ISO 100]

[200 mm | f5,6 | 1/400 s | ISO 100]

[200 mm | f5,6 | 1/320 s | ISO 100]

[200 mm | f5,6 | 1/320 s | ISO 100]

[200 mm | f5,6 | 1/320 s | ISO 100]

Abbildung 10.25
Oben: Optischer Zoom bei 16 mm ❶, 50 mm ❷ und 200 mm ❸. Unten: 200 mm Brennweite mit Smart-Zoom (×1,5) ❹, Klarbild-Zoom (×3,0) ❺ und Digitalzoom (×6,1) ❻

Der Digitalzoom ist allerdings nur bei Wahl der Bildqualität **Extrafein**, **Fein** oder **Standard** verwendbar. Auch können Sie ihn nicht zusammen mit der **Lächelerkennung** 😊, der **AF-Verriegelung**, dem **Auto. Objektrahmen**, dem **Schwenk-Panorama** 📐, den Filmbildraten **100p** und **120p** oder dem Zeitlupenfilm nutzen. Um den Digitalzoom einzusetzen, aktivieren Sie im Menü **Benutzereinstlg. 3** ⚙ bei **Zoom-Einstellung** eine der drei folgenden Optionen:

- **Nur optischer Zoom**: Der Digitalzoom ist nur bei den **Bildgrößen M** oder **S** verfügbar. Es werden Bilder erzeugt, bei denen die bis zur Bildgröße **L** überzähligen Ränder nicht zu sehen sind. Das wäre so, als würden Sie bei einem Bild der Größe **L** so viel Randfläche abschneiden, bis Ausschnitte in der Größe **M** oder **S** übrig bleiben. Da sich die Bildqualität hierbei nicht verschlechtert, wird der verfügbare Zoombereich auch als **Smart-Zoom** s⊕ bezeichnet.

- **Klarbild-Zoom** c🔍: Diese Art von Digitalzoom basiert auf einer softwaregestützten Ausschnittvergrößerung. Hierbei wird im Prinzip nur ein Teil der Sensorfläche für die Bildaufnahme verwendet. Dieser Teilausschnitt wird anschließend auf die gewählte Bildgröße hochgerechnet. Dazu werden nicht vorhandene Bildpixel hinzugerechnet (*Interpolation*). Aufgrund des Rechenprozesses findet eine leichte Verschlechterung der Bildqualität statt, die bei der Betrachtung der Fotos jedoch kaum augenfällig wird.
- **Digitalzoom** D🔍: Hierbei werden die Bilder nach der Aufnahme durch Interpolation fehlender Pixel noch stärker vergrößert als beim **Klarbild-Zoom**. Rechnen Sie daher mit mehr oder weniger stark sichtbaren Artefakten, und setzen Sie den **Digitalzoom** lieber in homöopathischen Dosen ein.

Bildgröße	Smart-Zoom S🔍	Klarbild-Zoom C🔍	Digitalzoom D🔍
L	–	×1 – ×2.0	×1 – ×4.0
M	×1 – ×1.4	×1 – ×2.8	×1 – ×5.7
S	×1 – ×2.0	×1 – ×4.0	×1 – ×8.0

◁ **Tabelle 10.5**
*Die verschiedenen Zoombereiche in Abhängigkeit der **Zoom-Einstellung***

Das eigentliche Einstellen des Zoomfaktors für die Bildaufnahme erledigen Sie über die Funktion **Zoom**, die Sie im Menü **Kameraeinstlg. 6** 📷 finden. Wenn Sie die Funktion aufrufen, präsentiert Ihnen die α6300 den verfügbaren Zoombereich unten rechts auf dem Monitor oder im Sucher. Durch Drehen am **Einstellrad** ◎ können Sie den Bildausschnitt vom Weitwinkelformat (**W**) hin zur Teleeinstellung (**T**) verstellen oder umgekehrt. Dabei werden stets der Zoomfaktor ❽ und die Symbole für den **Smart-Zoom-** S🔍, den **Klarbild-Zoom-** C🔍 und den **Digitalzoom-Bereich** D🔍 ❼ eingeblendet, damit Sie nachvollziehen können, ob mit keinen, leichten oder stärkeren Qualitätseinbußen gerechnet werden muss. Nach Bestätigen des Zoomfaktors weist ein gestricheltes Rechteck im Sucher und Monitor auf den aktiven Digitalzoom hin. Wundern Sie sich auch nicht, dass das Bild bei starkem Zoomen auf dem Monitor oder im Sucher sehr schwammig aussieht, das bessert sich durch die kamerainterne Nachbearbeitung.

◁ **Abbildung 10.26**
*Digitalzoom mit maximaler Zoomstufe ×2.8 im **Klarbild-Zoom***

Kapitel 11
Digitale Dunkelkammer: Bilder nachbearbeiten

Die Sony-Software im Überblick	250
Bildübertragung auf den PC	250
RAW-Entwicklung mit Imaging Edge Edit	253
EXKURS: Programmalternativen	262

Die Sony-Software im Überblick

Sony stellt für die α6300 eine Reihe von Softwareprogrammen zur Verfügung, die allerdings nicht in Form einer CD-ROM mitgeliefert werden. Die aktuelle Software finden Sie auf den Sony-Internetseiten unter der Rubrik **Downloads** (*www.sony.de/support/de/product/ILCE-6300/updates*).

In diesem Kapitel werden wir auf die wichtigsten Funktionen dieser vielseitigen Programme eingehen. Laden Sie die folgende Software daher am besten gleich einmal passend für Ihr Betriebssystem herunter:

- *PlayMemories Home*: Mit diesem Programm können Sie Bilder und Videos auf den Computer importieren, die Bilder zur Archivierung mit Stichworten und Beschreibungen versehen und sie beispielsweise auch direkt zu Onlineplattformen wie Facebook oder Flickr hochladen oder Fotos für den Druck vorbereiten.
- *Imaging Edge*: Die Software **Imaging Edge** beinhaltet drei Arbeitsbereiche: Im Bereich **Edit** können Sie RAW-Dateien aus der α6300 hinsichtlich Belichtung, Farbe, Kontrast und Schärfe optimieren und anschließend in andere Bildformate wie JPEG oder TIFF umwandeln. Wenn Sie Ihre α6300 mit dem Computer verbinden, können Sie diese im Arbeitsbereich **Remote** fernsteuern. Unter Studiobedingungen ist das sehr praktisch, denn Sie können die Bilder dann auch gleich am großen Computermonitor präsentieren. Der Arbeitsbereich **Viewer** zeigt eine Übersicht über Ihre Bilder und gibt Ihnen die Möglichkeit, Bewertungen und Farbmarkierungen zu vergeben oder die Aufnahmeinformationen einzusehen. Über den Viewer können Sie die Arbeitsbereiche **Edit** und **Remote** bequem erreichen; sie lassen sich aber auch getrennt als eigenständige Programmfenster öffnen.

Bildübertragung auf den PC

Für die Übertragung Ihrer Fotos und Videos auf den PC gibt es prinzipiell drei Möglichkeiten. Erstens können Sie die Speicherkarte über einen Speicherkartensteckplatz Ihres PCs oder ein Kartenlesegerät mit dem Computer verbinden. Zweitens lässt sich die α6300 über das mitgelieferte USB-Kabel direkt an einer USB-Buchse Ihres PCs anschließen. Und drittens gibt es die Möglichkeit der kabellosen Datenübertragung. Dazu wählen Sie im Menü **Draht-**

los 1 🗺 den Eintrag **An Comp. senden** (siehe dazu auch den Abschnitt »Das Menü Drahtlos« auf Seite 307).

In der nachfolgenden Schritt-für-Schritt-Anleitung erfahren Sie, wie Sie die Bilder und Filme mit der Software *PlayMemories Home* schnell und bequem auf Ihren Computer übertragen können.

Abbildung 11.1 >
USB-Kabel (Bestandteil des Akku-Ladekabels) zum Anschließen der α6300 an den Computer

Bilder und Videos mit PlayMemories Home importieren
SCHRITT FÜR SCHRITT

1 Kamera anschließen
Schalten Sie die α6300 aus, und verbinden Sie sie über das Schnittstellenkabel mit einer USB-Buchse Ihres Computers oder Notebooks. Warten Sie eine Weile, bis der Computer den Gerätetreiber Ihrer Kamera installiert hat. Stellen Sie den Ein-Aus-Schalter dann wieder auf **ON**.

2 Einstellungen wählen
Auf dem Kameramonitor erscheint nun das Startfenster von *PlayMemories Home*. Wenn dieses nur beim ersten Mal angezeigt werden soll, wählen Sie die Schaltfläche **Nicht wie-**

der anzeigen aus und drücken die Mitteltaste, um ein Häkchen zu setzen. Gehen Sie anschließend auf die Schaltfläche **OK**, und bestätigen Sie diese ebenfalls mit der Mitteltaste. Die α6300 zeigt anschließend den gewählten USB-Verbindungstyp im Fenster **USB-Mode** an, hier **Massenspeich.**

3 PlayMemories Home starten

Sollte sich die Software *PlayMemories Home* nicht automatisch auf Ihrem Computer öffnen, starten Sie das Programm einfach selbst. Wählen Sie nun als Erstes Ihre per USB-Kabel angeschlossene Kamera in der Seitenleiste aus ❶, und klicken Sie danach auf die Schaltfläche **Mediendateien importieren** ❷, um mit dem Datenimport fortzufahren.

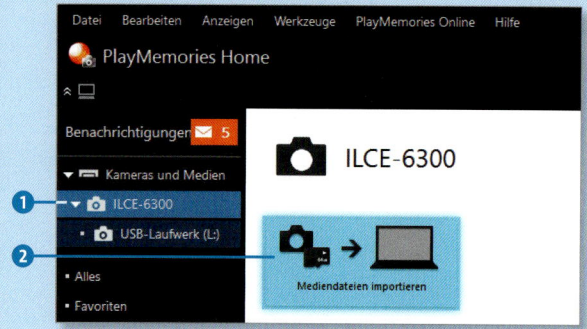

4 Mediendateien auswählen und importieren

Im nächsten Fenster können Sie sich alle Bilder und Videos auf der Speicherkarte anzeigen lassen. Dazu klicken Sie die Option **Zu importierende Dateien auswählen** ❸ an.

Die Mediendateien werden nun im unteren Fensterbereich aufgelistet, und Sie können durch einen Klick auf das weiße Kästchen innerhalb der Bildminiatur einzelne Fotos oder Videos mit einem Häkchen der Auswahl hinzufügen ❺. Die Qualität der Mediendateien wird jeweils oben rechts aufgeführt ❻, zum Beispiel **RAW+J**. Alternativ können Sie über die Schaltfläche **Alle auswählen** ❽ auch gleich alle Mediendateien markieren.

Übrigens: Wenn Sie gezielt nur Bilder oder Videos importieren möchten, können Sie den bevorzugten Medientyp mit dem Dropdown-Menü ❹ festlegen.

5 Dateien importieren

Nun fehlt noch das Importziel: Wählen Sie den gewünschten **Datenträger** ❿ aus, und verwenden Sie die Schaltfläche **Durchsuchen** ❾, um den Zielordner für die Dateien festzulegen. Schließlich klicken Sie auf die Schaltfläche **Importieren** ❼, um die Dateiübertragung zu starten. Nach dem Import präsentiert Ihnen die *PlayMemories*-Arbeitsoberfläche alle neuen Bilder und Videos im gewählten Festplattenordner.

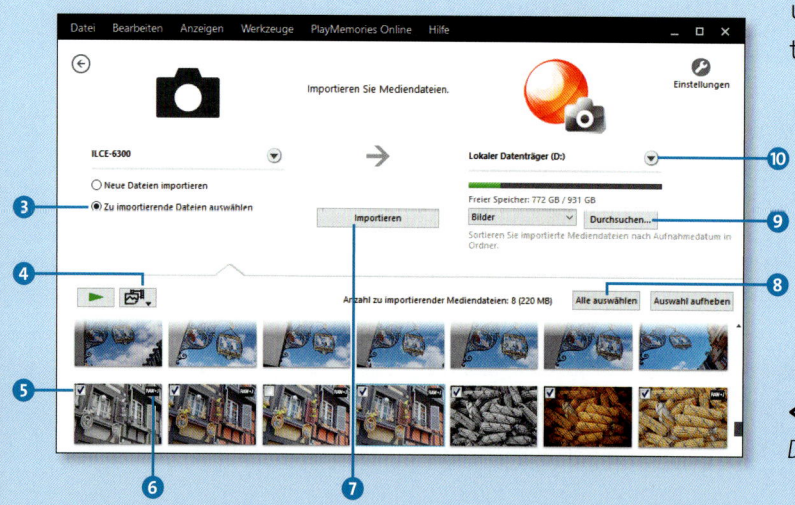

◁ **Abbildung 11.2**
Das Importfenster von PlayMemories Home

RAW-Entwicklung mit Imaging Edge Edit

RAW-Dateien müssen zwangsläufig »entwickelt« werden, um sie auf dem Computer anzeigen oder als Papierbild ausdrucken zu können. Dies können Sie mit dem Sony-Programm *Imaging Edge Edit* erledigen. Peppen Sie das Erscheinungsbild Ihrer RAW-Fotos damit ein wenig auf, oder korrigieren Sie Bildfehler, die während der Aufnahme entstanden sind, wie zum Beispiel eine falsche Belichtung oder einen ungünstigen Weißabgleich. Auch können Sie den Bildern nachträglich andere Kreativmodi zuweisen, beispielsweise eine Sepiatonung oder die Konvertierung in Schwarzweiß.

Imaging Edge Edit in der Übersicht

Zu der Arbeitsoberfläche von *Imaging Edge* gelangen Sie auf drei Wegen: Verknüpfen Sie die Software *Imaging Edge Edit* mit der *Software PlayMemories Home*. Klicken Sie dazu in *PlayMemories Home* oben rechts auf die Schaltfläche **Werkzeuge** und wählen Sie im Bereich darunter die Schaltfläche RAW-Bild entwickeln. Über die Schaltfläche **Programm hinzufügen/ändern** können Sie im nächsten Fenster die Software **Imaging Edge Edit** aus dem Computerverzeichnis auswählen und hinzufügen. Klicken Sie danach auf **Edit**, und ziehen Sie die zu bearbeitenden RAW-Bilder in den Sammelbereich oben. Mit **Öffnen** geht es zur Bearbeitung in die Software *Imaging Edge Edit*.

Des Weiteren können Sie die Software **Imaging Edge Viewer** öffnen, das Bild darin auswählen und mit der Schaltfläche **Edit** oben links in den RAW-Konverter wechseln. Alternativ rufen Sie die Software **Edit** aus der Liste der Programme auf, die sich im Ordner **Sony** befinden.

Anschließend werden die zuvor ausgewählten Bilder im Arbeitsfenster **Edit** am unteren Fensterbereich anhand von Registerkarten aufgelistet ❸. Wählen Sie eines davon aus, um es zu be-

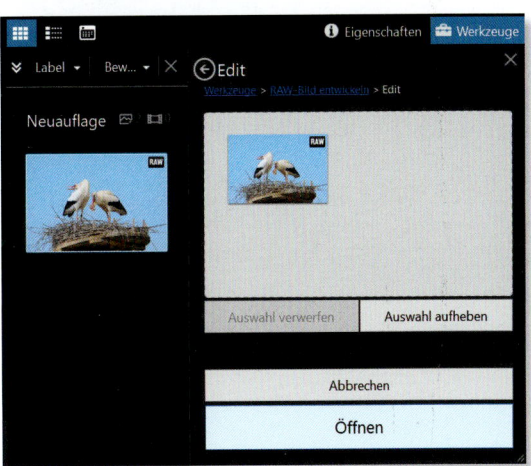

▲ Abbildung 11.3
Von PlayMemories Home zur RAW-Bearbeitung mit Imaging Edge Edit

arbeiten. Es wird dann im großen Vorschaufenster präsentiert. Wenn Sie die Bildauswahl ändern möchten, können Sie vom Konverter aus auf die Ordnerstruktur Ihres Computers zugreifen. Dazu wählen Sie die Schaltfläche **Viewer** **V** ❶; zurück gelangen Sie mit der Schaltfläche **Edit**. Oberhalb der großen Bildvorschau finden Sie die Steuerelemente für die Größe der Bilddarstellung und ganz rechts zum Beschneiden ❺. Wenn Sie die EXIF-Daten einsehen möchten, rufen Sie sie mit der Schaltfläche **Bildeigenschaften** ❻ auf.

Abbildung 11.4 >
Menüfenster des Arbeitsbereichs Edit der Software Imaging Edge.

Die Werkzeuge für die Bildbearbeitung rufen Sie mit der Schaltfläche **Alle Paletten** ❽ auf. Die Funktionen ❼ sind recht logisch aufeinander aufgebaut. Das bedeutet, dass Sie beim Entwickeln Ihrer RAW-Datei Funktion um Funktion durchgehen können, um Ihr Bild individuell zu optimieren. Nach Abschluss der Bearbeitung können Sie das Bild mit der Schaltfläche **Export** ❷ als JPEG- oder TIFF-Datei abspeichern und in anderen Anwendungen weiter bearbeiten oder präsentieren. Möchten Sie lediglich die geänderten Entwicklungseinstellungen der RAW-Datei speichern, wählen Sie die Schaltfläche **Speichern** ❹. Die Entwicklungseinstellungen werden dann verlustfrei in einer separaten XMP-Datei gesichert, sodass Sie jederzeit wieder den Ausgangsstatus der RAW-Datei aufrufen können.

RAW-Entwicklung mit Imaging Edge Edit

EXIF-Daten

Die **Bildeigenschaften** werden in Form sogenannter *EXIF-Daten* (*Exchangeable Image File Format*) in der Bilddatei mitgespeichert. Hier finden Sie von der Kameramarke und dem Aufnahmedatum über die Belichtungszeit, die Blende und den ISO-Wert bis hin zur Blitzeinstellung alle wichtigen Aufnahmeeigenschaften.

Helligkeit und Kontrast optimieren

Imaging Edge Edit bietet in der Funktionshierarchie unterhalb des Histogramms die Kontrolle der **Belichtung** an. Wenn Sie auf die Plus- oder Minus-Schaltfläche klicken, entspricht die Änderung jeweils ±0,3 EV, ist also vergleichbar mit den Drittel-Belichtungskorrekturschritten, die Sie an der α6300 einstellen können. In Abbildung 11.5 haben wir den Blick von der Burg Haut-Koenigsbourg aus in Richtung Rheintal um +1 EV heller gestaltet.

Abbildung 11.5 >
Das Beispielbild vor (links) und nach Optimierung der Bildhelligkeit

Tonwertbeschneidung

Wenn bestimmte Tonwerte beschnitten werden, verlieren die betroffenen Bildstellen an Struktur und Zeichnung. Der *Imaging Edge Edit* ist in der Lage, Ihnen folgenden Beschnitt farblich anzuzeigen: **Tiefen** (dunkelste Farbtöne, gelbe Markierung), **Lichter** (hellste Bildstellen, magentafarbene Markierung) und **Farben außerhalb der Farbskala** (Farben außerhalb des gewählten Farbraums, graue Markierung). Um die Markierungen einzublenden, setzen Sie in der Palette bei **Anzeigesteuerung** ein Häkchen bei der entsprechenden Funktion.

Den Weißabgleich richtig einstellen

Sollte die Farbstimmung einmal nicht gut wiedergegeben sein, hat die α6300 den Weißabgleich vermutlich nicht perfekt getroffen. Manchmal ist es auch erwünscht, eine gezielte Farbänderung vorzunehmen. Mit den Funktionen im Bereich **Weißabgleich** können Sie der Farbgebung dann schnell auf die Sprünge helfen. Dafür gibt es vier Möglichkeiten:

Abbildung 11.6 >
Hier haben wir den Weißabgleich durch Markieren eines Bildbereichs ❶ *angepasst, um den blauen Farbstich zu entfernen.*

- **Kamera-Einstellungen**: die von der α6300 während der Aufnahme verwendete Weißabgleicheinstellung
- **Voreinstellen**: Weißabgleichvorgaben, zum Beispiel **Bewölkt** ☁, wählbar über das Dropdown-Menü sowie die Möglichkeit, den Wert der Vorgabe mit dem Schieberegler um ±500 K anzupassen
- **Farbtemperatur**: Vorgabe einer bestimmten Kelvin-Zahl, zum Beispiel 5800 K für Aufnahmen bei Tageslicht
- **Graupunkt angeben**: Mit der **Pipette** 🖉 wird der im Bild angeklickte Punkt auf die Helligkeit eines mittleren Graus eingestellt, und alle anderen Farbwerte werden entsprechend angepasst. Klicken Sie damit beispielsweise bei Porträts auf das Augenweiß oder, wenn Sie eine *Graukarte* mitfotografiert haben, darauf. Um den Weißabgleichwert auf das Bild ohne Graukarte zu übertragen, wählen Sie **Bearbeiten > Bildverarbeitungseinstellungen >**

Kopieren, öffnen das Zielbild und wählen **Bearbeiten > Bildverarbeitungseinstellungen > Einfügen**.

Mit dem **Bereich** lässt sich mit der Maus ein beliebiger Bildbereich ❶ markieren. Darin sucht sich die Software die neutralen Farben heraus und passt anschließend alle anderen Bildfarben entsprechend an.

Um die Farbgebung Ihres RAW-Bildes weiter aufzupeppen, können Sie im Palettenbereich **Farbe** die **Sättigung** erhöhen oder auch herabsetzen. Achten Sie bei einer Erhöhung auf die Beschneidung der Farben, indem Sie die Anzeigesteuerung **Farben außerhalb der Farbskala** aktivieren. Mit dem Regler **Farbton** wird die Farbbalance in Richtung rötlicher (links) oder gelblicher Töne (rechts) verschoben. Auch bei Hauttönen ist dies eine wichtige Funktion.

Kreativmodi anpassen

Das RAW-Format bietet Ihnen die tolle Möglichkeit, den bei der Aufnahme gewählten **Kreativmodus** nachträglich zu ändern. So können Sie beispielsweise parallel zu einer farbigen Aufnahme auch eine Version in Schwarzweiß anfertigen. Alles, was dafür zu tun ist, ist die Auswahl des entsprechenden Modus im Palettenbereich **Kreativmodus**.

Bilder mit einer Kontrast- und Dynamikbereichoptimierung auffrischen

Das weiche Licht eines bedeckten Himmels oder einer Szene mit Nebel kann dazu führen, dass die Bilder weniger prägnant aussehen – es fehlt an Kontrast. Umgekehrt können bei kontrastreichen Motiven Überstrahlungen oder zeichnungslose dunkle Stellen entstehen. Beides können Sie mit den Funktionen bei **Kontrast** ❷ und **DynamikberOptim** ❸ ausgleichen (siehe Abbildung 11.7). Ziehen Sie den Kontrastregler ❷ nach rechts, um die Kontrastwirkung zu erhöhen, oder für eine Kontrastverringerung nach links. Achten Sie hierbei auf den eventuellen Beschnitt der Tiefen und Lichter. Diesen können Sie mit den Reglern **Weißwerte** (Weißpunkt des Bildes) und **Schwarzwerte** (Schwarzpunkt des Bildes) nachjustieren. Die hellen und dunklen Bildpartien lassen sich mit den Reglern **Highlights** (helle Tonwerte unterhalb von Weiß) und **Schatten** (dunkle Tonwerte oberhalb von Schwarz) fein anpassen.

Im Bereich **DynamikberOptim** versuchen Sie es am besten zunächst mit der Einstellung **Automatisch**. Wenn das nicht ausreicht, gehen Sie auf **Manuell** über. Hier bestimmen Sie mit dem Regler **Umfang** zunächst die grundlegende Stärke der Dynamikbereichoptimierung. Ein Wert von 90 entspricht der DRO-Stufe **Lv5** im Kameramenü der α6300. Schauen Sie sich auf jeden Fall die dunklen Bildbereiche in der Vergrößerungsstufe **Tatsächliche Pixel** ❶ an. Wählen Sie für diese Bereiche bei **Umfang** einen zu hohen Wert, tritt hier womöglich starkes Bildrauschen auf. Danach lässt sich die Wirkung mit den Reglern **Lichter** und **Tiefen** noch verfeinern.

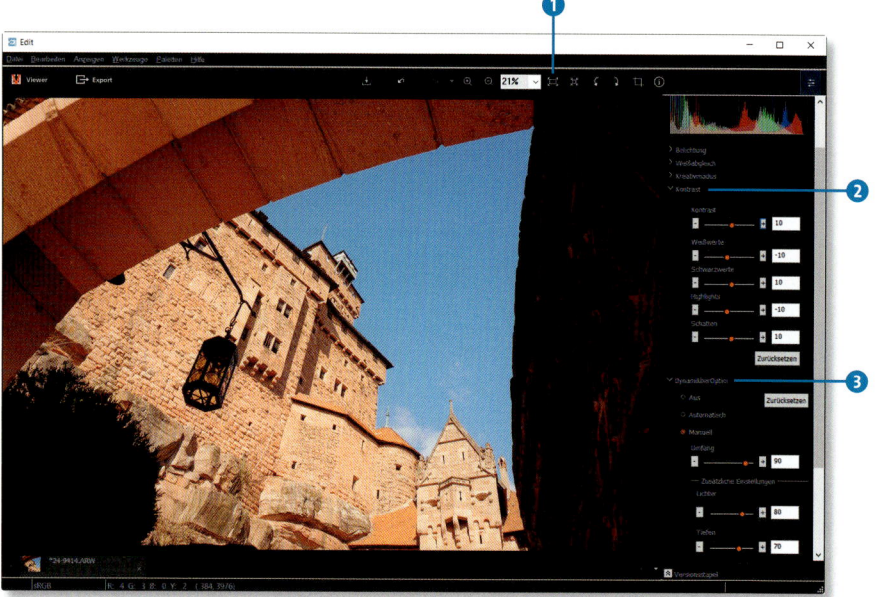

Abbildung 11.7 ▶
*Beleuchtungsoptimierung (obere Bildhälfte) mit den Werten bei Kontrast: +10 (**Kontrast**), –10 (**Weißwerte**), +10 (**Schwarzwerte**), –10 (**Highlights**), +10 (**Schatten**) und den manuellen **DynamikberOptim**-Werten +90 (**Umfang**), +80 (**Lichter**) und +70 (**Tiefen**)*

Farbreproduktion bei Spitzlicht

Die Funktion **Farbreproduktion bei Spitzlicht**, die Sie in der Funktionspalette unterhalb von **DynamikberOptim** finden, zielt auf Bilder ab, die helle Spitzlichter besitzen, zum Beispiel Blitzreflexionen, glänzende Haut oder glitzernde Wassertropfen. Wenn Sie die Funktion von **Standard** auf **Erweitert** stellen, werden die betroffenen Stellen minimal abgedunkelt, und die Farbgebung wird verbessert.

Die Bildschärfe optimieren

Während JPEG-Bilder bereits in der α6300 geschärft werden, benötigen RAW-Fotos generell eine mehr oder weniger starke Nachschärfung. Hierzu stellt *Imaging Edge Edit* die Funktion **Schärfe** zur Verfügung. Diese erhöht den Kontrast entlang der Motivkanten, indem die dunklen Pixel abgedunkelt und die hellen aufgehellt werden.

Für die Anwendung der Schärfefunktion skalieren Sie die Bildansicht im Vorschaufenster am besten auf 100 % beziehungsweise **Tatsächliche Pixel** . Verschieben Sie nun den Regler **Umfang**, bis die gewünschte Scharfstellung eintritt. Achten Sie darauf, dass an harten Kanten im Bild keine dicken weißen Linien entstehen, die unnatürlich wirken und eine Überschärfung andeuten. In gewissem Umfang können Sie die Kontrastlinien aber mit dem Regler **Überschwinger** noch etwas nachjustieren. Ziehen Sie ihn nach rechts, um die weißen Linien wieder etwas abzudunkeln. Mit dem Regler **Unterschwinger** können Sie im Gegenzug die dunklen Kontrastkanten aufhellen (Regler rechts) oder noch weiter abdunkeln (Regler links). Der Regler **Schwellwert** dient schließlich dazu, die Wirkung der gesamten Scharfeinstellung zu verstärken (Regler links) oder abzuschwächen (Regler rechts).

◄ **Abbildung 11.8**
*Der Ausschnitt links zeigt eine zu starke Schärfung mit weißen Rändern an den Kanten. Rechts ist die Schärfe gut eingestellt (**Umfang: +30**, **Überschwinger: –50**, **Unterschwinger: +20**, **Schwellwert: –50**).*

Schattierungskompensierung gegen dunkle Bildecken

Objektivbedingten dunklen Bildecken (*Vignettierung*) setzt die **Schattierungskompensierung** eine angepasste Aufhellung entgegen. Dazu stellen Sie zuerst den **Mittleren Radius** ein. Von der α6300 wird der Wert 80 bereits vorgegeben, was in den meisten Fällen auch gut passt. Mit dem Regler **Mittelstärke** kontrollieren Sie die Stärke der Aufhellung. Der Regler **Randstärke** legt fest, wie hart der Übergang zwischen der unbearbeiteten Mitte und dem Randbereich ausfällt. An der Stelle können wir Ihnen nur raten, die Korrektur »auf Sicht« auszuführen, was mit ein bisschen Übung aber prima funktioniert.

Was die Rauschunterdrückung leistet

RAW-Bilder, die mit hohen ISO-Werten fotografiert wurden, leiden unter Bildrauschen. Mit der Funktion **Rauschunterdrückung** können Sie störende Fehlpixel jedoch schnell entfernen. Stellen Sie die Bildansicht dazu auf **Tatsächliche Pixel**, oder vergrößern Sie die Ansicht bis auf 200 %. Im Palettenbereich **Rauschunterdrückung** liefert die Einstellung **Automatisch** bereits ein sehr gutes Resultat. Alternativ und bei sehr starkem Rauschen wählen Sie die Option **Manuell**. Legen Sie dann zunächst mit dem Regler **Umfang** die generelle Stärke der Rauschunterdrückung fest. Damit wird vor allem das Helligkeitsrauschen bekämpft. Anschließend können Sie die Bearbeitung weiter verfeinern, indem Sie buntes Pixelrauschen mit dem Regler **Rauschunterdrückung bei Farben** mindern. Mit dem Regler **Rauschunterdrückung an Kanten** wird der Schärfeeindruck beeinflusst, je niedriger der Wert, desto schärfer die Bilddetails, desto höher aber auch das Bildrauschen.

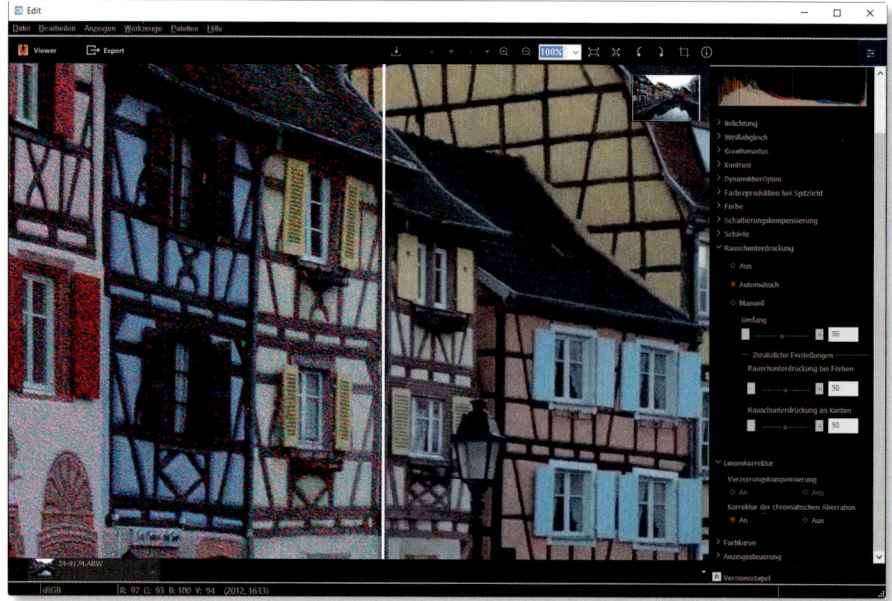

Abbildung 11.9 >
ISO-12 800-Bild ohne (linke Bildhälfte) und mit automatischer Rauschunterdrückung

Achten Sie generell darauf, dass Sie die Rauschunterdrückung nicht übertreiben, denn unter zu starker Helligkeitsrauschreduktion kann die Bildauflösung leiden, und bei übertriebener Farbrauschminderung kann als Nebeneffekt ein »Ausbluten« der Farben auftreten.

RAW-Entwicklung mit Imaging Edit

Verzerrungskompensierung

Die **Linsenkorrektur** korrigiert die vom Objektiv verursachten bunten Farbsäume (**Korrektur der chromatischen Aberration**) und die tonnen- oder kissenförmige Verzeichnung (**Verzerrungskompensierung**). Allerdings können Sie die letztgenannte Funktion nur ein- oder ausschalten, und das auch nur, wenn für das Objektiv entsprechende Korrekturdaten hinterlegt sind. Bei dem Kit-Objektiv der α6300 (*E PZ 16–50 mm F3,5–5,6 OSS*) ist das beispielsweise nicht der Fall, und auch beim Einsatz von Fremdobjektiven ist die Funktion ausgegraut. Der RAW-Konverter *Adobe Photoshop Lightroom* verhält sich in dem Punkt professioneller, er kann die Objektivfehler des Kit-Objektivs korrigieren.

Bildspeicherung in einem verlustfreien Format

Nach der Optimierung des RAW-Bildes ist es zu empfehlen, zunächst die RAW-Bearbeitungsschritte zu sichern. Dazu wählen Sie **Datei > Speichern** (Strg/Ctrl + S). Mit **Datei > Speichern unter** (Strg/Ctrl + ⇧ + S) können Sie den Dateinamen und/oder den Speicherort ändern.

Für die Dateikonvertierung wählen Sie entweder **Datei > Ausgabe** (Strg/Ctrl + E) oder klicken auf die Schaltfläche **Export**. Im erscheinenden Dialogfenster sind die Formate **TIFF** oder **JPEG** ❷ wählbar, die auch für andere Bildbearbeitungsprogramme oder für Drucker lesbare Formate darstellen.

Möchten Sie die Pixelmaße Ihres Bildes ändern ❶ geben Sie bei **Breite** beispielsweise 2000 Pixel an, was sich für Facebook-Bilder prima eignet. Die Höhe wird dann automatisch angepasst. Klicken Sie abschließend auf die Schaltfläche **Speichern**.

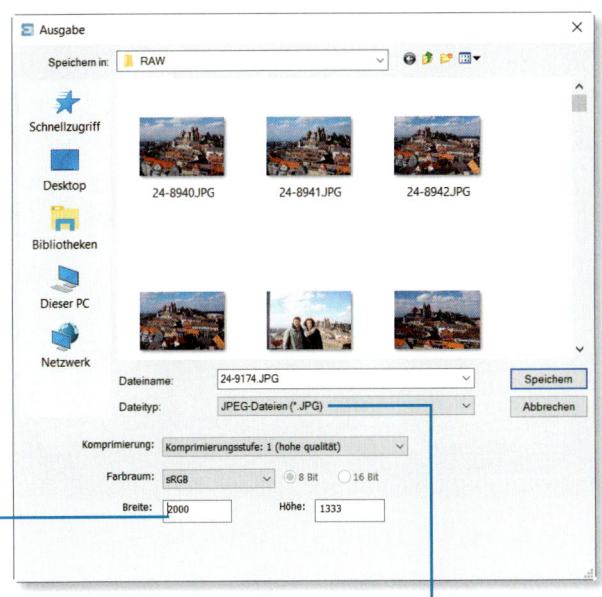

< Abbildung 11.10
Einstellungsoptionen im Dialogfenster **Ausgabe**

Programmalternativen

EXKURS

Die Bearbeitungsmöglichkeiten von *Imaging Edge Edit* sind wirklich recht umfangreich und einfach zu bedienen. Jedoch vermissen wir eine Perspektivkorrektur, mit der sich stürzende Linien ausgleichen lassen, und die Möglichkeit, Sensorflecken zu entfernen.

Vor diesem Hintergrund stellt der für die α6300 kostenlos nutzbare Konverter *Capture One Express (for Sony)* eine interessante Programmalternative dar. Die Software kann unter *www.phaseone.com/sony*. heruntergeladen werden und ist für die standardmäßige Bearbeitung der RAW-Dateien aus der α6300 sehr zu empfehlen. Sowohl die Bilddetails werden damit bereits in der Standardeinstellung sehr gut herausgearbeitet, als auch Objektivfehler automatisch reduziert. Zudem stehen alle grundlegend wichtigen Funktionen für die Anpassung von Farbe, Kontrast und Schärfe zur Verfügung. Das Bearbeiten einzelner Bildabschnitte, ein gezieltes Optimieren von Hauttönen sowie der Ausgleich perspektivischer Verzerrungen sind in der Express-Version allerdings nicht möglich.

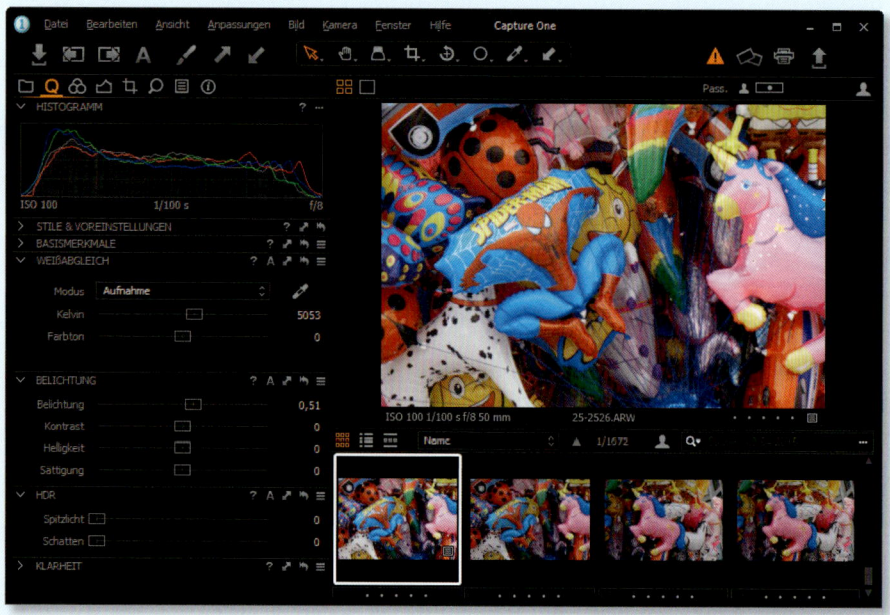

Abbildung 11.11 >
Arbeitsoberfläche von Capture One Express (for Sony)

Um den vollen Umfang moderner RAW-Konvertierungsmethoden nutzen zu können, ist ein kostenpflichtiges Upgrade auf *Capture One Pro* notwendig, das in der Version *for Sony* aber günstig ist. Alternativ empfiehlt sich das Programm *Adobe Lightroom*, das Sie anhand der erhältlichen Testversion einmal näher ausloten können. *Adobe Lightroom* ist unserer Ansicht nach etwas übersichtlicher aufgebaut und bietet mehr Möglichkeiten zum Organisieren des Bildbestands (inklusive GPS-Geotagging) und Weitergeben der Bilder (Diashow, Fotobuch). In Sachen Bildqualität liefern beide Programme aber vergleichbar gute Ergebnisse, wobei das Weißabgleichspektrum bei *Capture One Pro* mehr Spielraum im Kunstlichtbereich bietet. *Capture One Pro* hat auch ein wenig die Nase vorn, wenn es um die automatische Anpassung von Schärfe und Rauschunterdrückung sowie die Anpassung von Hauttönen geht, bei *Adobe Lightroom* ist beispielsweise das Ausgleichen perspektivischer Verzerrungen besser gelöst. Probieren Sie am besten beide Programme aus, und entscheiden Sie dann selbst, welche Bearbeitungsform Ihnen leichter von der Hand geht oder Ihrer Bildästhetik besser entspricht.

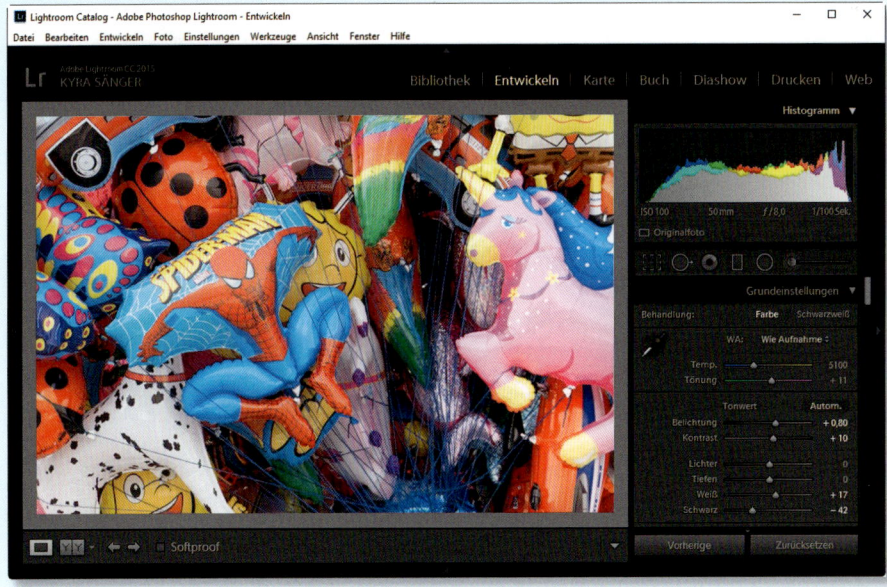

< Abbildung 11.12
Arbeitsoberfläche von Adobe Photoshop Lightroom CC

Kapitel 12
Einfach filmen mit der Sony α6300

Filmaufnahmen realisieren 266

Mehr Einfluss auf die Videogestaltung 268

Filme optimal scharfstellen 272

Empfehlungen zu den Videoformaten 275

Spannende Zeitlupenvideos drehen 283

Der gute Ton 285

EXKURS: Fotoprofile situationsbedingt einsetzen 289

Filmaufnahmen realisieren

▲ **Abbildung 12.1**
Wenn Sie viel filmen, können Sie statt der ergonomisch unkomfortablen MOVIE-Taste die C1-Taste oder eine andere Taste mit der Funktion MOVIE belegen (Menü Benutzereinstlg. 7 > BenutzerKey(Aufn.)).

Neben ihrer prallen Ausstattung an Fotofunktionen bietet die α6300 auch viele ausgereifte Möglichkeiten für Filmaufnahmen. Damit lassen sich Urlaubserinnerungen aufpeppen, Sportaction in Zeitlupe einfangen oder hochaufgelöste Hochzeitsvideos in 4 K drehen.

Prinzipiell können Sie die Videoaufnahme auf zwei Wegen starten, indem Sie entweder den eigens dafür ausgelegten Modus **Film** verwenden oder, noch schneller, den Film direkt aus einem der Fotoprogramme heraus aufzeichnen. Beide Optionen bringen ihre Vor- und Nachteile mit sich, die wir Ihnen im nächsten Abschnitt noch genauer vorstellen werden. Eines haben sie aber gemeinsam, und zwar die Vorgehensweise beim Starten und Stoppen des Films über die MOVIE-Taste ❶ auf der rechten Kameraseite. Richten Sie die α6300 also einfach auf das zu filmende Motiv aus, und starten Sie die Videoaufzeichnung.

Es erscheint das rote Zeichen **REC** ❷, und die Aufnahmezeit ❶ läuft an. Wenn Sie die Anzeigeform **Alle Infos anz.** mit der **DISP**-Taste eingestellt haben, werden Ihnen auch die aktuell gewählte **Aufnahmeeinstellung** ❼ und die mögliche Filmdauer ❺ angezeigt. Außerdem können Sie die Tonaufnahme mit dem **Audiopegel** ❸ optisch verfolgen. Der SteadyShot-Bildstabilisator im Objektiv greift praktischerweise auch bei der Filmaufnahme stabilisierend ins Geschehen ein, zu erkennen am Symbol **SteadyShot** ❻. Am Programmsymbol können Sie stets ablesen, aus welchem Aufnahmemodus heraus Sie den Film gerade aufzeichnen, hier haben wir beispielsweise die **Programmautomatik (P)** ❹ verwendet.

Damit die Tonaufnahme ohne Störgeräusche abläuft, berühren Sie das Stereomikrofon links und rechts oberhalb des Objektivbajonetts nicht, und betätigen Sie auch keine anderen Tasten oder Einstellräder. Erstens sind einige der Tasten ohnehin außer Betrieb, und zweitens würden die Bediengeräusche allesamt mit aufgezeichnet werden und sich störend im Film bemerkbar machen. Um die Filmsequenz zu beenden, drücken Sie erneut die MOVIE-Taste ❶.

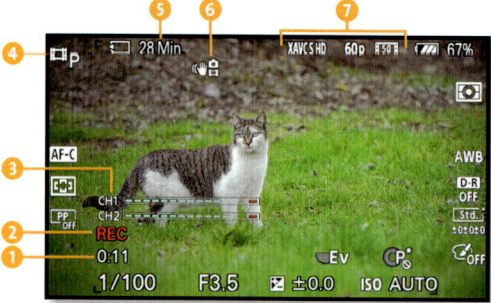

◂ **Abbildung 12.2**
Gerade gestartete Videoaufzeichnung

< **Abbildung 12.3**
Die α6300 bietet sowohl für ruhige als auch für actiongeladene Motive ausgereifte Videomöglichkeiten.

Schwenken und zoomen?

Während des Filmens können Sie den Bildausschnitt selbstverständlich verändern. Die Belichtung und die Schärfe werden stets an die neue Situation angepasst. Die schönsten Ergebnisse erzielen Sie aber, wenn Sie die α6300 sehr ruhig halten und sie höchstens ein wenig wie in Zeitlupe mit dem Motiv mitführen oder nur langsam über ein Szenario schwenken. Ruckartige Bewegungen machen sich dagegen meistens im Film nicht gut. Auch das Erweitern oder Verengen des Bildausschnitts mit dem Zoomring oder dem eigens dafür vorgesehenen *Powerzoom-Hebel* einiger Sony-Objektive ist möglich, aber meist mit einem ziemlichen Gewackel verbunden. Nähern Sie sich lieber selbst dem Objekt ganz langsam an, um es größer ins Bild zu bekommen. Bewahren Sie also die Ruhe, und überlassen Sie die Aktion den Protagonisten vor Ihrer Kamera.

Abbildung 12.4 >
Mit dem Powerzoom-Hebel ist ruhigeres Zoomen möglich, aber aus der freien Hand wackelt es beim Starten und Stoppen des Zooms trotzdem.

Mehr Einfluss auf die Videogestaltung

Da Sie den Film aus allen Belichtungsprogrammen heraus starten können, stellt sich sicherlich schnell die Frage, welcher Modus hier die beste Wahl ist. An sich verhält es sich ähnlich wie beim Fotografieren. Für unkomplizierte und spontane Filmaufnahmen eignen sich die **Automatik** AUTO oder die **SCN**-Modi. Dabei ist es allerdings unerheblich, welches Szenenprogramm gerade aktiv ist. Das Video wird immer mit der **Filmautomatik** aufgezeichnet. Um die Belichtung müssen Sie sich hier nicht weiter kümmern, sie wird automatisch eingestellt und an sich ändernde Lichtverhältnisse angepasst.

Einen Schritt weiter in Richtung Einflussnahme auf das Video kommen Sie beim Filmen aus der **Programmautomatik** (**P**) oder dem **Schwenk-Panorama**. In beiden Fällen wird die **Film-Programmautomatik P** gestartet.

Das bedeutet zwar, dass die Belichtung immer noch automatisch festgelegt wird, aber Sie können jetzt auch Belichtungskorrekturen ❸ um ±2 EV durchführen und den **ISO**-Wert ❹ bestimmen (ISO 100–25 600). Zudem können Sie ein anderes **Fokusfeld** ❶ wählen und damit gezielter scharfstellen. Die Videodarstellung lässt sich auch mit einem anderen **Fotoprofil** ❷, **Kreativmodus** ❻, einem verbesserten **DRO**-Kontrast ❼ und einem geänderten **Weißabgleich** ❽ verfeinern. Wie die Belichtung gemessen wird, legen Sie schließlich mit dem **Messmodus** ❾ fest, wobei **Multi** ein verlässlicher Standard ist. Videoaufnahmen sind auch mit **Bildeffekten** ❺ möglich, außer **Weichzeichnung**, **HDR Gemälde**, **Sattes Monochrom**, **Miniatur**, **Wasserfarbe** und **Illustration**.

▽ Abbildung 12.5
*Filmen im Modus **Film-Programmautomatik**, hier mit dem Bildeffekt **Tontrennung:Farbe***

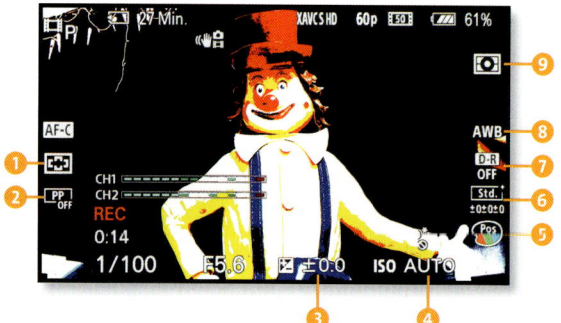

△ Abbildung 12.6
*Erweiterte Möglichkeiten mit der **Film-Programmautomatik***

Gute Basis für die Videobearbeitung

Möchten Sie Ihre Filme gerne nachträglich mit einer speziellen Videosoftware weiterbearbeiten, ist es günstig, wenn das Video ohne starke Kontrast- oder Farbeffekte aufgezeichnet wurde. Daher wäre der Kreativmodus **Neutral** Ntrl oder das **Fotoprofil** PP7 eine gute Wahl, dazu später mehr. Die Videos wirken dann zunächst zwar ziemlich kontrastarm und flau, aber das ist genau die richtige Voraussetzung für eine möglichst verlustfreie Videonachbearbeitung.

Bei Fernseh- oder Kinofilmen wird oft attraktiv das Spiel mit Schärfe und Unschärfe gespielt. Da ist beispielsweise zuerst eine Schauspielerin im Vordergrund scharf vor einem verschwommenen Hintergrund zu sehen, und im nächsten Moment schwenkt die Schärfe auf den Akteur weiter hinten, und die Schauspielerin vorn wird unscharf. Solcherlei Effekte können Sie bei Vorwahl der **Blendenpriorität (A)** auch erreichen, indem Sie einen niedrigen Blendenwert auswählen. Nach dem Filmstart springt die α6300 auf die **Film-Blendenpriorität** A um. Wichtig dabei ist, dass der Fokus stets gut geführt wird, aber dazu später mehr.

< Abbildung 12.7
Aus der **Blendenpriorität (A)** heraus sind Videoaufnahmen mit selektiver Schärfe möglich (hier Blende f3,5 bei 148 mm).

Für die flüssige Darstellung bewegungsreicher Filmmotive eignet sich der Videostart aus dem Modus **Zeitpriorität (S)** heraus, wobei die Aufzeichnung dann im Modus **Film-Zeitpriorität** s abläuft. Die längste Belichtungszeit, die Sie hierbei nutzen können, beträgt 1/4 s, was allerdings zu stark verwischten und ruckelnden Aufnahmen führt, als besonderes Stilelement jedoch durchaus einen Versuch wert ist. Für flüssige Bewegungsabläufe bei Tageslicht filmen Sie am besten mit Belichtungszeiten im Bereich zwischen 1/50 s und 1/250 s. Wenn Sie unter Leuchtstofflampenlicht filmen, nehmen Sie Werte zwischen 1/50 s und 1/100 s, damit keine flackerbedingten Streifen im Video auftreten (*Banding-Effekt*).

⌃ Abbildung 12.8
Links: Bei 1/4000 s werden die Wassertropfen scharf aufgezeichnet, die Bewegungen wirken dadurch etwas ruckartig. Rechts: Mit 1/100 s sehen die Wassertropfen verwischt aus, dafür laufen die Bewegungen im Film flüssiger ab.

Neutraldichtefilter beim Filmen

Wenn Sie in heller Umgebung filmen oder ein **Fotoprofil** einsetzen, mit dem nur hohe ISO-Werte verwendbar sind, kann es sein, dass die α6300 die Zeit nicht mehr auf den für Filmaufnahmen günstigen langen Werten halten kann. Dann ist es sinnvoll, einen Neutraldichtefilter anzubringen. Dieser verringert den Lichteinfall, so dass Sie auch bei Sonnenschein weiche und flüssige Bewegungen und Videoschwenks realisieren können. Speziell fürs Filmen gibt es variable ND-Filter, bei denen die Filterstärke angepasst werden kann (zum Beispiel *Vari-ND* von Singh-Ray). Diese sind aber ungünstig, wenn sich die Frontlinse des Objektivs beim Fokussieren dreht. Günstigere Modelle erzeugen zudem in den stärkeren Einstellungen meist deutliche Farbstiche, und der Übergang zwischen den wählbaren Filterstärken kann sehr abrupt sein. Filter mit einer festen Stärke sind qualitativ meist besser und günstiger.

⌃ Abbildung 12.9
Neutraldichtefilter der Stärke ND4 und höher sind zum Verlängern der Belichtungszeit bei Videoaufnahmen gut geeignet.

Bei der Auswahl der **Manuellen Belichtung** (**M**) haben Sie genau wie beim Fotografieren mit Ihrer α6300 alles selbst in der Hand. Das Filmen aus dem **Manuellen Filmmodus** heraus eignet sich beispielsweise sehr gut, wenn Sie einen Kameraschwenk über eine Szene machen und dabei die Belichtung konstant halten möchten (lesen Sie hierzu auch den Kasten »Filmen mit gleichbleibender Belichtung« auf dieser Seite), es sei denn, Sie filmen mit der **ISO-Automatik**, dann wird auch in diesem Programm die Helligkeit automatisch nachgeregelt.

Mit **P**, **S**, **A** und **M** lässt sich bereits aus den Fotoprogrammen heraus vielseitig und kreativ filmen, und das ist im Modus **Film** auch nicht anders. Wenn Sie dieses Programm mit dem Moduswahlrad aktivieren, stellt Ihnen die α6300 die gleichen Aufnahmeoptionen zur Verfügung. So begegnen Sie hier der **Film-Programmautomatik** , der **Film-Blendenpriorität** , der **Film-Zeitpriorität** und der **Manuellen Filmbelichtung** . Auswählen lassen sich die Modi im **Quick Navi**-Menü oder im Menü **Kameraeinstlg. 7** bei **Film/HFR**. Danach können Sie das Video mit der Taste wie gehabt aufzeichnen.

Der Vorteil des **Film**-Modus besteht darin, dass Sie den schmaleren Bildausschnitt schon vorab sehen. Bei der α6300 ist nun der gesamte Monitor mit dem Livebild gefüllt, und der Motivausschnitt lässt sich optimal einrichten. Außerdem können Sie jetzt auch die Zeitlupenprogramme , , , oder auswählen und Ihre Filme in Slow Motion aufzeichnen. Das RAW-Format muss auch nicht erst deaktiviert werden, um mit einem Bildeffekt filmen zu können.

< **Abbildung 12.10**
Auswahl des Filmaufnahmeprogramms im Modus Film

Filmen mit gleichbleibender Belichtung

Die automatische Helligkeitsanpassung läuft mit der α6300 beim Schwenken über eine Szene sehr harmonisch ab, selbst wenn Bildstellen mit Gegenlicht darin vorkommen. Wenn Sie Aufnahmen im Studio anfertigen, die absolut konstant belichtet sein sollen, kann es aber praktischer sein, die Belichtung festzulegen. Dazu filmen Sie einfach im manuellen Modus . Oder Sie stellen den **AF/MF/AEL**-Schalter auf **AEL** und drücken zum Speichern die **AEL**-Taste. Die Option **Funkt. d. AEL-Taste** im Menü **Benutzereinstlg. 7** > **BenutzerKey(Aufn.)** sollte hierzu mit **AEL Umschalten** belegt sein.

Filme optimal scharfstellen

Die Aufnahme bewegter Bilder erfordert einen Autofokus, der das anvisierte Motiv zuverlässig und kontinuierlich scharfstellt. Aus diesem Grund aktiviert Ihre α6300 automatisch den kontinuierlichen **Nachführ-AF** (**AF-C**). Dieser läuft in der Regel auch optisch ruhiger vonstatten als das Scharfstellen per Auslöser. Beim Scharfstellen mit dem Auslöser kann es beispielsweise bei dunklen oder wenig kontrastierten Motiven vorkommen, dass die Schärfe kurzzeitig hin- und herschwankt, und das macht sich im Video nachher nicht so gut. Um das Motiv im Fokus zu halten, können Sie die bekannten Fokusfelder **Breit**, **Feld**, **Mitte**, **Flexible Spot** oder **Erweit. Flexible Spot** verwenden. Wobei wir Ihnen empfehlen, das Fokusfeld nicht zu klein zu wählen, da es sonst schneller zu Fokusproblemen kommt und die Bildschärfe im Film zu schwanken beginnt, **Feld** ❷ oder **Flexible Spot L** sind oft eine gute Wahl.

Abbildung 12.11 ▸ Motive sicher im Fokus halten mit dem Fokusfeld Feld ❷ und kontinuierliche Schärfenachführung mit dem AF-C ❶

Sollte die normale Fokusnachführung bei sehr schnellen Bewegungen und Kameraschwenks zu langsam sein, lässt sich die Nachführgeschwindigkeit im Menü **Kameraeinstlg. 4** ▸ **AF Speed** mit der Einstellung **Schnell** erhöhen. Bei dem Snowboard-Film sind wir beispielsweise so vorgegangen. Gleiches gilt für die Stringenz, mit der die Objekte im Fokus gehalten werden.

▲ Abbildung 12.12 ▸ Mit der Nachführgeschwindigkeit AF Speed im Modus Schnell und der AF-Verfolg.empf. im Modus Hoch ließ sich der Snowborder konstant scharf im Film abbilden.

Mit der Einstellung **Normal** im Menü **Kameraeinstlg. 4** ◘ > ▦ **AF-Verfolg. empf.** springt die Schärfe weniger schnell auf andere Motivstrukturen um. Das ist zum Beispiel hilfreich, wenn Sie Ihr Motiv schon von Weitem ins Visier nehmen können, etwa einen auf gerader Strecke herannahenden Motocrossfahrer, und das Bild im Laufe des Kameraschwenks kurzzeitig von einem Sandhügel, Büschen oder Zuschauern vor Ihnen verdeckt wird. Bei dem gezeigten Snowboarder haben wir hingegen **Hoch** eingestellt, damit der Fokus beim Auftauchen des Sportlers an der Absprungkante möglichst schnell auf den Akteur umspringen konnte.

Gesichter oder Motivelemente im Fokus halten

Haben Sie Menschen im Visier, können Sie auch beim Filmen von der **Gesichtserkennung** profitieren, die sich im Menü **Kameraeinstlg. 6** ◘ > **Lächel-/Ges.-Erk.** einschalten lässt (siehe den Abschnitt »Gesichter im Fokus« ab Seite 80). Allerdings dürfen die Bewegungen nicht zu schnell sein, und das Gesicht sollte frontal oder nur leicht gedreht zu sehen sein. Wobei die α6300 das Antlitz schnell wiederfindet, wenn der Gesichtsrahmen kurzzeitig aufgehoben wird. Wenn der Autofokus einem bestimmten Objekt folgen soll, können Sie ihn mit der **Mittel-AF-Verriegelung** gezielt darauf lenken (siehe den Abschnitt »Motivverfolgung mit der Mittel-AF-Verriegelung« ab Seite 90). Dies ist aber nur sinnvoll durchführbar, wenn das Motiv sich nur mäßig bewegt oder von Weitem schon gut anzupeilen ist.

Filmen mit manueller Schärfeführung

Da die α6300 keinen Touchscreen-Monitor hat, mit dem sich der Fokus per Fingertipp von einer auf die andere Stelle dirigieren ließe, kann es durch den Autofokus schnell zu unerwünschten Schärfeschwankungen im Film kommen. Um dies zu verhindern, ist der manuelle Fokus die beste Wahl. Dann springt die Schärfe auch nicht versehentlich auf einen anderen Motivteil um. Setzen Sie dazu den **AF/MF/AEL**-Schalter auf **AF/MF**, und halten Sie die **AF/MF**-Taste gedrückt. Die α6300 stellt auf den **Manuellfokus** (**MF**) um und behält die Schärfe bei, bis Sie die Taste wieder loslassen. Wenn Sie die Taste nicht die ganze Zeit gedrückt halten möchten, belegen Sie die **AF/MF**-Taste im Menü **Benutzereinstlg. 7** ✿ > **BenutzerKey(Aufn.)** mit der Funktion **AF/MF-Strg. wechs.**.

Im Verlauf der Videoaufzeichnung können Sie die Schärfe mit dem Fokussierring des Objektivs anpassen. Führen Sie den Blick des Betrachters damit beispielsweise von einer Blüte im Vordergrund auf die Landschaft im Hintergrund. Dabei können Sie die Schnelligkeit der Fokusverlagerung, auch als *Pull-Focus-Effekt* bezeichnet, ganz individuell steuern. Bei Makroaufnahmen mit wenig Schärfentiefe wirken langsame Fokusverlagerungen sehr gut. Die Schärfe wandert sanft über die Details und lässt alles Stück für Stück einmal scharf im Film erscheinen. Bei vorsichtiger Handhabung ist auch nicht mit Störgeräuschen zu rechnen.

˅ **Abbildung 12.13**
Manuelle Fokusverlagerung vom hinteren (links) auf den vorderen Turm (rechts) eines Burgmodells

> **Die Farben fixieren**
>
> Es dauert zwar recht lange, aber die Farbgebung kann sich im Laufe einer Filmaufzeichnung verschieben. Daher kann es sinnvoll sein, den **Weißabgleich** von **AWB** auf eine passende Vorgabe, etwa **Tageslicht** ☀ oder **Bewölkt** ☁, umzustellen.

Hilfsmittel für eine ruhige Kameraführung

Das Scharfstellen beim Filmen erfordert ein wenig Übung. Die α6300 sollte dabei nicht zu sehr wackeln, daher filmen Sie am besten vom Stativ aus. Mit einem *Videoneiger* (zum Beispiel *Benro S4* oder *Manfrotto MVH500AH*) kann die α6300 ruhig geschwenkt werden, und das Bild wackelt auch weniger, wenn manuell am Fokussierring gedreht wird.

Das manuelle Scharfstellen funktioniert besonders gut, wenn Sie den Start- und den Stopppunkt zuvor einmal anfahren, um ein Gefühl für die Abstände und Drehachsen zu bekommen. Mit einer speziellen *Schärfezieheinrichtung* (zum Beispiel *Quenox FF2*, *Edelkrone FocusONE*, *Lanparte FF-02*) las-

˄ **Abbildung 12.14**
Videoneiger wie der MVH500AH Kompakt Fluid stabilisieren die α6300 beim Filmen (Bild: Manfrotto).

sen sich auch längere Verstellwege einfacher und ruckelfreier gestalten, denn beim Drehen mit der Hand am Fokussierring muss öfter umgegriffen werden. Hierbei wird der Fokussierring über eine Art Zahnradkombination mit einem Hebel verbunden, über den der Fokussierring verstellt werden kann. Wenn eine Stoppvorrichtung implementiert ist, können Sie den Anfangs- und Endpunkt für die Schärfeziele vorab einstellen und beim Filmen gezielt anfahren. Am besten kombinieren Sie eine solche Follow-Focus-Einrichtung mit einem *Video-Rig*, das zwischen Stativkopf und α6300 angebracht wird, und gegebenenfalls mit einem Schulterstativ. Das Video-Rig (zum Beispiel *Quenox DSLR Rig*) besitzt zwei Stangen, auf denen die Schärfezieheinrichtung beim Fokussieren vor- und zurückfährt. So können Sie den Fokus akkurat und gleichmäßig führen.

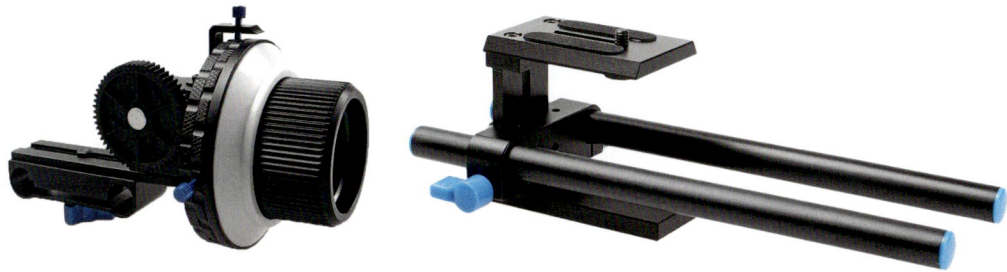

^ Abbildung 12.15
Links: Follow-Focus-Einheit Quenox FF2 mit Stoppern für den Fokusanfangs- und -endpunkt (Bild: Quenox). Rechts: Halterung für die Anbringung einer Schärfezieheinrichtung (Stangenabstand 6 cm, -durchmesser 15 mm; Bild: Quenox)

Empfehlungen zu den Videoformaten

Bevor Sie das Filmen so richtig ausgiebig praktizieren, ist es sinnvoll, sich ein paar Gedanken über das Filmformat zu machen. Die α6300 bietet dazu die in Tabelle 12.1 gezeigten umfangreichen Möglichkeiten an.

Um Sie nicht gleich mit den vielen Einzelheiten, die bei der Filmformatauswahl eine Rolle spielen, zu überfallen, ziehen wir an dieser Stelle unser Fazit zur Wahl des Videoformats einfach vor. Lesen Sie anschließend weiter, wenn Sie tiefer in die Themen Aufnahmeformat, Bildrate und Videosystem einsteigen möchten.

Datei-format	Aufnahmeeinstellung		Auflösung (Pixel)	Ausgabe	Bildrate		Speicher-karte/Ge-schwindig-keitsklasse
	PAL	NTSC			PAL	NTSC	
XAVC S 4K	25p 100M	30p 100M	3840 × 2160	Ultra HD	25 Vb/s	30 Vb/s	SDXC (UHS-3)
XAVC S 4K	25p 60M	30p 60M	3840 × 2160	Ultra HD	25 Vb/s	30 Vb/s	SDHC/SDXC (UHS-1)
XAVC S 4K	–	24p 100M	3840 × 2160	Ultra HD	–	24 Vb/s	SDXC (UHS-3)
XAVC S 4K	–	24p 60M	3840 × 2160	Ultra HD	–	24 Vb/s	SDHC/SDXC (UHS-1)
XAVC S HD	50p 50M	60p 50M	1920 × 1080	Full HD	50 Vb/s	60 Vb/s	SDHC/SDXC (UHS-1)
XAVC S HD	25p 50M	30p 50M	1920 × 1080	Full HD	25 Vb/s	30 Vb/s	SDHC/SDXC (UHS-1)
XAVC S HD	100p 100M	120p 100M	1920 × 1080	Full HD	100 Vb/s	120 VB/s	SDXC (UHS-3)
XAVC S HD	100p 60M	120p 60M	1920 × 1080	Full HD	100VB/s	120 VB/s	SDHC/SDXC (UHS-1)
AVCHD	50i 24M(FX)	60i 24M(FX)	1920 × 1080	Full HD	50 Hb/s	60 Hb/s	SDHC/SDXC (UHS-1)*
AVCHD	50i 17M(FH)	60i 17M(FH)	1920 × 1080	Full HD	50 Hb/s	60 Hb/s	SDHC/SDXC (UHS-1)
AVCHD	50p 28M(PS)	60p 28M(PS)	1920 × 1080	Full HD	50 Vb/s	60 Vb/s	SDHC/SDXC (UHS-1)*
AVCHD	25p 24M(FX)	24p 24M(FX)	1920 × 1080	Full HD	25 Vb/s	24 Vb/s	SDHC/SDXC (UHS-1)*
AVCHD	25p 17M(FH)	24p 17M(FH)	1920 × 1080	Full HD	25 Vb/s	24 Vb/s	SDHC/SDXC (UHS-1)
MP4	1080/50p 28M	1080/60p 28M	1920 × 1080	Full HD	50 Vb/s	60 Vb/s	SD/SDHC/SDXC (UHS-1)
MP4	1080/25p 16M	1080/30p 16M	1920 × 1080	Full HD	50 Vb/s	30 Vb/s	SDHC/SDXC (UHS-1)
MP4	720/25p 6M	720/30p 6M	1280 × 720	HD	25 Vb/s	30 Vb/s	SDHC/SDXC (UHS-1)

∧ Tabelle 12.1
Dateiformate und Aufnahmeeinstellungen für Videoaufzeichnungen (Vb = Vollbilder, Hb = Halbbilder); * Um die ursprüngliche Bildqualität zu erhalten, speichern Sie die Filme auf Blu-Ray-Discs.

< **Abbildung 12.16**
Die α6300 kann drei unterschiedliche Videoausgabegrößen liefern: 3840 × 2160 Pixel (4 K), 1920 × 1080 Pixel (Full HD) und 1280 × 720 Pixel (HD).

Hier also ein paar Empfehlungen für unterschiedliche Aufnahmesituationen: Die Standardeinstellung der α6300, **XAVC S HD 50p 50M**, bietet eine hohe Flexibilität, eine sehr gute Bildqualität und erlaubt in etwa 20 Minuten lange Aufnahmezeiten ohne Überhitzungsprobleme.

Möchten Sie sehr schnelle Bewegungen mit einem Maximum an Videoqualität aufzeichnen, wählen Sie die Einstellung **XAVC S HD 100p 100M** (≥ 64-Gigabyte-UHS-3-Speicherkarte!) oder **XAVC S HD 100p 60M** (≥ 32-Gigabyte-UHS-1-Speicherkarte). Aus diesen Videos können in der Nachbearbeitung auch Zeitlupensequenzen gestaltet werden. Unter flackernder Beleuchtung mit Gasentladungslampen ist das Format aber nicht optimal geeignet, weil es vor allem bei **60p** leicht zu einer streifigen Belichtung kommen kann (Banding-Effekt).

Für normal schnelle Bewegungen und langsamere Kameraschwenks bieten sich die großen Ultra-HD-Filmbilder in **XAVC S 4 K 25p 100M** (≥ 64-Gigabyte-UHS-3-Speicherkarte!) oder **XAVC S 4 K 25p 60M** (≥ 32-Gigabyte-UHS-1-Speicherkarte) an. Die Auflösung und Darstellung der Motivdetails sind enorm, aber der Speicherbedarf und die Belastung der α6300 bei der Aufnahme sind entsprechend höher – dennoch, für Qualitätsbewusste absolut empfehlenswert.

Wer ein Format sucht, das immer noch eine gute Qualität bietet, dabei aber auch mit leistungsschwächeren Computern bearbeitet werden kann, lange Aufnahmezeiten ermöglicht (gut für Interviews) und sich auf vielen Wiedergabegeräten abspielen lässt, ist mit dem Format **MP4 1080/50p 28M** gut beraten. Generell bieten die höheren Bildraten des **NTSC**-Videosystems einen

MP4 parallel aufzeichnen

Am flexibelsten sind Sie, wenn Sie im Menü **Kameraeinstlg. 2** die Funktion **Dual-Video-AUFN** aktivieren. Damit wird zusätzlich zum gewählten XAVC S- oder AVCHD-Film ein MP4-Video gespeichert. So haben Sie eine schnell fürs Internet verfügbare Filmdatei und parallel das bessere Material in Full HD oder 4 K für die spätere Nachbearbeitung in petto. Allerdings geht das nur bei den langsameren Bildraten **30p**, **25p** oder **24p**, und das MP4-Video hat nur HD-Größe **720/25p 6M** oder **720/30p 6M**.

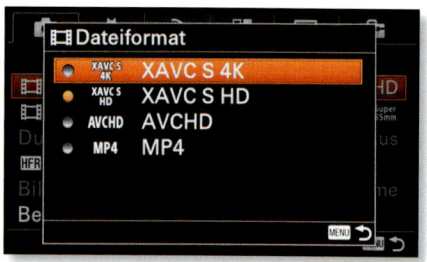

ˇ Abbildung 12.17
Die Dateiformate für Filmaufnahmen

Wenn Sie die Videobedingungen sofort oder auch erst nach dem Durchlesen der anschließenden Abschnitte ändern möchten, finden Sie die entsprechenden Funktionen gesammelt im Menü **Kameraeinstlg. 2**. Entscheiden Sie sich dabei immer zuerst für das **Dateiformat** (**XAVC S 4 K**, **XAVC S HD**, **AVCHD** oder **MP4**), und legen Sie erst im Anschluss die **Aufnahmeeinstlg** fest.

Die Aufnahmeeinstellung verstehen

Aus den Aufnahmeeinstellungen können Sie wichtige Informationen ziehen, sofern Sie die Angaben entschlüsseln können. Zuerst wird die *Bildrate* ❶ (Bilder pro Sekunde) angegeben, je höher diese ist, desto flüssiger werden Bewegungen wiedergegeben. Dann folgt die *Bitrate* ❷ (etwa **17 M**egabit pro Sekunde), die das anfallende Speichervolumen angibt. Je höher die Bitrate, desto geringer ist die Kompression der Videodaten und desto besser die Ausgangsqualität (vergleichbar mit den Kompressionsstufen bei JPEG-Fotos). Beim AVCHD-Format informieren Sie die Kürzel in Klammern, ob Sie das Video auf DVD brennen können (**FH** ❺) oder ob dafür Blu-Ray-Discs benötigt werden (**FX** oder **PS** ❹). Die Endung **Super 35 mm** ❸ bedeutet, dass das Filmbild der α6300 in etwa dem analogen Filmformat 24,0 × 15,2 mm entspricht. Dieses wurde verwendet, um Filmmaterial zu produzieren, das sowohl im Kino-Breitwandformat als auch, anders kaschiert, im 4:3-Fernsehformat gezeigt werden konnte.

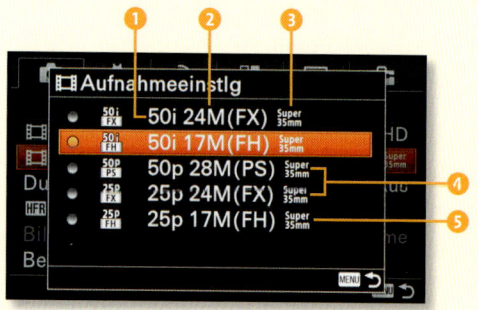

^ Abbildung 12.18
Im Fall des Dateiformats AVCHD können Sie aus fünf verschiedenen Aufnahmeeinstellungen wählen.

Welches Aufnahmeformat für welchen Zweck?

Die höchstmögliche Videoqualität können Sie mit den Dateiformaten **XAVC S HD** und **XAVC S 4 K** aus der α6300 herausholen. Das XAVC S-Format (*Extended Advanced Video Coding*) wurde von Sony speziell im Hinblick auf den hochauflösenden 4 K-Standard (Ultra HD) entwickelt. Es wird mit der Dateiendung **MP4** gespeichert. Dank der hohen Datenraten von **50**, **60** oder **100M** (Megabit pro Sekunde) werden in den Filmen mehr Details und Tonwertinformationen gespeichert als bei **AVCHD** oder **MP4**. Zudem wird das Bildrauschen in dunklen Bildbereichen besser unterdrückt. Dies macht sich auch in der späteren Videobearbeitung bezahlt. Allerdings sind die Datenraten **50M/60M** nur mit SDHC- oder SDXC-Speicherkarten der Geschwindigkeitsklasse 10 ⑩ oder UHS-1 ① verwendbar, und für die **100M**-Datenrate benötigen Sie SDXC-Karten der Klasse UHS-3 ③. Andernfalls erhalten Sie nach Auswahl des XAVC S-Formats eine Fehlermeldung, und die α6300 verweigert die Videoaufzeichnung.

▲ Abbildung 12.19
Die eingelegte Speicherkarte (SDHC, UHS-1) ist für XAVC S HD-/ XAVC S 4 K-Filme mit 100M Datenrate nicht geeignet, eine schnellere UHS-3-Karte wird benötigt.

Das große Format **XAVC S 4 K**, das gegenüber **XAVC S HD** viermal so viele Bildpixel liefert, hat den Vorteil, dass die Filmmotive sehr detailliert, scharf und gut durchzeichnet dargestellt werden. Auch bei hohen ISO-Werten ist das Bildmaterial den anderen Formaten deutlich überlegen. Es eignet sich zudem, um bei langsamen Kamerafahrten Einzelbilder aus dem Video zu extrahieren. Und wenn Sie den 4 K-Film nachträglich auf Full HD oder HD herunterrechnen, gewinnt das Bild dabei sogar noch etwas an Qualität hinzu. Die Bildraten (Bilder pro Sekunde) sind mit **30p**, **25p** oder **24p** aber nicht so hoch, weshalb sehr schnelle Bewegungen nicht ganz so flüssig wiedergegeben werden können. Auch lässt sich die volle Videoauflösung natürlich nur auf entsprechend hochauflösenden Monitoren und *Ultra HD*-Fernsehern genießen.

Das **AVCHD**-Format (= *Advanced Video Codec High Definition*) bietet ebenfalls sehr gute Aufnahmequalitäten, und Sie können die Aufnahmeeinstellungen aufgrund der flexiblen Bildraten gut an verschiedene Aufnahmesituationen anpassen. Das Format eignet sich vor allem zum Erstellen von Blu-Ray-Discs für die Präsentation per Blu-Ray-Player am HD-TV-Gerät. Beim Umschalten der Aufnahmeeinstellung auf eines der Formate mit den Kürzeln **(FX)** und **(PS)** gibt Ihnen die α6300 daher den Hinweis, dass die Videos dann nur noch auf Blu-Ray-Discs gebrannt werden können.

▽ Abbildung 12.20
Warnmeldung beim Umschalten der Aufnahmeeinstellung

Das heißt aber nicht, dass die Filme nicht am Computer, im Internet oder über die Kamera am Fernseher wiedergegeben werden können. Nur fürs Brennen benötigen Sie dann eben einen passenden Blu-Ray-Brenner und -Player.

Videoübertragung und -präsentation

Die XAVC S-Videos, wie die anderen Formate auch, können am Fernsehgerät betrachtet werden, wenn die α6300 mit einem *Micro-HDMI-Kabel* (zum Beispiel *Sony DLC-HEU15*) daran angeschlossen ist. Um die Filme auf den Computer zu übertragen, sollten Sie die Videos stets mit der Sony-Software *PlayMemories Home* importieren (siehe den Abschnitt »Bildübertragung auf den PC« ab Seite 250). Dann werden alle benötigten Videobestandteile, die sich bei XAVC S und AVCHD über mehrere Speicherkartenordner verteilen, in einer Datei auf dem Computer gespeichert, und es gibt beim Abspielen keine bösen Überraschungen.

Abbildung 12.21 >
Micro-HDMI-Kabel DLC-HEU15 mit HDMI-Anschluss Typ A zu Micro-Anschluss Typ D (Bild: Sony)

Bei **MP4** werden die Filmbilder am stärksten komprimiert. Daher ist dieses Format sehr gut geeignet, um Videos direkt per WLAN von der α6300 oder auf anderem Wege ins Internet oder auf das Smartphone zu übertragen. Auch benötigt MP4 wesentlich weniger Rechenleistung beim Videoschnitt oder beim Umwandeln des Films in ein Format mit geringerer Auflösung.

Nachgeschaltete Videobearbeitung

Damit Sie die Filme, die Sie mit Ihrer α6300 angefertigt haben, nachbearbeiten, auf DVD brennen und auch präsentieren können, bietet die mitgelieferte Software *PlayMemories Home* eine Reihe von grundlegenden Optionen an. Diese kommen aber bei Weitem nicht an spezielle Videosoftware heran, wie zum Beispiel *Adobe Photoshop*, *Photoshop Premiere Elements*, *Magix Video deluxe*, *Sony Vegas Pro* oder *Final Cut Pro*. Es fehlt etwa die Möglichkeit, zusammengefügte Filmabschnitte harmonisch zu überblenden. Aber ein wenig optimieren lassen sich die Filme schon, und das Herunterrechnen von 4 K-Filmmaterial auf die Full-HD- oder HD-Größe ist auch möglich.

Welche Bildrate ist die beste?

Die *Bildrate* ist bei den Videoformaten der α6300 stets mit angegeben. Sie beschreibt die Anzahl an Halb- oder Vollbildern, die pro Sekunde aufgenommen werden. Wenn sich die Kamera im **NTSC**-Videosystem befindet (dazu lesen Sie gleich noch mehr), können Sie die folgenden Bildraten verwenden: **30p**, **24p** (**XAVC S 4 K**), **120p**, **60p**, **30p**, **24p** (**XAVC S HD**), **60i**, **60p**, **30p** (**AVCHD**) und **60p**, **30p** (**MP4**).

Als guter Standard für die meisten Situationen empfiehlt sich **30p**. Hierbei werden 30 Vollbilder pro Sekunde aufgezeichnet, die für eine hohe Auflösung und Bildqualität sorgen und für langsamere Motive und Kameraschwenks gut geeignet sind. Die höheren Frameraten **60i** und **60p** sind dagegen ideal bei actionreicheren Szenen, da die Bewegungen aufgrund der höheren Anzahl an Einzelbildern pro Sekunde flüssiger ablaufen. Aber Vorsicht, bei **60i** werden nur Halbbilder im sogenannten *Zeilensprungverfahren* aufgezeichnet, die bei der Wiedergabe in Vollbilder konvertiert werden müssen! Daher ist die Detailschärfe gegenüber **60p** leicht reduziert. Wird das **60i**-Video beispielsweise in Photoshop geöffnet, sind die Zeilen der beiden sich überlappenden Halbbilder gut zu sehen. Der Vorteil von **60i** liegt vor allem im geringeren Speichervolumen. Bei der Videobearbeitung entstehen beim Konvertieren aber häufig Artefakte, die die Qualität senken.

Sequenzen, die mit der höchsten Framerate **120p** aufgenommen werden, laufen noch flüssiger ab. Außerdem können die Filme später verlangsamt wiedergegeben werden. Sie können sich also in der nachgeschalteten Videobearbeitung noch entscheiden, ob Sie ein Zeitlupenvideo der Szene benötigen oder ob Sie Filmabschnitte in Slow Motion mit normal schnellen Abschnitten mischen möchten. Für die Zeitlupendarstellung verlangsamen Sie die Videos vierfach, so dass sie mit einer Bildrate von **30p** (oder **25p** bei **100p**-Ausgangsmaterial) abgespielt werden.

⌃ Abbildung 12.22
Halbbilder eines 60i-Videos

Generell ist es auch wichtig zu wissen, dass sich Filmschnipsel verschiedener Formate und Bildraten nicht problemlos zusammenschneiden lassen. Daher ist es sinnvoll, in einem Format zu bleiben und mit Bildraten zu arbeiten, die dieselbe oder eine sich um den Faktor 2 unterscheidende Zahl besitzen (zum Beispiel **25p**, **50i/50p** und **100p** im System **PAL** oder **30p**, **60i/60p** und **120p** im System **NTSC**).

Filmaufnahmezeiten und Überhitzungsprobleme

Die maximale Filmaufnahmedauer beträgt etwa 29 Minuten in allen Videoformaten. Bei Erreichen dieser Aufnahmedauer stoppt die α6300 die Aufnahme, so dass Sie anschließend eine neue Videoaufnahme starten müssen. Diese Beschränkung hat mit dem EU-Einfuhrzoll zu tun. Hinzu kommt, dass die maximale Größe einer Videodatei bei **AVCHD** 2 Gigabyte, bei **MP4** 4 Gigabyte und bei **XAVC S**, wenn eine SDHC-Speicherkarte verwendet wird, ebenfalls 4 Gigabyte beträgt. Ist diese erreicht, filmt die α6300 zwar innerhalb des 29-Minuten-Fensters weiter, aber es wird automatisch eine neue Datei angelegt. Die einzelnen Filmdateien können später mit **PlayMemories Home** oder anderer Videosoftware miteinander verschmolzen werden.

Die maximale Aufnahmedauer hängt aber auch von der Belastung von Kamera und Akku ab. In den HD-Formaten sind laut Sony 29 Minuten Videodreh am Stück möglich, bei 4 K nur maximal 20 Minuten. In der Realität kann es aber schon früher passieren, dass Ihnen die α6300 eine Überhitzungswarnung [🌡] anzeigt und die Filmaufnahme abbricht. Dann hilft es nur, die Kamera auszuschalten und ein paar Minuten zu warten. Am besten nehmen Sie den Akku heraus und kühlen ihn oder setzen einen kühlen Ersatzakku ein, denn die ungünstige Wärmeentwicklung geht maßgeblich vom Energieträger aus. Wenn Sie mehrmals hintereinander ein paar Minuten filmen möchten, um beispielsweise Musikstücke aufzunehmen, kühlen oder wechseln Sie den Akku nach jedem Song oder in jeder Filmpause. Dann hält die α6300 länger durch.

Einfluss des Videosystems

Zu Analogzeiten wurden unterschiedliche Videosysteme für die Ausstrahlung von Fernsehbildern verwendet, zum Beispiel **PAL** in Europa und **NTSC** in Amerika. Diese waren abgestimmt auf die Stromfrequenzen der verschiedenen Länder. In Deutschland beträgt die Wechselspannung 50 Hertz, daher die Bildraten **25p**, **50p**, **50i** oder **100p**. Nun ist das Videosystem im digitalen Zeitalter nicht mehr ausschlaggebend für eine funktionierende Filmwiedergabe. Daher können Sie bei der α6300 auch auf das **NTSC**-System umstellen. Es stehen dann die folgenden Bildraten zur Verfügung: **24p**, **30p**, **60i**, **60p** und **120p**. Die hohen Bildraten **60p/120p** sind natürlich beim Filmen actionreicher Bewegungen noch besser geeignet, und **24p** entspricht der Bildrate gängiger Kinofilme, deren Wirkung viele Filmer mögen. Denken Sie aber daran, dass alle von Ihnen verwendeten Aufnahmegeräte diese Bildraten unterstützen sollten, wenn Sie Videos unterschiedlicher Kameras problemlos miteinander kombinieren möchten. Auch gibt Ihnen die α6300 beim Einschalten nach der Umstellung ständig die Warnmeldung **Läuft in NTSC**. Diese abzustellen wäre eine wirklich wünschenswerte Maßnahme im Rahmen eines Updates der Kamerasoftware!

▼ Abbildung 12.23
Ändern des Videosystems

Wenn Sie grundlegend auf das **NTSC**-System setzen und den Modus entsprechend umschalten möchten, achten Sie zuerst darauf, dass sich keine wichtigen Daten mehr auf der Speicherkarte befinden, denn die Umschaltung erfordert eine anschließende Formatierung. Wählen Sie dann im Menü **Einstellung 3** 🧰 die Option **NTSC/PAL-Auswahl**, und betätigen Sie im Dialogfenster **Wechseln zu NTSC?** die Schaltfläche **Eingabe**. Wenn die α6300 hinsichtlich der Formatierung anfragt, bestätigen Sie auch diesen Dialog.

 PAL-Vorteil

Zeitlupenaufnahmen, egal ob sie in der α6300 oder nachträglich angefertigt werden, haben einen Nachteil, die kürzeste Belichtungszeit beträgt 1/100 s bei **100p** im System **PAL** und 1/125 s bei **120p** im System **NTSC**. Wenn Sie in Europa oder einem Land mit 50 Hz Wechselstromspannung bei einer Beleuchtung mit Gasentladungslampen (zum Beispiel Neonröhren) filmen, wird das Filmbild im **NTSC**-System bei **120p** deutlich flackern, bei **100p** im **PAL**-System hingegen nicht. Denken Sie bei Studiobeleuchtung mit Dauerlicht an diesen Umstand. Mit speziellen, aber teuren Lampen, die eine Flackerunterdrückung besitzen, spielt das hingegen keine Rolle.

Spannende Zeitlupenvideos drehen

Schnelle Bewegungen, die mit bloßem Auge kaum in ihre Einzelteile aufzulösen sind, werden auch im normalen Video nicht besser sichtbar. Zeitlupenvideos ermöglichen hingegen genau das. Die Tropfen eines Brunnens fliegen dann deutlich sichtbar durch die Luft, der Sprung eines Wakeboarders lässt sich in allen Einzelheiten bewundern, und die Bewegungen von Störchen bei der Paarung werden in allen Facetten aufgedeckt. Durch die schnelle Bildfolge bei der Aufnahme wird jedes Detail einer rasanten Bewegung erfasst und anschließend ruckelfrei und sehr flüssig in allen Einzelheiten wiedergegeben.

Abbildung 12.24 >
*Störche beim Liebesspiel, vierfach verlangsamt mit der **HFR-Zeitpriorität**, gefilmt bei 1/400 s, ISO 100 im Videosystem **PAL***

Mit der α6300 können Sie solche Projekte auf zwei Arten umsetzen: Entweder Sie filmen im normalen **XAVC S HD**-Modus mit den Bildraten **100p** oder **120p** und reduzieren die Abspielgeschwindigkeit später bei der Videobearbeitung. Bei **100p** ist eine vierfache Reduktion auf **25p** sinnvoll, und bei **120p** können Sie vierfach auf **30p** oder fünffach auf **24p** reduzieren. Der Ton wird bei dieser Methode verzerrt wiedergegeben. Oder Sie verwenden die Zeitlupenformate **HFR** der α6300. Hierbei reduziert die Kamera die Abspielgeschwindigkeit selbst und nimmt den Ton gar nicht erst auf. **100p**-Ausgangsmaterial liefert Zeitlupen mit einer **25p**-Bildrate, und **120p** kann in **30p** oder **24p** resultieren.

Um Ihre Einstellung zu treffen, wählen Sie zuerst im Modus **Film** 🎬 über das **Quick Navi**-Menü oder das Menü **Kameraeinstlg. 7** 📷 > **Film/HFR** eine der vier Zeitlupenmodi aus: HFR-Programmautomatik ▣P, HFR-Blendenprioritat ▣A, HFR-Zeitpriorität ▣S oder HFR-Manuelle Belichtung ▣M. Diese verhalten sich genauso wie die normalen Filmmodi, so dass Sie bei ▣A die Blende und bei ▣S die Belichtungszeit vorgeben können, nur dass der Film in Zeitlupe abgespielt wird. Die kürzestmögliche Belichtungszeit beträgt 1/100 s (**100p**) oder 1/125 s (**120p**).

Wenn Sie im **NTSC**-Videosystem filmen, bestimmen Sie anschließend die Zeitlupenstärke im Menü **Kameraeinstlg. 2** > **HFR-Einstlg.** > **HFR Aufnahmeeinstlg.** Mit **30p 16M** wird die Bewegung vierfach verlangsamt und mit **24p 12M** fünffach. Wenn Sie das Filmmaterial mit normalen Videos mischen möchten, die mit Bildraten von **30p** oder **60p/60i** aufgenommen wurden, wählen Sie am besten **30p**.

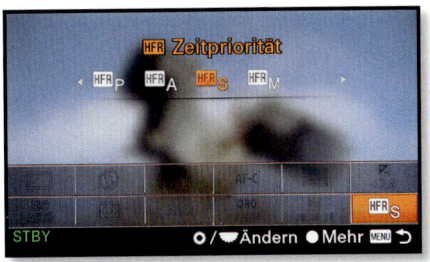

◄ Abbildung 12.25
Links: HFR-Aufnahmemodus auswählen.
Rechts: Einstellen der Zeitlupengeschwindigkeit

Der gute Ton

Zu den bewegten Bildern gehört natürlich auch ein Ton. Daher besitzt Ihre α6300 links und rechts neben dem Bajonett ein eingebautes Stereomikrofon ❶ und auf der linken Kameraseite einen Lautsprecher ❷.

Die Qualität der Tonaufzeichnung ist zwar recht ordentlich, die Position im Gehäuse und die kompakte Bauweise der α6300 bringen es jedoch mit sich, dass bereits das Hantieren am Objektiv oder das Betätigen von Tasten die Tonqualität extrem stören können. Für alle, die viel filmen, ist daher die Anschaffung eines externen Mikrofons zu empfehlen. Es gibt einige Geräte, die Sie auf dem Multi-Interface-Schuh Ihrer α6300 problemlos befestigen und an der Mikrofonbuchse 🎤 anschließen können. Das externe Gerät sollte einerseits das Grundrauschen gut unterdrücken und wenig anfällig für die Geräusche der Kamera sein. Andererseits sollte es auch zum Einsatzzweck passen, für den es am meisten gebraucht wird. Geeignete Modelle gibt es beispielsweise von Røde, Sennheiser oder Beyerdynamic.

▲ Abbildung 12.26
Stereomikrofon ❶ und Lautsprecher ❷

Für Sprachaufnahmen eignen sich *Richtmikrofone* sehr gut (zum Beispiel das *Røde VideoMic Pro*, das *Shure VP83 Lenshopper* oder das *Sony ECM-CG50*), weil sie darauf ausgelegt sind, frontal eintreffende Schallwellen stärker aufzufangen und seitliche zu dämpfen.

Wer den Sound, beispielsweise bei Naturaufnahmen, aus allen Richtungen einfangen möchte, ist mit einem *Stereomikrofon* besser beraten (zum Beispiel mit dem *Røde Stereo VideoMic Pro*, dem *Beyerdynamic MCE 72 CAM* oder dem *Tascam TM-2X*). Allerdings bleiben Sie bei einem direkt mit der Kamera verbundenen Mikrofon auf die nachfolgend vorgestellten Tonaufnahmeoptionen der α6300 beschränkt. Kameraunabhängige externe Mikrofone oder professionelle XLA-Mikrofone bieten hier meist noch bessere Möglichkeiten für die qualitativ hochwertige Tonaufnahme.

< Abbildung 12.27
Das Richtmikrofon Røde VideoMic, angeschlossen an der Mikrofonbuchse ❶ und am Multi-Interface-Schuh ❷ der α6300: Der Windschutz (Deadcat) mindert Störgeräusche durch Windböen.

Den Ton selbst steuern

Die Tonaufnahme können Sie bei Ihrer α6300 anhand der eingeblendeten **Tonpegelanzeige** stets optisch verfolgen. Diese präsentiert Ihnen die vom eingebauten **Pegelmesser** aktuell bemessene Lautstärke. In der Skala leuchten daher je nach Geräuschkulisse bis zu 15 Teilstriche ❸ auf. Das Maximum ❺ sollte dabei aber nicht erreicht werden, da der Ton dann übersteuert ist und zu verzerrten Geräuschen führt.

Die Tonpegelanzeige splittet zudem die beiden Einzelmikrofone des kamerainternen Mikrofons in zwei Kanalanzeigen auf: Kanal 1 (**CH1**, linkes Mikrofon) und Kanal 2 (**CH2**, rechtes Mikrofon). Kommen die Geräusche stärker von links als von rechts, schlägt der **CH1**-Tonpegel somit etwas höher aus und umgekehrt.

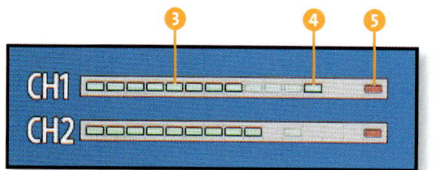

Abbildung 12.28 >
Tonpegelanzeige der α6300

Tonpegelanzeige und Tonaufnahme ausschalten

Stört Sie die ständig vor sich hin blinkende Tonpegelanzeige bei der Videoaufzeichnung? Dann schalten Sie die Option **Tonpegelanzeige** im Menü **Benutzereinstlg. 2** ⚙ auf **Aus**. Möchten Sie hingegen gar keinen Ton aufzeichnen, wählen Sie im Menü **Kameraeinstlg. 8** 📷 bei **Audioaufnahme** den Wert **Aus**. Das Symbol 🎤OFF ist dann auf dem Monitor beziehungsweise im Sucher zu sehen.

In vielen Situationen liegt die α6300 mit der standardmäßig eingestellten Sensitivität des eingebauten Mikrofons gut im Rennen. In leiser Umgebung kann es jedoch sinnvoll sein, die Sensitivität des Mikrofons über die Funktion **Tonaufnahmepegel** im Menü **Kameraeinstlg. 8** 📷 zu erhöhen, um beim Abspielen des Videos die Lautstärke nicht bis zum Anschlag hochziehen zu müssen, was das Grundrauschen nur unnötig verstärken würde. Umgekehrt ist es in lauter Umgebung natürlich sinnvoll, den **Tonaufnahmepegel** herabzusetzen, damit es nicht zu einer Übersteuerung und verzerrten Geräuschen kommt. Die Tonaufnahme liegt in einem guten Bereich, wenn die Tonpegelanzeige auf maximal 12 grüne Teilstriche ansteigt ❹. Wählen Sie dazu im oberen Bereich einen Wert aus, bei dem die mit dem **Pegelmesser** ermittelte Lautstärke einen Wert von −3 dB (Dezibel) nur knapp und zudem möglichst selten übersteigt.

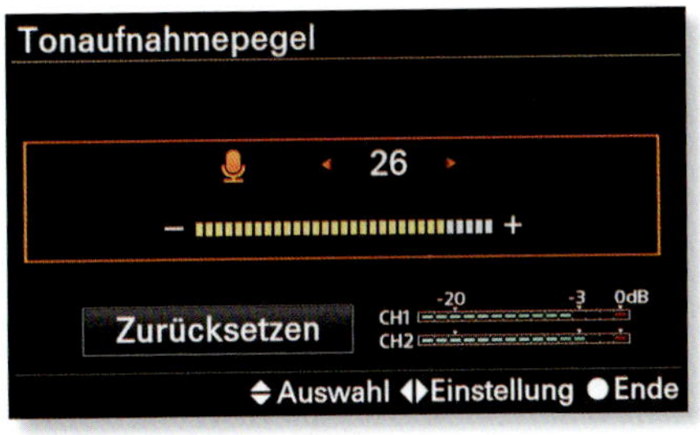

Abbildung 12.29 >
Anpassen des Tonaufnahmepegels

 Windgeräuschreduzierung für bessere Tonqualität?

Mit der **Windgeräuschreduzierung** sollen Störgeräusche, wie sie von leichten Windböen ausgelöst werden, unterdrückt werden. Da dies nur in Maßen gelingt, erzielen Sie bei starkem Wind eine höherwertige Tonqualität, wenn Sie die externen Mikrofone mit einem manuellen Windschutz abschirmen. Als Standardeinstellung sollte die Funktion **Windgeräuschreduz.** im Menü **Kameraeinstlg. 8** 📷 ausgeschaltet bleiben, da sonst auch die normale Tonaufzeichnung unnötig gedämpft wird.

Unabhängige Mikrofone und XLA-Mikrofone

Für alle, die eine kleinere Mikrofonlösung suchen und das Gerät auch nicht unbedingt an die α6300 anschließen möchten, sind Mikrofone interessant, bei denen der Ton unabhängig von der Kamera auf einer eigenen Speicherkarte aufgezeichnet wird. So können Sie beispielsweise den Digitalrekorder *Tascam DR-05 V2* oder das Mikrofon *Zoom H2N* vor ein Rednerpult stellen und den Ton ganz unabhängig von der Filmaufnahme festhalten. Weder die Kamerageräusche noch die unterschiedliche Distanz zum Redner, die durch den Wechsel der jeweiligen Filmposition entsteht, beeinflussen dann den Ton. Anschließend muss die Tonspur nur noch mit der Filmspur im Schneideprogramm zusammengeführt werden.

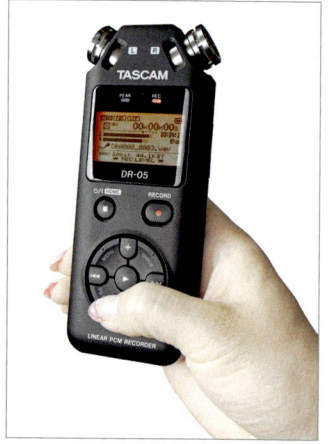

Parallele Tonaufnahme

Nehmen Sie trotz unabhängiger Tonaufnahme den Ton am besten auch mit dem eingebauten Mikrofon der α6300 auf. Es gibt nämlich spezielle Software, die den Ton aus der Kamera verwenden kann, um den externen Ton damit perfekt zu synchronisieren (zum Beispiel *PluralEyes* von Red Giant).

▲ **Abbildung 12.30**
Der Digitalrekorder Tascam DR-05 V2 ist vielseitig einsetzbar und bietet eine sehr gute Tonqualität zum moderaten Preis (Bild: Tascam).

Eine weitere tolle Möglichkeit, die Tonaufnahme von der Kamera aus noch weiter zu professionalisieren, besteht darin, XLA-Mikrofone mit einem XLA-Adapter an die α6300 anzuschließen. Der Vorteil ist, dass sich die Tonkanäle getrennt voneinander über den Adapter steuern lassen. Auch kann das Grundrauschen damit noch besser unterdrückt werden, das beim integrierten Mikrofon und leider auch bei direkt an die Mikrofonbuchse angeschlossenen externen Geräten oft recht hoch ist. Vor allem bei Aufzeichnungen von Tönen mit geringer Lautstärke und in leiser Umgebung holen Sie mehr Qualität aus den Tonaufnahmen heraus. Sony bietet für die α6300 das Adapter-Mikrofon-Set *XLR-K2M* an. Der Adapter wird direkt am Multi-Interface-Schuh der α6300 befestigt und bekommt seinen Strom vom Kameraakku. Er kann somit nicht auf einer zusätzlichen Mikrofonhalterung angebracht werden, wie der ebenfalls verwendbare Vorgänger *XLR-K1M*. An dem Adapter wiederum wird ein Richtmikrofon, zum Beispiel das im Kit angebotene Sony *ECM-XM1*, gekoppelt.

▲ **Abbildung 12.31**
XLA-Adapter-Set XLR-K2M (Bild: Sony)

Fotoprofile situationsbedingt einsetzen
EXKURS

Auch beim Filmen mit Ihrer α6300 können Sie die Bildfarben, den Kontrast, die Schärfe und den Farbton während der Aufnahme beeinflussen. Dazu stehen sieben sogenannte **Fotoprofile** PP1 (= *picture profiles*) zur Verfügung, die Sie über das Menü **Kameraeinstlg. 5** aufrufen können. Die **Fotoprofile** sind in etwa vergleichbar mit den **Kreativmodi** Std. für Standbilder. Im Unterschied dazu sind die Funktionen aber speziell auf Videodateien und die Präsentation der Filme am Monitor oder TV-Gerät ausgelegt.

⌃ **Abbildung 12.32**
Auswahl des Fotoprofils PP7

Eine Möglichkeit, die Profile zu nutzen, besteht darin, die α6300 an das TV-Gerät anzuschließen und das Livebild über die Fotoprofile so einzustellen, dass der Kontrast und die Bilddetails am TV-Gerät ansprechend wiedergegeben werden.

Des Weiteren können Sie sich unterschiedliche Profile für verschiedene Filmsituationen anlegen, wie Aufnahmen bei Nacht oder in besonders kontrastreicher Umgebung. Damit können Sie sich auch möglichst gutes Ausgangsmaterial für umfangreichere Videobearbeitungen aufbauen – gute Grundkenntnisse in der Videobearbeitung und ein leistungsstarker Computer vorausgesetzt.

Für kontrastreiche Situationen sind die Fotoprofile **PP6** und **PP7** beispielsweise schon gut geeignet. Beide sorgen für eine bessere Durchzeichnung, wobei **PP7** die Filme extrem farb- und kontrastarm aufzeichnet. Daher sind diese Videos unbearbeitet erst einmal überhaupt nicht ansehnlich. Vergleichen Sie hierzu die Ausschnitte aus zwei Filmen, die wir ohne Fotoprofil und mit dem Profil **PP7** gedreht haben. Im ersten Fall sind die sonnenbeschienenen Stellen total überstrahlt, was sich nachträglich nicht mehr retten lässt. Bei **PP7** ist alles perfekt durchzeichnet, dafür sieht das Bild aber eben sehr flau und kontrastarm aus.

Durch Nachbearbeitung können Sie die **PP7**-Filme dem eigenen Geschmack nach entwickeln. Bei unserem Beispiel haben wir die Helligkeit, den Kontrast, die Farbtonung und die Sättigung mit Photoshop so weit angepasst, dass das Fernrohr wieder ansehnlich und dennoch weiterhin gut durchzeichnet präsentiert wird.

Wichtig zu wissen ist, dass die Fotoprofile den ISO-Bereich teilweise stark einschränken. So können Sie mit **PP7** keine niedrigeren Werte als ISO 800 verwenden. Daher belichten Sie die Videos so weit über, dass in den Aufnahmen die hellsten Bildstellen gerade noch durchzeichnet sind. Um das besser einschätzen zu können, stellen Sie die **Zebra**-Funktion Ihrer α6300 zum Beispiel auf den IRE-Wert 90 ein. Wenn Sie eine solche Überbelichtung nicht mit einkalkulieren, kann es vorkommen, dass die dunklen Bildpartien nachträglich recht stark aufgehellt werden müssen. Dies erhöht in der Regel das Bildrauschen deutlich und senkt die Qualität der Feinbilder. Mit der Helligkeitsanpassung können Sie dies von vornherein minimieren.

< Abbildung 12.33
*Oben: Bei deaktiviertem Fotoprofil werden helle Reflexionen auf dem Fernrohr hoffnungslos überbelichtet. Mitte: Mit dem Fotoprofil **PP7** wurden alle Helligkeitsstufen bis auf eine dünne Reflexionslinie gut durchzeichnet. Unten: Nach einer Bearbeitung der Aufnahme mit dem Fotoprofil **PP7**, ist alles gut durchzeichnet, und Helligkeit, Sättigung und Kontrast sind stimmig.*

Gamma-Kurve

Hinter den Fotoprofilen verbergen sich in erster Linie unterschiedliche *Gamma-Kurven*. In der Videotechnik beschreibt die Gamma-Kurve den Tonwertumfang eines Films, und dieser definiert die Anzahl an darstellbaren Helligkeits- und Farbabstufungen. Je geringer der Tonwertumfang ist, desto kontrastreicher, härter sieht das Filmbild aus, aber desto schneller können auch zeichnungslose dunkle oder helle Bildflächen im Video auftauchen. Die Gamma-Kurven, die von Sony als **Cine2** (**PP6**) und **S-Log2** (**PP7**) bezeichnet werden, liefern ein kontrastärmeres, weicheres Bild als beispielsweise die Standard-Gamma-Kurve **Movie** (**PP1**).

Individuelle Profile erstellen

Wenn Sie im Menüfenster der **Fotoprofile** die Taste ▶ des Einstellrads ◎ drücken, können Sie die voreingestellte Gamma-Kurve sowie alle anderen Werte dieses Stils ablesen. Auch ist es möglich, die Voreinstellungen individuell abzuändern. Hier haben wir beispielsweise den Stil **PP7** folgendermaßen abgewandelt: **Schwarzpegel +9**, **Farbmodus ITU709-Matrix**, **Sättigung +10**, **Details Stufe +3**. Damit erreichen wir ein Videobild, das dem der bearbeiteten Variante aus Abbildung 12.33 sehr ähnelte und daher weniger Nachbearbeitung erforderte. Das spart vor allem Zeit für die Nachbearbeitung am Computer. Wenn Sie hintereinander einige sehr unterschiedlich beleuchtete Filmszenen aufnehmen, kann es aber sinnvoller sein, bei der Grundeinstellung zu bleiben und das Material erst im Anschluss so zu bearbeiten, dass ein einheitlicher Look entsteht.

Möchten Sie die geänderten Einstellungen auf ein anderes Profil umspeichern, können Sie dies mit der Menüeinstellung **Kopieren** erledigen. Mit der Option **Rückstellen** löschen Sie die Änderungen, so dass das Profil wieder der Standardeinstellung entspricht.

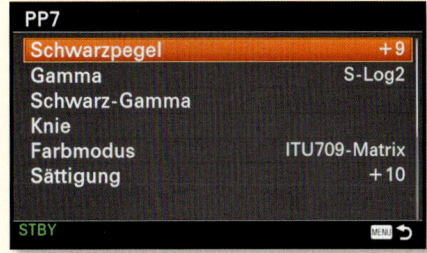

Abbildung 12.34 ▸
Fotoprofil **PP7**: individuell abgewandelt

 Kurze Erläuterung der Einstelloptionen

Mit dem **Schwarzpegel** wird die Helligkeit der dunkelsten Bildstellen festgelegt. Je höher der Wert, desto geringer der Kontrast und umgekehrt. Das **Schwarz-Gamma** reguliert die Schattendurchzeichnung, während die **Knie**-Funktion die hellen Tonwerte (Lichter) beeinflusst. Bei kontrastreichen Motiven ist ein Knie-Wert von 80 % gut geeignet. Ähnlich der Gamma-Kurven gibt es auch für die Farben bestimmte Pegelvorgaben, die Sie mit dem **Farbmodus** festlegen können. Bei **Sättigung** wird die Farbintensität eingestellt. Die **Farbphase** ähnelt einer Farbtonverschiebung, mit höheren Werten werden Grüntöne beispielsweise gelblicher dargestellt. Über die Untermenüs bei **Farbtiefe** können Sie die Farben Rot, Grün, Blau, Cyan, Magenta und Gelb getrennt voneinander aufhellen oder abdunkeln. Bei **Details** lässt sich der Schärfeeindruck des Videos stufenweise erhöhen oder verringern.

Anhang
Die Menüs im Überblick

Das Menü Kameraeinstellung 🗂 294

Das Menü Benutzereinstellung ✿ 301

Das Menü Drahtlos 🔊 307

Das Menü Applikation ▦ 308

Das Menü Wiedergabe ▶ 309

Das Menü Einstellung 🧰 310

Im Kameramenü der α6300 tummeln sich insgesamt so viele Funktionen, dass es zu Beginn nicht gerade einfach ist, die Übersicht zu behalten. Viele Menüeinträge haben wir im Rahmen dieses Buches bereits an passender Stelle eingeflochten, und Sie finden die entsprechenden Begriffe auch im Stichwortverzeichnis wieder. Um Ihnen aber auch die Möglichkeit zu geben, schnell und gezielt Näheres zu einer bestimmten Funktion herauszufinden, haben wir im Folgenden alle Menüeinträge mit kurzen Erläuterungen für Sie zusammengestellt.

> **Modusabhängige Funktionsvielfalt**
>
> Funktionen, die im gewählten Aufnahmemodus nicht verfügbar sind, listet die α6300 in blasser Schrift auf. Die größte Auswahl haben Sie in den Modi **P**, **A**, **S** und **M**.

Das Menü Kameraeinstellung

1. Reiter

❶ Mit der **Bildgröße** legen Sie die Auflösung für Fotoaufnahmen fest. Das Maximum **L:24M** entspricht der vollen Sensorauflösung von 24,2 Millionen Bildpixeln. Weitere Informationen zu dieser Funktion finden Sie im Abschnitt »Die Bildgrößen der α6300« ab Seite 38.

❷ Das **Seitenverhält.** definiert die Bildbreite im Verhältnis zur Bildhöhe. Standardmäßig werden Fotos im 3:2-Verhältnis aufgezeichnet. Sie können aber auch das bei Filmaufnahmen übliche 16:9-Verhältnis verwenden (siehe dazu den Abschnitt »Bilder im Seitenverhältnis 16:9« ab Seite 39).

❸ Die **Qualität** definiert den Dateityp **RAW** oder **JPEG**. Mit den JPEG-Stufen **Extrafein**, **Fein** und **Standard** nimmt die Kompressionsstärke zu und die Qualität leicht ab. RAW-Daten werden nicht komprimiert und liefern die höchste Qualität, müssen aber auch mittels RAW-Konverter in ein gängiges Bildformat (JPEG oder TIFF) überführt werden. JPEG-Dateien sind direkt verwendbar. Mehr dazu erfahren Sie im Abschnitt »Die Wahl der Bildqualität« ab Seite 37.

❹ Wenn Sie im Modus **Schwenk-Panorama** fotografieren, können Sie mit **Panorama: Größe** die Pixelmaße **Standard** oder **Breit** auswählen. Ausführliche Informationen zur Panoramagröße und zur Ausrichtung aus Menüpunkt ❺ finden Sie im Abschnitt »Beeindruckende Panoramen erstellen« ab Seite 235.

❺ Die **Panorama: Ausricht.** legt fest, in welche der vier Himmelsrichtungen die α6300 beim Panoramaschwenk gedreht werden soll.

> **Bild oder Film?**
> Funktionen, die ausschließlich für Bilder gelten, tragen das Symbol 🖼 im Namen, wohingegen reine Filmfunktionen mit 🎬 gekennzeichnet sind.

2. Reiter

❶ Mit dem **Dateiformat** wird der Dateityp für Filmaufnahmen festgelegt: **XAVC S HD** und **AVCHD** eignen sich gut für Filme, die am Computer nachbearbeitet werden sollen. **XAVC S 4K** liefert ein größeres Videobild als die anderen Formate, benötigt für die Wiedergabe aber auch entsprechend hochaufgelöste Wiedergabemonitore. **MP4** ist ein weitverbreitetes Format und sinnvoll, wenn die Filme beispielsweise direkt im Internet präsentiert werden sollen (siehe dazu den Abschnitt »Empfehlungen zu den Videoformaten« ab Seite 275).

❷ Die **Aufnahmeeinstlg** definiert die Filmqualität (**FX** = höchste Qualität) und die Bildrate, also wie viele Bilder pro Sekunde Film aufgezeichnet werden (**60p** = 60 Vollbilder/s). Weiterführende Informationen zur Bildrate lesen Sie im Abschnitt »Welche Bildrate ist die beste?« ab Seite 281.

❸ Wenn **Dual-Video-AUFN** eingeschaltet ist, wird parallel zu dem bei **Dateiformat** gewählten AVCHD- oder XAVC S-Format auch ein MP4-Film im kleineren HD-Format mit aufgezeichnet.

❹ Wenn Sie im Modus **Film** Zeitlupenvideos drehen und das Videosystem auf **NTSC** steht, können Sie mit der **HFR-Einstlg.** festlegen, wie stark die Videosequenz beim Abspielen verlangsamt wird: 4× (**30p 16M**, Wiedergabe mit 30 Bildern pro Sekunde) oder 5× (**24p 12M**, 24 Bilder/s). Im Videosystem **PAL** ist die Zeitlupe auf 4× (**25p 16M**, 25 Bilder/s) fixiert. Die Einstellung **30p 16M** liefert die beste Zeitlupenqualität. Siehe auch den Abschnitt »Spannende Zeitlupenvideos drehen« ab Seite 283.

❺ Der **Bildfolgemodus** bestimmt, ob mit dem Drücken des Auslösers ein **Einzelbild**, eine langsame **Serienaufnahme: Lo** (circa 3 Bilder/s), eine mittelschnelle **Serienaufnahme: Mid** (circa 6 Bilder/s), die schnelle **Serienaufnahme: Hi** (circa 8 Bilder/s) oder die superschnelle **Serienaufnahme: Hi+** (circa 11 Bilder/s) aufgenommen wird. Zudem finden Sie hier die **Selbstauslöser-**

Funktionen und die Einstellungen für die automatischen Belichtungsreihen **Serienreihe** oder **Einzelreihe**, die automatische **Weißabgleichreihe** und die automatische **DRO-Reihe** (*DRO = Dynamikbereichoptimierung*).

❻ Sollte Ihnen bei Belichtungsreihen die Reihenfolge der Belichtungsstufen Standardbelichtung (**0**) > Unterbelichtung (**−**) > Überbelichtung (**+**) nicht zusagen, können Sie dies bei **Belicht.reiheEinstlg.** und **Reihenfolge** auf Unterbelichtung (**−**) > Standardbelichtung (**0**) > Überbelichtung (**+**) umstellen. Zudem lässt sich mit der Vorgabe **Selbst. whrd. Reihe** der Selbstauslöser mit 2, 5 oder 10 Sekunden Vorlaufzeit hinzuschalten. Bei Aufnahmen vom Stativ aus ist beispielsweise die Vorgabe **2 Sek.** sinnvoll, um jegliche Verwacklung, auch die des Auslöserdrückens, zu vermeiden. Lesen Sie im Abschnitt »Wege zu professionellen HDR-Ergebnissen« ab Seite 233 mehr zu diesem Thema.

📷 3. Reiter

❶ Der **Blitzmodus** entscheidet darüber, wie dominant das Blitzlicht ins Bild integriert wird, ob der Blitz am Anfang oder Ende der Belichtungszeit zündet und ob eine drahtlose Fernsteuerung erfolgen soll. Lesen Sie dazu mehr im Abschnitt »Die Blitzmodi in der Übersicht« ab Seite 140.

❷ Mit der **Blitzkompens.** können Sie die Blitzintensität gegenüber der automatisch gewählten Standardintensität steigern oder senken. Ausführlichere Informationen dazu finden Sie im Abschnitt »Das Blitzlicht fein dosieren« ab Seite 147).

❸ Wenn die Funktion **Rot-Augen-Reduz** eingeschaltet ist, sendet der Blitz vor der eigentlichen Aufnahme ein paar Vorblitze aus, die dafür sorgen, dass sich die Pupillen verengen (siehe dazu den Kasten »Was tun gegen rote Augen?« auf Seite 146).

❹ Der **Fokusmodus** bestimmt, ob die Schärfe mit dem **Einzelbild-AF** (**AF-S**) einmalig festgelegt oder mit dem **Nachführ-AF** (**AF-C**) kontinuierlich nachgeführt wird. Mit dem **Automatischen AF** (**AF-A**) können Sie diese Entscheidung der α6300 überlassen, wobei bei Serienaufnahmen ab dem zweiten Bild stets der **AF-C** verwendet wird. Wählbar ist mit dem **Direkt. Manuelf.** (**DMF**) zudem eine Kombination aus Autofokus mit manueller Nachfokussierung oder die rein manuelle Scharfstellung mit dem **Manuellfokus** (**MF**). Mehr zu dieser Funktion lesen Sie im Abschnitt »Mit dem Fokusmodus zur perfekten Schärfe« ab Seite 72.

❺ Mit dem **Fokusfeld** legen Sie fest, welcher Bildbereich scharfgestellt werden soll. Dazu gibt es automatische Bereiche (**Breit** 🔲, **Feld** 🔲), ein festgelegtes AF-Feld in der **Mitte** 🔲 oder flexibel positionierbare AF-Punkte (**Flexible Spot** 🔲, **Erweit. Flexible Spot** 🔲). Bei aktivem **Nachführ-AF** (**AF-C**) wird die Schärfe kontinuierlich im gewählten AF-Bereich angepasst (**AF-Verriegelung: Breit**, **Feld**, **Mitte**, **Flexible Spot** oder **Erw. Flexible Spot**). Die Fokusfelder versuchen hierbei, dem Motiv individuell zu folgen. Lesen Sie dazu auch den Abschnitt »Die Scharfstellung mit dem Fokusfeld lenken« ab Seite 72.

❻ Das **AF-Hilfslicht** leuchtet das Motiv in dunkler Umgebung kurz an, um den Autofokus zu unterstützen (siehe dazu den Abschnitt »AF-Hilfslicht als Fokushilfe bei wenig Licht« ab Seite 79).

4. Reiter

❶ Bei Videoaufnahmen lässt sich mit der Funktion **AF Speed** die Geschwindigkeit der Fokusumstellung von einem nahen auf ein fernes Objekt (oder umgekehrt) anpassen. **Langsam** eignet sich für ruhige Kamera- und Fokusschwenks bei wenig bewegten Motiven, **Schnell** ist bei Sport- und Actionaufnahmen günstig und unterstreicht den dynamischen Charakter der Filme ein wenig, und **Normal** liegt irgendwo dazwischen. Die Unterschiede fallen aber oft auch recht gering aus, daher ist in vielen Situationen keine Anpassung notwendig.

❷ Wie stringent der Autofokus dem Filmmotiv folgt, wird mit **AF-Verfolg.empf.** bestimmt.

Nehmen Sie am besten **Normal**, wenn das Motiv kurzzeitig von einem anderen verdeckt wird, beispielsweise durch vor der Kamera durchlaufende Passanten, oder der Hintergrund unruhig ist. **Hoch** eignet sich für einfach zu fokussierende Objekte vor einem klaren Hintergrund, die sich schnell bewegen, etwa einen Trickskispringer, der über einen Schneehügel geflogen kommt.

❸ Die Helligkeit von Bildern und Filmen können Sie mit der **Belichtungskorr.** um bis zu 5 EV-Stufen erhöhen oder verringern. Mehr zu dieser Funktion erfahren Sie im Abschnitt »Die Bildhelligkeit anpassen« ab Seite 63.

❹ Mit der **Belicht.stufe** legen Sie fest, ob Änderungen der Belichtungszeit, des Blendenwertes und der menügesteuerten Belichtungskorrektur in Schritten von **0,3 EV** oder **0,5 EV** erfolgen sollen. Wir empfehlen Ihnen die Einstellung 0,3 EV, da sich die Belichtungswerte dann flexibler an die Situation anpassen lassen.

❺ Mit der Funktion **ISO** wird die Lichtempfindlichkeit des Sensors gesteuert. Über dieses Menü können Sie alle verfügbaren ISO-Funktionen aufrufen, beispielsweise auch die **Multiframe-Rauschminderung**. Lesen Sie mehr zur ISO-Einstellung im Abschnitt »ISO-Wert und ISO-Automatik situationsbezogen einstellen« ab Seite 49.

❻ Die Angabe bei **ISO AUTO Min. VS** bestimmt die Belichtungszeit, die bei Verwendung der ISO-Automatik nicht unterschritten werden darf. Das ist hilfreich, um bei wenig Licht mit einer an das Objektiv angepassten Belichtungszeit flexibel und dabei möglichst verwacklungsfrei zu fotografieren. Lesen Sie mehr zur ISO-Einstellung im Abschnitt »Verwacklungsfrei fotografieren mit Mindestverschlusszeit« ab Seite 50.

5. Reiter

① Welche Methode zur Belichtungsmessung verwendet wird, **Multi**, **Mitte** oder **Spot**, stellen Sie bei **Messmodus** ein. Weiterführende Informationen dazu erhalten Sie im Abschnitt »Motivabhängige Belichtungsmessung« ab Seite 55.

② Der **Weißabgleich** stimmt die Farben auf die vorhandene Lichtquelle ab, wie **Schatten** oder **Glühlampe**. Im gleichnamigen Menü können Sie die gewünschte Vorgabe einstellen (siehe den Abschnitt »Wie sich die Weißabgleichvorgaben auf das Bild auswirken« ab Seite 122).

③ Situationen mit sehr hohem Kontrast, wie etwa bei Gegenlicht, können mit den Funktionen **Dynamikbereichoptimierung** (**DRO**) oder **HDR** besser durchzeichnet aufgenommen werden. Im Menü **DRO/Auto HDR** finden Sie die Einstellungsmöglichkeiten für die verschiedenen Stufen beider Modi. Mehr zu dieser Funktion erfahren Sie im Abschnitt »Kontraste verbessern mit der Dynamikbereichoptimierung DRO« ab Seite 228.

④ Mit dem **Kreativmodus** werden die JPEG-Bilder und Filme kameraintern hinsichtlich Sättigung, Kontrast und Konturenschärfe nach Stilvorgaben bearbeitet, zum Beispiel **Sonnenuntergang** oder **Porträt**. Mehr dazu erfahren Sie im Abschnitt »Kreativmodi für besondere Farbeffekte« ab Seite 128.

⑤ Der **Bildeffekt** verleiht JPEG-Aufnahmen einen kreativen Stil, zum Beispiel **Retro-Foto** oder **Sattes Monochrom**. Bei Filmen stehen nicht alle Effekte zur Verfügung. Im Abschnitt »Individuelle Fotos mit Bildeffekten gestalten« ab Seite 131 finden Sie mehr Informationen zu dieser Funktion.

⑥ Das **Fotoprofil** stellt Bearbeitungsstile zur Verfügung, die sich auf die Sättigung, Schärfe und den Kontrast auswirken. Damit können vor allem Filme so aufgezeichnet werden, dass das Material gut auf die spätere Verwendung hin abgestimmt ist. Die Vorgabe **S-Log2** eignet sich beispielsweise sehr gut, um die Videos am Computer umfangreich nachzubearbeiten, wofür aber auch geeignete Videosoftware benötigt wird. Zu den Fotoprofilen finden Sie weiterführende Informationen im Exkurs »Fotoprofile situationsbedingt einsetzen« ab Seite 289.

6. Reiter

❶ Mit der Einstellung **Zoom** können Sie den Zoomfaktor des Digitalzooms wählen. Der Digitalzoom wird im Menü **Benutzereinstlg. 3** ✿ > **Zoom-Einstellung** aktiviert. Lesen Sie dazu auch den Exkurs »Bildvergrößerung mit dem Digitalzoom« ab Seite 246.

❷ Die **Fokusvergröß** stellt einen Teil des Bildausschnitts vergrößert dar, um die richtige Schärfeebene leichter zu finden (siehe dazu den Abschnitt »Schärfekontrolle mit der Fokusvergrößerung« ab Seite 77).

❸ Bei eingeschalteter ⌷ **Langzeit-RM**-Funktion werden Störpixel bei Belichtungszeiten länger als 1s nachträglich aus den Bildern herausgefiltert.

❹ Die ⌷ **Hohe ISO-RM** mindert das Bildrauschen in Abhängigkeit von der gewählten Lichtempfindlichkeit. Mehr Informationen zu dieser Funktion und zur **Langzeit-RM** aus Menüpunkt ❸ finden Sie im Abschnitt »Das Bildrauschen unterdrücken« ab Seite 51.

❺ Mit der **Mittel-AF-Verriegel.** lässt sich ein kleiner Motivbereich in der Bildmitte auswählen und anschließend vom Autofokusrahmen verfolgen. Das funktioniert mit dem **Einzelbild-AF** (**AF-S**), dem **Nachführ-AF** (**AF-C**) oder dem **Direkt. Manuelf.** (**DMF**). Die Schärfe wird in den Modi **AF-S** und **DMF** nicht nachgeführt, aber der Fokus kann bei bewegten Motiven schneller an die gewünschte Bildstelle geleitet werden. Zu dieser Funktion finden Sie weiterführende Informationen im Abschnitt »Motivverfolgung mit der Mittel-AF-Verriegelung« ab Seite 90.

❻ Im Bereich **Lächel-/Ges.-Erk.** sind die Funktionen für die **Gesichtserkennung** 😊ₒₙ, die **Gesichtserkennung (registr. Gesicht)** 😊 und die **Lächelerkennung** 😊 enthalten, mit denen die Schärfe gezielt auf Personen im Bildausschnitt geleitet werden kann. Erfahren Sie mehr zu diesen Funktionen im Abschnitt »Gesichter im Fokus« ab Seite 80.

📷 7. Reiter

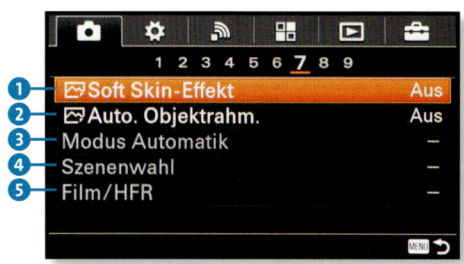

❶ Der ⌷ **Soft Skin-Effekt** zeichnet die Gesichtszüge bei Fotoaufnahmen nachträglich etwas weich, um eine ebenmäßige Haut zu erzielen und Falten zu glätten.

❷ Bei eingeschaltetem ⌷ **Auto. Objektrahm.** erhalten Sie zwei Bilder auf der Speicherkarte, eines mit dem Originalbildausschnitt und eines mit einer von der α6300 gewählten Bildkomposition (nur verfügbar im JPEG-Format).

❸ Wenn Sie das Moduswahlrad auf **AUTO** gestellt haben, können Sie bei **Modus Automatik** zwischen der **Intelligenten Automatik** i📷 und der **Überlegenen Automatik** i📷⁺ wählen.

❹ Über den Menüpunkt **Szenenwahl** werden die neun verfügbaren **SCN**-Modi ausgewählt, wie zum Beispiel das Programm **Sport** 🎿.

❺ Steht das Moduswahlrad auf 🎬, können Sie im Menübereich **Film/HFR** festlegen, welche Belichtungseinstellungen manuell wählbar sein sollen: nur die Blende 🎬ₐ, nur die

Belichtungszeit 🎞s, beide Werte 🎞M oder beide Werte automatisch 🎞P. Die gleichen Optionen stehen mit den Modi HFRP, HFRA, HFRS und HFRM auch für Zeitlupenfilme zur Verfügung.

📷 8. Reiter

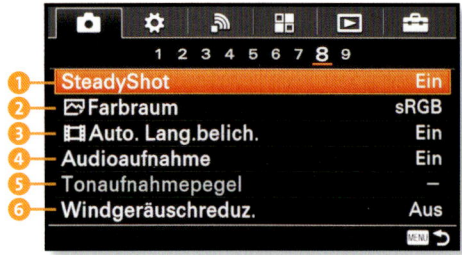

❶ Bei **SteadyShot** können Sie den Bildstabilisator des Objektivs (OSS), sofern vorhanden, ein- oder ausschalten. Weiterführende Informationen dazu erfahren Sie im Abschnitt »Verwacklungen vermeiden ohne und mit Bildstabilisator« ab Seite 44.

❷ Der **Farbraum** definiert die maximal mögliche Anzahl an Farbabstufungen bei Fotoaufnahmen. **sRGB** bietet hier einen vielseitigen und verlässlichen Standard. Erfahren Sie dazu mehr im Exkurs »Welcher Farbraum für welche Aufgabe?« ab Seite 134.

❸ Wenn Sie die Funktion **Auto. Lang.belich.** einschalten, werden Filmaufnahmen in dunkler Umgebung etwas heller und rauschärmer aufgezeichnet, indem die α6300 die Belichtungszeit verlängert. Es kann allerdings vorkommen, dass die Bewegungen einen Tick weniger flüssig ablaufen, und auch die Schärfentiefe fällt etwas geringer aus. Wir empfehlen dennoch, die Funktion eingeschaltet zu lassen. Sie ist allerdings in den Modi **Zeitpriorität** 🎞s und **Manuelle Belichtung** 🎞M nicht verwendbar. In den anderen Modi muss der ISO-Wert zudem auf **AUTO** stehen.

❹ Die Tonaufnahme beim Filmen lässt sich mit der Funktion **Audioaufnahme** ein- oder ausschalten. Zu dieser Funktion und den Funktionen der Menüpunkte ❺ und ❻ erfahren Sie mehr im Abschnitt »Den Ton selbst steuern« ab Seite 286.

❺ Mit dem **Tonaufnahmepegel** kann die Sensitivität des eingebauten oder eines angeschlossenen Mikrofons manuell an die Filmsituation angepasst werden.

❻ Mit der **Windgeräuschreduz.** wird die Tonaufnahme gedämpft, um auf diese Weise Störgeräusche, wie etwa von Windböen, etwas zu mindern.

📷 9. Reiter

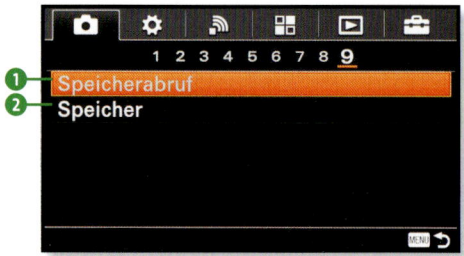

❶ Mit dem **Speicherabruf** können Sie eines der zuvor gespeicherten Aufnahmeprogramme aufrufen. Drehen Sie das Moduswahlrad dazu auf die Position **1** oder **2**. Lesen Sie hierzu und zur Funktion **Speicher** aus Menüpunkt ❷ den Abschnitt »Eigene Programme entwerfen« ab Seite 113.

Das Menü Benutzereinstellung

❷ Unter **Speicher** können die Einstellungen, die Sie in den Programmen **P**, **A**, **S** oder **M** vorgenommen haben, auf einem der beiden frei belegbaren Speicherplätze **1** oder **2** gesichert werden.

Das Menü Benutzereinstellung

⚙ 1. Reiter

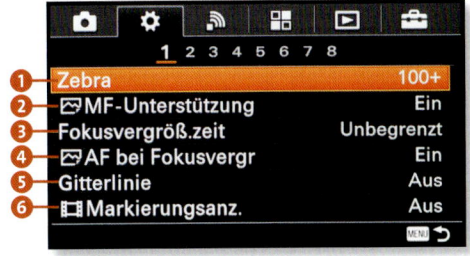

❶ Die **Zebra**-Funktion markiert Bildbereiche, die einer bestimmten Helligkeitsstufe entsprechen. Damit können Sie Überbelichtungen feststellen oder die Belichtung zum Beispiel bei Porträts auf die Haut abstimmen. Mehr zu dieser Funktion erfahren Sie im Exkurs »Belichtungskontrolle mit dem Zebra« ab Seite 66.

❷ Die **MF-Unterstützung** vergrößert beim manuellen Scharfstellen den Fokusbereich, sobald Sie am Zoomring drehen. Weitergehende Informationen zu dieser Funktion und zur **Fokusvergröß.zeit** aus Menüpunkt ❸ finden Sie im Kasten »Die Lupenfunktion konfigurieren« ab Seite 94.

❸ Unter **Fokusvergröß.zeit** legen Sie fest, wie lange der vergrößerte Fokusbereich bei manueller Scharfstellung angezeigt werden soll.

❹ Wenn Sie im Menü **Kameraeinstlg. 6** die Funktion **Fokusvergröß** aktivieren, können Sie den vergrößerten Motivausschnitt nur dann direkt fokussieren, wenn hier die Option **AF bei Fokusvergr** eingeschaltet ist. Dies empfiehlt sich vor allem bei filigranen Makromotiven, die vom Stativ aus aufgenommen werden. Wir empfehlen, die Funktion aktiviert zu lassen (siehe dazu den Abschnitt »Schärfekontrolle mit der Fokusvergrößerung« ab Seite 77).

❺ Als Hilfe für die Bildgestaltung lassen sich mit der Funktion **Gitterlinie** verschiedene Raster einblenden.

❻ Mit der **Markierungsanz.** können verschiedene Rahmen oder Hilfslinien eingeblendet werden (siehe nächste Funktion **Markier.einstlg.**), die bei der Bildgestaltung während der Filmaufnahme hilfreich sein können.

⚙ 2. Reiter

❶ Bei **Markier.einstlg.** legen Sie fest, welche Hilfsmittel beim Filmen eingeblendet werden sollen, zum Beispiel ein Fadenkreuz oder ein Hilfsrahmen, der das Filmbild in neun Drittelbereiche aufteilt und beim Ausrichten des Horizonts hilfreich sein kann. Im aufgezeichneten Film sind diese optischen Hilfsmittel nicht zu sehen.

❷ Wenn die **Tonpegelanzeige** eingeschaltet ist, können Sie die Aufnahmelautstärke während des Filmens im Monitor oder Sucher verfolgen. Mehr dazu erfahren Sie im Abschnitt »Den Ton selbst steuern« ab Seite 286.

❸ Die α6300 präsentiert Ihnen das soeben angefertigte Foto direkt nach der Aufnahme für zwei Sekunden. Sollte Ihnen die Dauer dieser automatischen **Bildkontrolle** zu kurz sein, können Sie den Wert bis auf **10 Sek.** verlängern oder auch komplett abschalten – ganz wie Sie mögen.

❹ Mit **Taste DISP** lässt sich festlegen, welche Informationsanzeigen im **Sucher** oder **Monitor** verfügbar sein sollen. Diese können anschließend im Aufnahmebetrieb mit der **DISP**-Taste ausgewählt werden. Im Abschnitt »Informationsanzeigen von Sucher und Monitor« ab Seite 22 sind die verfügbaren Aufnahme- und Wiedergabeinformationen dargestellt.

❺ Beim manuellen Fokussieren (**MF**) können die Schärfekanten farblich hervorgehoben werden (*Kantenanhebung*, auch bekannt als *Focus Peaking*). Mit **Kantenanheb.stufe** wählen Sie die Dicke dieser Linien aus. Lesen Sie im Abschnitt »Fokushilfe anhand farblich abgesetzter Schärfekanten« ab Seite 94 mehr über diese Funktion und die **Kantenanheb.farbe** aus Menüpunkt ❻.

❻ Mit **Kantenanheb.farbe** wird die Farbe definiert, mit der die scharfgestellten Motivkanten beim manuellen Fokussieren markiert werden.

 **3. Reiter**

❶ Bei aktivierter **Belich.einst.-Anleit.** blendet die α6300 zum Einstellen der Belichtungszeit, der Blende oder des ISO-Wertes eine Skala ein, anhand derer Sie die zum aktuell ausgewählten Wert benachbarten Einstellungswerte ablesen können.

❷ Ist **Anzeige Live-View** eingeschaltet, wird die zu erwartende Bildhelligkeit in Sucher und Monitor simuliert genauso wie geänderte Farben oder Bildeffekte. Sollten Sie allerdings mit der **Manuellen Belichtung** (**M**) und Blitzgeräten im Studio arbeiten, kann es sinnvoller sein, diese Funktion auszuschalten, damit das Sucherbild nicht zu dunkel wird.

❸ Mit eingeschalteter Funktion **AF-Feld auto. lösch.** werden das oder die Fokusfelder ausgeblendet, sobald die Scharfstellung erfolgreich abgeschlossen wurde. Das kann sinnvoll sein, wenn viele grüne Fokusfelder das Motiv stark verdecken. Halten Sie es einfach so, wie es Ihnen besser zusagt.

❹ Wenn Sie im Menü **Kameraeinstlg. 3** ◌ bei **Fokusmodus** den **Nachführ-AF** (**AF-C**) aktivieren, können Sie mit der Funktion **Nachführ-AF-B. anz.** festlegen, ob die grünen AF-Felder permanent im Monitor/Sucher zu sehen sein sollen oder nicht. Dies gilt jedoch nur für die **AF-Verriegelung**: **Breit** ▫ und **Feld** ▫. Bei

Mitte ▭, **Flexible Spot** ▭ oder **Erw. Flexible Spot** ▭ werden die grünen Rahmen immer angezeigt.

❺ Die eingeschaltete Funktion 📷 **Vor-AF** sorgt dafür, dass die Schärfe, ohne den Auslöser zu betätigen, stets an die Motiventfernung angepasst wird. Lesen Sie mehr dazu im Abschnitt »Beschleunigt der Vor-Autofokus die Scharfstellung?« ab Seite 79.

❻ Mit der **Zoom-Einstellung** können Sie den Zoombereich auf den optischen Zoom Ihres Objektivs beschränken oder drei Arten von Digitalzoom aktivieren, die eine stärkere Vergrößerung liefern, aber teils mit Qualitätsverlust einhergehen. Im Exkurs »Bildvergrößerung mit dem Digitalzoom« ab Seite 246 finden Sie mehr Informationen zu dieser Funktion.

⚙ 4. Reiter

❶ Wenn Sie mit dem Mount-Adapter *LA-EA2* oder *LA-EA4* von Sony ein für 📷 **Eye-Start AF** geeignetes Objektiv mit A-Bajonett angebracht haben, können Sie den Autofokus automatisch starten lassen, sobald Sie durch den Sucher blicken.

❷ Mit **FINDER/MONITOR** können Sie festlegen, ob der Monitor automatisch ausgeschaltet werden soll, sobald Sie durch den Sucher blicken (**Auto**). Wenn Sie **Sucher** wählen, wird der Monitor permanent ausgeschaltet, und wenn Sie **Monitor** wählen, können Sie den Sucher nicht verwenden. Wir empfehlen, die Funktion auf **Auto** stehen zu lassen.

❸ Mit 📷 **Sucher-Bildfreq.** kann die Anzahl an Bildern pro Sekunde (*fps = frames per second*), mit der das Livebild im elektronischen Sucher dargestellt wird, von **60fps** bzw. **50fps** (Videosystem NTSC/PAL) auf **120fps** bzw. **100fps** erhöht werden. Allerdings verringert sich hierdurch die Sucherauflösung, was beim manuellen Scharfstellen nachteilig sein kann. Außerdem erhöht sich der Strombedarf. Verwenden Sie die höhere Bildfrequenz am besten nur, wenn Sie Schwierigkeiten haben, ein schnell bewegtes Motiv im Sucher zu verfolgen.

❹ Werden (Fremd-)Objektive mittels Adapter an der α6300 angebracht, ist es sinnvoll, die Funktion **Ausl. ohne Objektiv** einzuschalten. Sonst kann es passieren, dass die elektronische Signalübermittlung gestört ist (siehe dazu den Abschnitt »Adapter für Objektive anderer Hersteller« ab Seite 178).

❺ Die Funktion **Auslösen ohne Karte** sollte standardmäßig deaktiviert sein, sonst löst die α6300 auch dann Bilder aus, wenn gar keine Speicherkarte eingelegt ist. Es werden dann auch keine Aufnahmen gespeichert. Eine Aktivierung wäre höchstens dann sinnvoll, wenn die Kamera über ein USB-Kabel mit einem Computer verbunden wäre und die Bilder direkt auf der Festplatte gespeichert würden (*Tethered-Shooting*).

✿ 5. Reiter

❶ Mit der **PriorEinstlg bei AF-S** auf **AF** löst die α6300 nur dann aus, wenn der Autofokus das Motiv auch erfolgreich scharfstellen konnte (*Fokuspriorität*). Bei **Auslösen** nimmt die Kamera immer ein Bild auf (*Auslösepriorität*), auch wenn das Motiv noch unscharf zu sehen ist, und bei **Ausgew. Gewicht.** entscheidet die α6300 situationsabhängig, was die Gefahr unscharfer Bilder ebenfalls erhöht. Da der Autofokus meist recht schnell arbeitet, empfehlen wir als Standardeinstellung die Option **AF** und nur in Situationen, in denen es Ihnen wichtiger ist, überhaupt ein Bild zu haben, auf **Ausgew. Gewicht.** umzustellen.

❷ Bei der Fokusnachführung (**AF-C**) können Sie mit **PriorEinstlg bei AF-C** entscheiden, ob die α6300 immer auslöst (**Auslösen**) oder nur bei erfolgreicher Scharfstellung (**AF**). Da wir mit der Einstellung **Ausgew. Gewicht.**, bei der die α6300 selbst zwischen Auslöse- und Fokuspriorität entscheidet, zu oft unscharfe Fotos erhielten, empfehlen wir Ihnen die Vorgabe **AF**. Bei schwächerem Licht, beispielsweise in der Sporthalle, kann es jedoch einen Tick länger dauern, bis Sie tatsächlich auslösen können.

❸ Wenn Sie die Bildaufnahme nicht wie üblich mit dem Auslöser starten möchten, können Sie die Funktion 🖼 **AF b. Auslösung** ausschalten. Programmieren Sie dann eine der benutzerdefinierten Tasten über das Menü **Benutzereinstlg. 7 ✿ > BenutzerKey(Aufn.)** mit der Funktion **AF Ein**. Andernfalls können Sie kein Bild auslösen.

❹ Steht die Funktion 🖼 **AEL mit Auslöser** auf **Ein**, wird die Belichtung gespeichert, solange Sie den Auslöser halb herunterdrücken, was als Standardeinstellung zu empfehlen ist. Bei **Auto** findet die Belichtungsspeicherung nur im Fokusbetrieb **Einzelbild-AF** (**AF-S**) statt, und bei **Aus** werden die Werte gar nicht gespeichert.

❺ Durch Einschalten der 🖼 **Geräuschlose Auf.** können Sie Bilder ohne das klackende Auslösegeräusch aufnehmen, allerdings nur in den Modi **P**, **A**, **S** und **M**. Zudem sind keine Blitzaufnahmen möglich, kein Auto HDR sowie keine individuellen Langzeitbelichtungen (**Bulb**). Auch ist die Anwendung von Bildeffekten, Fotoprofilen, der Langzeit-Rauschunterdrückung oder der Multiframe-Rauschunterdrückung nicht möglich. Hinzu kommt, dass die Serienaufnahmegeschwindigkeit auf 3 Bilder pro Sekunde (⧉Lo) sinkt und bei flackernden Lichtquellen hell-dunkle Streifen im Bild auftauchen können (*Banding-Effekt*). Verwenden Sie die Funktion am besten nur bei guter Beleuchtung und statischen Motiven.

❻ Die α6300 kann Bilder mit vollmechanischem Verschluss aufnehmen, was bei langen Belichtungszeiten an zwei Klackgeräuschen zu erkennen ist. Sie können den

1. Verschluss aber auch elektronisch steuern lassen, dann entfällt das erste Auslösegeräusch. Der Start der Belichtung ist dann nur an einem sehr leisen Geräusch zu hören. Möchten Sie so schnell wie möglich nach der Aufnahme wieder das Motiv auf dem Monitor oder im Sucher sehen, aktivieren Sie **Elekt. 1.Verschl.vorh.**. Ausschalten sollten Sie die Funktion, wenn Sie A-Objektive oder Fremdobjektive mit Adaptern anschließen.

6. Reiter

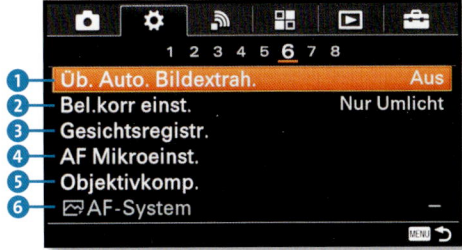

① Im Modus **Überlegene Automatik** i❍⁺ kann sowohl das Originalbild, wie es zum Beispiel die **Intelligente Automatik** i❍ aufgezeichnet hätte, als auch die überarbeitete Version, etwa das HDR-Ergebnis bei einer Gegenlichtaufnahme, parallel gespeichert werden. Dazu stellen Sie die **Üb. Auto. Bildextrah.** auf **Aus**.

② Mit **Bel.korr einst.** wird festgelegt, ob sich die Korrektur der Belichtung auch auf die Blitzintensität auswirkt (**Umlicht&Blitz**) oder nur auf die Helligkeit des vom Blitzlicht nicht erreichten Hintergrunds (**Nur Umlicht**) – unser persönlicher Favorit für mehr Flexibilität in der Belichtung. Lesen Sie mehr zu dieser Funktion im Abschnitt »Unabhängige Steuerung von Umlicht und Blitz« ab Seite 148.

③ Um Gesichtsinformationen neu anzulegen, anzupassen oder zu löschen, wählen Sie **Gesichtsregistr.** und folgen den untergeordneten Einstellungen. Im Abschnitt »Gesichter registrieren und priorisiert fokussieren« ab Seite 81 erfahren Sie mehr hierzu.

④ Mit der Funktion **AF Mikroeinst.** bietet die α6300 die Möglichkeit, den Autofokus des Objektivadapters *LA-EA2* oder *LA-EA4* nachzujustieren. Das ist aber nur sinnvoll, wenn eine deutliche Fehlfokussierung mit dem per Adapter angeschlossenen A-Bajonett-Objektiv vorliegt (siehe dazu die Schrittanleitung »Test: Fokussiert mein Objektiv exakt?« ab Seite 177).

⑤ Bei **Objektivkomp.** können Sie die Funktionen zur Reduzierung objektivbedingter Schwächen ein- oder ausschalten. RAW-Aufnahmen müssen allerdings im RAW-Konverter von diesen Schwächen befreit werden (siehe dazu den Abschnitt »Praktische Tipps zur Objektivwahl« ab Seite 164).

⑥ Schließen Sie A-Bajonett-Objektive mit den Adaptern LA-EA1 oder LA-EA3 an der α6300 an, können Sie bei **AF-System** das Fokussystem wählen. Bei **Phasenerkenn. AF** ist die Fokussierung schneller, und der Nachführ-AF (**AF-C**) kann genutzt werden, dafür ist die Wahl der Fokusfelder aber eingeschränkt. Bei **Kontrast-AF** ist die Scharfstellung langsamer, aber bei unbewegten Objekten unter Umständen präziser. Zudem können Sie die Fokusfelder **Feld**, **Erweit. Flexible Spot** und die Fokusfelder mit **AF-Verriegelung** wieder nutzen.

⚙ 7. Reiter

❶ Mit der Option **Funkt.menü-Einstlg.** können Sie das **Quick Navi**-Menü individuell mit Funktionen bestücken (siehe dazu den Abschnitt »Das Quick-Navi-Menü umgestalten« ab Seite 35).

❷ Die **BenutzerKey(Aufn.)** dient dazu, die benutzerspezifischen Tasten **C1** und **C2** und andere frei programmierbare Tasten mit anderen, für die Bildaufnahme relevanten Funktionen zu belegen. Lesen Sie dazu mehr im Abschnitt »Die Kamerabedienung individuell anpassen« ab Seite 34.

❸ Über die **BenutzerKey(Wdg)** können die benutzerspezifischen Tasten **C1** und **C2** und andere frei programmierbare Tasten mit anderen für die Wiedergabe relevanten Funktionen belegt werden. Lesen Sie dazu mehr im Abschnitt »Die Kamerabedienung individuell anpassen« ab Seite 34.

❹ Wenn es Ihnen eher zusagt, die Belichtungszeit bei der **Manuellen Belichtung (M)** mit dem Drehregler und die Blende mit dem Einstellrad zu justieren, können Sie die Funktionsbelegung umdrehen. Dafür wählen Sie bei **Regler/Rad-Konfig.** die Option **F-Nr. VZ** aus. Auf die Steuerung der Modi **S** und **A** hat dies aber keine Auswirkung.

❺ Die Belichtung kann mit dem Einstellrad oder dem Drehregler schneller angepasst werden als über die **Belichtungskorrekturtaste** des Einstellrads. Wir haben uns bei **Regler/Rad Ev-Korr.** für Regler entschieden, dann bleibt die Bedienung der Belichtungszeit im Modus **S** und der Blende im Modus **A** unverändert auf dem Einstellrad.

❻ Bei Objektiven mit Motorzoom (PZ) können Sie über **Zoomring-Drehricht.** die Funktion des Zoomrings umkehren. Standardmäßig gelangen Sie per Linksdreh in Richtung Weitwinkel und mit einem Rechtsdreh in Richtung Tele. Bei den aktuellen APS-C-Objektiven für die α6300 mit Motorzoom war die Funktion zur Drucklegung dieses Buches jedoch nicht nutzbar. Möglicherweise wird sich dies in Zukunft durch Kamera- oder Objektiv-Updates noch ändern. Generell empfehlen wir, die Standardeinstellung beizubehalten, um sich an eine Vorgehensweise zu gewöhnen. Bei kompatiblen Objektiven kann der Richtungswechsel sinnvoll sein, wenn Sie beim Filmen eine Follow-Focus-Einrichtung verwenden, die nur in eine Zoomrichtung drehen kann.

⚙ 8. Reiter

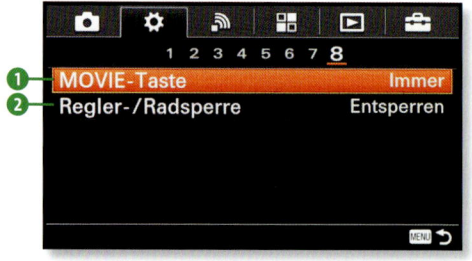

❶ Damit Sie aus den Fotoprogrammen heraus filmen können, sollte der Eintrag **MOVIE-Taste** auf **Immer** stehen. Sie können die Taste mit der Einstellung **Nur Filmmodus** aber auch deaktivieren.

❷ Um ein versehentliches Verstellen von Funktionen mit den Einstellrädern (◎, ✇) zu verhindern, können Sie die **Regler-/Radsperre** bei Bedarf aktivieren (**Sperren**). Drücken Sie anschließend im Aufnahmemodus die **Fn**-Taste so lange, bis die Information **Gesperrt** auf dem Monitor erscheint. Das Drehen an den Einstellrädern hat dann keine Auswirkung mehr. Um die Räder wieder zu aktivieren, drücken Sie die **Fn**-Taste so lange, bis der Hinweis **Entsperrt** erscheint.

Das Menü Drahtlos

1. Reiter

❶ Über den Eintrag **An Smartph. send.** können Sie Bilder direkt von der α6300 aus auf Ihr Smartphone übertragen. Mehr dazu erfahren Sie im Abschnitt »Bilder per WLAN aufs Smartgerät bringen« ab Seite 187.

❷ Mit **An Comp. senden** lässt sich eine Drahtlosverbindung zu Ihrem Rechner herstellen, um Bilder zu übertragen. Lesen Sie mehr über diese Art der Datenübertragung im Abschnitt »Bilder per WLAN auf den Computer übertragen« ab Seite 192.

❸ Sollten Sie einen Fernseher besitzen, der über eine Internetverbindung mit Ihrem heimischen Netzwerk verbunden ist, können Sie die α6300 über **Auf TV wiedergeben** kabellos mit dem TV-Gerät verbinden und Bilder darauf abspielen.

❹ Über die Funktion **One-Touch(NFC)** können Sie die Anwendung auswählen, die nach dem Verbinden der α6300 mit einem Smartgerät via NFC N ausgeführt werden soll. Es können dann Bilder kabellos übertragen oder die Kamera vom Smartgerät aus ferngesteuert werden. Lesen Sie mehr dazu im Abschnitt »Die NFC-Schnellverbindung nutzen« ab Seite 190.

❺ Wenn Sie sich im Flugzeug befinden oder an anderen Orten mit Wi-Fi-Verbot, können Sie den **Flugzeug-Modus** einschalten. Damit werden alle WLAN-Funktionalitäten unterbunden.

2. Reiter

❶ Wird der **WPS-Tastendruck** aktiviert, kann die α6300 eine Wi-Fi-Verbindung zu Geräten

(Modem, Drucker) herstellen, die ebenfalls eine WPS-Tastenfunktion besitzen. Mehr zu dieser Funktion und der **Zugriffspkt.-Einstlg.** aus Menüpunkt ❷ lesen Sie im Abschnitt »Die α6300 direkt mit dem Internet verbinden« ab Seite 191.

❷ Wenn eine *WPS-Schnellverbindung* nicht möglich ist, verbinden Sie die α6300 über den Eintrag **Zugriffspkt.-Einstlg.** mit dem Internet oder Ihrem Drucker. Bei geschützten Netzwerken ist eine Passworteingabe notwendig.

❸ Unter **Gerätename bearb.** können Sie Ihrer α6300 einen eigenen Namen geben, um sie beim WLAN-Verbindungsaufbau schneller wiederzufinden.

❹ Mit der MAC-Adresse (*Media Access Control*-Adresse) können netzwerkfähige Geräte eindeutig identifiziert werden, was für den Verbindungsaufbau zum Drahtlosnetzwerk wichtig ist. Mit der Funktion **MAC-Adresse anz.** können Sie die aus einer Zahlen- und Buchstabenkombination bestehende MAC-Adresse Ihrer α6300 herausfinden.

❺ Wenn Sie die Funktion **SSID/PW zurücks.** mit Klick auf die Schaltfläche **Eingabe** bestätigen, werden die Verbindungsdaten zu Ihrem Smartphone verworfen. Sie können die Verbindung später mit einem neuen Passwort wieder neu herstellen.

❻ Mit **Netzw.einst. zurücks.** setzen Sie alle Verbindungsinformationen und Passwörter, die Sie für die Drahtlosverbindungen der α6300 zu anderen Geräten eingestellt haben, wieder auf den Ausgangszustand. Das sollten Sie auf jeden Fall tun, wenn Sie die α6300 in fremde Hände geben.

Das Menü Applikation

 **1. Reiter**

❶ In der **Applikationsliste** finden Sie alle bereits installierten Apps und können diese über den Eintrag **Applikationsmanagement** sortieren oder auch deinstallieren (siehe dazu den Abschnitt »Wie kommt die App auf die α6300?« ab Seite 194).

❷ In der Rubrik **Einführung** können Sie mit dem Eintrag **Service-Einführung** ein paar, allerdings sehr rudimentäre Informationen zur Applikationen-Internetseite *PlayMemories Camera Apps* aufrufen. Wenn die α6300 mit dem Internet verbunden ist, können Sie über **Service-Verfügbarkeit** alle Länder herausfinden, die einen Sony-Service anbieten.

Das Menü Wiedergabe

▶ 1. Reiter

❶ Um mehrere Bilder oder Bilder eines bestimmten Ordners flink von der Speicherkarte zu entfernen, öffnen Sie die Rubrik **Löschen**. Lesen Sie dazu mehr im Abschnitt »Löschfunktionen« ab Seite 117.

❷ Standardmäßig sortiert die α6300 die Bilder und Filme nach Datum. Im Bereich **Ansichtsmodus** können Sie eine Sortierung nach **Ordnern**, **Standbildern** oder Filmen in den Formaten **MP4**, **AVCHD**, **XAVC S HD** oder **XAVC S 4 K** einstellen (siehe dazu und zur Funktion **Bildindex** aus Menüpunkt ❸ den Abschnitt »Übersicht im Bildindex« ab Seite 116).

❸ Mit der Funktion **Bildindex** können Sie festlegen, ob bei der verkleinerten Wiedergabe **12 Bilder** oder **30 Bilder** gleichzeitig präsentiert werden.

❹ Mit der **Anzeige-Drehung** lässt sich die Bildwiedergabe folgendermaßen steuern: Bei **Auto** werden hochformatige Bilder im Hochformat angezeigt und querformatige im Querformat. Wenn Sie die α6300 ins Hochformat drehen, drehen sich die Bilder ebenfalls um 90°, so dass ein Hochformatbild jetzt den ganzen Monitor ausfüllt. Dies ist unsere präferierte Einstellung. Bei **Manuell** werden die Bilder ebenfalls immer aufrecht dargestellt, drehen sich aber bei einer Kameradrehung nicht mit. Bei **Aus** werden alle Fotos quer präsentiert, auch wenn sie im Hochformat fotografiert wurden.

❺ Mit der Funktion **Diaschau** können Sie Ihre Bilder und Filme automatisiert ablaufen lassen. Geben Sie zuvor bei **Wiederholen** (Diaschau startet nach Ablauf erneut) und **Intervall** (Anzeigedauer für jedes Bild) die gewünschten Werte vor. Die **Diaschau** startet mit dem Bild, das Sie in der Wiedergabeansicht aktuell auf dem Monitor sehen.

❻ Bilder, die versehentlich eine falsche Ausrichtung haben, können Sie mit der Funktion **Drehen** in 90°-Schritten drehen.

▶ 2. Reiter

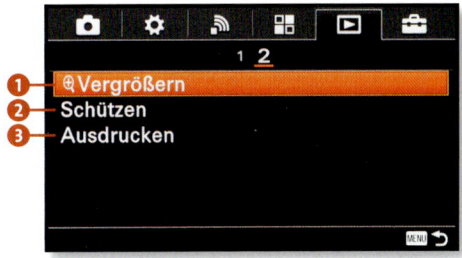

❶ Alternativ zur Taste ⊕ **Vergrößern** können Sie das Bild bei der Wiedergabe auch hierüber vergrößern (siehe dazu den Abschnitt »Wiedergabezoom« ab Seite 116).

❷ Mit der Funktion **Schützen** lassen sich Bilder und Filme vor versehentlichem Löschen bewahren. Nur beim Formatieren der Speicherkarte werden auch geschützte Dateien gelöscht. Mehr Informationen zu dieser

Funktion finden Sie im Abschnitt »Schutz vor versehentlichem Löschen« ab Seite 117.

❸ Im Menü **Ausdrucken** können Sie Bilder (nur JPEG!) für den Druck auswählen, auch wenn noch kein Drucker angeschlossen wurde. Sie liegen dann in Form einer Druckliste vor und sind mit dem Kürzel **DPOF** markiert. Sobald die α6300 mit einem Drucker in Verbindung steht, können die Fotos gedruckt werden.

Was bedeutet DPOF?

Die Einstellungen im Druckmenü erfolgen gemäß dem **DPOF**-Standard (= *Digital Print Order Format*). Das ist ein Speicherformat für die den Bildern zugeordneten Druckeinstellungen. Diese liefern dem Drucker zu Hause oder im Fotolabor alle notwendigen Informationen zum Druckformat, zu der Anzahl und weiteren wichtigen Angaben.

Das Menü Einstellung

1. Reiter

❶ Da der Monitor der α6300 generell recht hell strahlt und uns schon dazu verleitet hat, die Bilder zu dunkel aufzunehmen, haben wir bei **Monitor-Helligkeit** die Vorgabe bei **Helligkeit** auf **Manuell** gesetzt und den Wert −1 eingestellt. Wichtig ist, dass Sie die unterschiedlichen Graustufen noch gut auseinanderhalten können. In sehr heller Umgebung, wenn das Monitorbild schlecht zu erkennen ist, können Sie bei **Helligkeit** mit der Vorgabe **Sonnig** aber auch eine Helligkeitsverstärkung aktivieren.

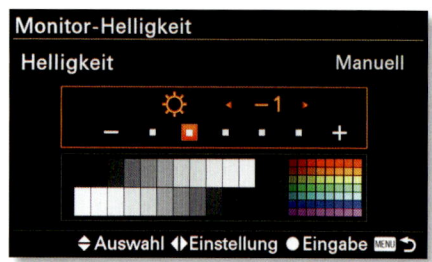

❷ Mit der Funktion **Sucherhelligkeit** können Sie die Helligkeit des Sucherbildes anpassen. Dazu müssen Sie durch den Sucher blicken. Bei uns steht die Helligkeit dort ebenfalls auf **Manuell** mit dem Wert −1, da uns die Vorgabe **Auto** ein oft zu helles Sucherbild präsentierte. Die Vorgabe **Sonnig** gibt es hier nicht.

❸ Sollten Sie das Gefühl haben, der Sucher zeige die Bilder mit einem Farbstich an, können Sie die Farben mit **Sucher-Farbtemp.** ausgleichen: Mit Minuswerten werden Blaustiche ausgeglichen und mit Pluswerten Gelbstiche. Bei unserer α6300 waren die Farben etwas zu bläulich dargestellt, was bei einem vergleichenden Blick mit/ohne Sucher auf eine Neutralgraukarte gut zu sehen war. Daher steht der Wert bei uns auf −1.

❹ Beim Filmen kann die **Gamma-Anz.hilfe** das Fotoprofil **PP7** (**S-Log2**) oder **PP8**/ **PP9** (**S-Log3**) simulieren, so dass der Kontrast der Darstellung im Sucher oder Monitor dem gespeicherten Dynamikumfang des Films besser entspricht. Mit der Einstellung **Auto** erkennt die α6300 selbst, ob mit **S-Log2** oder **S-Log3** gefilmt wird. Wenn Sie ein anderes Fotoprofil verwenden, schalten Sie die Anzeigehilfe am besten aus, damit es in anderen Aufnahmesituationen nicht zu einer verfremdeten Bildanzeige kommt.

❺ Sofern Sie die **Signaltöne** ❻ aktiviert haben, können Sie bei **Lautstärkeeinst.** die Lautstärke der Töne bestimmen.

❻ Mit dem Eintrag **Signaltöne** schalten Sie alle akustischen Signale der α6300 ein oder aus.

2. Reiter

❶ Die α6300 kann die sechs Registerkarten des Menüs auch in Form eines übersichtlichen Kachelmenüs präsentieren. Die **MENU**-Taste ruft dann immer zuerst das Kachelmenü auf. Darin können Sie die Menüs auswählen und mit der Mitteltaste bestätigen. Das Kachelmenü erfordert somit stets einen Tastendruck mehr, daher haben wir diese Funktion standardmäßig ausgeschaltet.

❷ Wenn Sie mit dem Moduswahlrad das Aufnahmeprogramm ändern, präsentiert Ihnen die **Modusregler-Hilfe** einen Informationsbildschirm zum jeweiligen Programm. Der Vorteil ist, dass Sie beispielsweise bei einem Dreh auf **SCN** gleich im Anschluss durch Drücken der Mitteltaste ● den gewünschten Modus auswählen können. Im Gegenzug sind aber nach jedem Dreh am Moduswahlrad ein oder zwei Mitteltastendrücke notwendig, um in den Aufnahmemodus zu gelangen. Probieren Sie aus, was Ihnen besser zusagt.

❸ Die **Löschbestätigng** legt fest, ob nach dem Drücken der Taste 🗑 die Schaltfläche **Löschen** (**"Löschen" Vorg**) oder **Abbrechen** (**"Abbruch" Vorg**) automatisch aktiv ist. Da bei Letzterem das Bild nicht versehentlich durch einen zweiten Tastendruck entfernt werden kann, behalten Sie die Einstellung **"Abbruch" Vorg** zur Sicherheit bei.

❹ Wenn Sie genügend Akkuladung haben, können Sie die **Anzeigequalität** auf **Hoch** stellen, ansonsten reicht **Standard** auch aus.

❺ Mit der **Energiesp.-Startzeit** wird die Zeitspanne festgelegt, die verstreicht, bis Ihre α6300 bei Nichtgebrauch in den Ruhemodus umschaltet (Monitor/Sucher aus, Objektivtubus fährt gegebenenfalls ein). Um stromsparend zu agieren, behalten Sie die Vorgabe **1 Minute** bei oder reduzieren bei wenig Akkuleistung gegebenenfalls auf **10 Sek.**.

3. Reiter

❶ NTSC/PAL-Auswahl
❷ Reinigungsmodus
❸ Demo-Modus — Aus
❹ TC/UB-Einstlg.
❺ Fernbedienung — Aus

❶ Die Einstellung bei **NTSC/PAL-Auswahl** wirkt sich auf die verfügbaren Bildraten, also die Anzahl an Bildern pro Sekunde, für Filmaufnahmen aus. Die schnelleren Bildraten erzielen Sie im NTSC-Modus (siehe dazu den Abschnitt »Einfluss des Videosystems« ab Seite 282).

❷ Der **Reinigungsmodus** startet die Reinigung des Sensors mit Hilfe von Ultraschallvibrationen (siehe dazu den Abschnitt »Die behutsame Reinigung des Sensors« ab Seite 196).

❸ Geschützte (🔑) AVCHD-Videos auf der Speicherkarte können im **Demo-Modus** von der α6300 automatisch abgespielt werden, wenn eine Minute lang keine Kamerabedienung erfolgt. Das geht aber nur, wenn Sie die α6300 über das separat erhältliche Netzteil *AC-PW20* mit Steckdosenstrom betreiben und im Menü **Wiedergabe 1** ▶ bei **Ansichtsmodus** die Einstellung **AVCHD-Ansicht** gewählt haben. Wir haben diese Funktion bislang noch nie benötigt.

❹ Im **Film**-Modus 🎬 ermöglicht es die Funktion **TC/UB-Einstlg.**, mehrere Filmabschnitte mit einer lückenlos fortlaufenden Aufnahmezeit zu drehen, die unabhängig von der Uhrzeit ist. Das vereinfacht den späteren Filmschnitt. Stellen Sie hierzu bei **TC Preset** (TC = *Timecode*) einen Start-Zeitwert ein, oder Sie setzen die Zeitmarke mit **TC Make** und der Vorgabe **Regenerate** auf null zurück (00:00:00:00). Für eine fortlaufende Zeitspeicherung sollte bei **TC Run** der Wert **Rec Run** stehen. Um den Timecode beim Filmen sehen zu können, stellen Sie bei **TC/UB-Anz.einstlg.** zudem den Wert **TC** ein. Zusätzlich können Sie bei **UB Preset** (UB = *User Bit*) verschiedene Szenen mit einer eigenen Codierung markieren, zum Beispiel erste Szene, zweite Einstellung, achte Wiederholung (01:02:08:00). Das ist so ähnlich wie die Klappen, die am Filmset vor der Aufnahme in die Kamera gehalten werden, um die Szenen später gut zuordnen zu können. Die User-Bit-Einstellung wird nicht fortlaufend aktualisiert, muss also manuell für jeden Filmabschnitt gewählt werden.

❺ Wenn Sie die α6300 mit einer Infrarot-Fernbedienung fernauslösen möchten, stellen Sie die Funktion **Fernbedienung** auf **Ein** (siehe dazu den Abschnitt »Bessere Bilder mit der Fernbedienung« ab Seite 184).

4. Reiter

❶ HDMI-Einstellungen
❷ 4K-Ausg.Auswahl — –
❸ USB-Verbindung — Auto
❹ USB-LUN-Einstlg. — Multi
❺ USB-Stromzufuhr — Ein

❶ Wenn Sie die α6300 mit einem Micro-HDMI-Kabel am TV-Gerät angeschlossen haben, können Sie die Bildanzeige bei **HDMI-Einstellungen** anpassen. Im Bereich **HDMI-Auflösung** lässt sich die Bildgröße mit den Werten **2160p/1080p**, **1080p** oder **1080i** auf Ihr TV-Gerät abstimmen. Meist funktioniert die Einstellung **Auto** aber sehr zuverlässig. Mit der **HDMI-Infoanzeige** (**Ein**) können Sie sich die Aufnahmeinformationen des Bildes am Fernsehgerät anzeigen lassen. Wenn Filme mit gespeicherter Timecode-Aufnahmezeit präsentiert werden, kann der Timecode mit  **TC Ausgabe** ausgelesen werden. Bei TV-Geräten führt dies aber eher zu Abspielfehlern, daher lassen Sie die Funktion lieber ausgeschaltet. Sollte die α6300 per Micro-HDMI-Kabel an einen externen Videorekorder angeschlossen sein, können Sie die Rekorderaufnahme mit dem Menüpunkt **REC-Steuerung** starten und stoppen. Im Fall eines *Bravia*-Fernsehers von Sony können Sie die α6300 mit der eingeschalteten Funktion **STRG FÜR HDMI** mit der Fernbedienung des TV-Geräts bedienen.

❷ Wird die α6300 im Modus **Film** an ein 4K-fähiges Wiedergabegerät angeschlossen, lässt sich bei **4K-Ausg.Auswahl** festlegen, mit welcher Bildrate die Videos abgespielt werden: **Nur HDMI (30p)**, **Nur HDMI (24p)** oder **Nur HDMI (25p)**. Ist die α6300 mit einem externen 4K-Rekorder verbunden, können 4K-Videos mit der Einstellung **Speicherkarte+HDMI** parallel auf dem Rekorder und der Kameraspeicherkarte aufgezeichnet werden.

❸ Mit der **USB-Verbindung** wird bestimmt, wie die α6300 mit dem angeschlossenen Computer kommuniziert. Mit **MTP** können Bilder mit der Sony-Software *PlayMemories Home* an den Computer übertragen werden, mit **Massenspeich.** verhält sich die α6300 wie eine externe Festplatte, und mit **PC-Fernbedienung** lässt sie sich mit der Sony-Software *Remote Camera Control* vom Computer aus fernsteuern. Mit **Auto** wird je nach Computersystem entweder **MTP** oder **Massenspeich.** aktiviert.

❹ Sollte die USB-Verbindung nicht funktionieren, was sehr selten passiert, wählen Sie die **USB-LUN-Einstlg. Einzeln**. Im Normalfall können Sie **Multi** beibehalten.

❺ Die α6300 kann mit dem mitgelieferten Micro-USB-Kabel am Computer oder an einer USB-Buchse im Auto aufgeladen werden. Dazu muss die **USB-Stromzufuhr** eingeschaltet sein. Außerdem wird ein aktiver USB-Anschluss (*powered USB*) benötigt.

5. Reiter

❶ Bei **Sprache** lässt sich die Menüsprache Ihrer α6300 einstellen.

❷ Mit **Datum/Uhrzeit** stellen Sie die kamerainterne Uhr auf aktuelle Werte.

❸ Mit der **Gebietseinstellung** legen Sie die Zeitzone fest, in der Sie sich gerade befinden, und die Sommer- oder Winterzeit.

❹ Werden Bilder an andere weitergegeben oder im Internet präsentiert, kann es sinnvoll sein, sie mit **Urheberrechtsinfos** zu versehen. Setzen Sie dazu die Option **Urgeb.infos schreib.** auf **Ein**, und tragen Sie den Fotografennamen und den Urheberrechtsinhaber in den Menüunterkategorien ein. Über **Urheber.infos anz.** können Sie die Angaben prüfen. Wenn Sie bei Windows mit der rechten Maustaste auf die Datei klicken und den Reiter **Details** wählen, finden Sie die mitgespeicherten Angaben bei **Autoren** und **Copyright**.

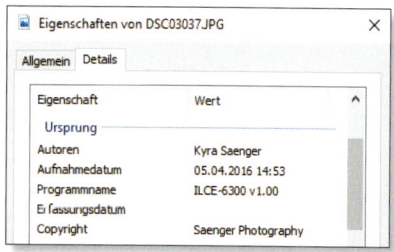

❺ Um die Speicherkarte schnell von allen gespeicherten Daten zu befreien, können Sie die Karte formatieren. Auch geschützte Medienelemente werden hierbei gelöscht. Die Daten können anschließend, ohne eine Garantie auf Vollständigkeit, nur noch mit spezieller Software gerettet werden, wie zum Beispiel *Recuva*, *CardRecovery*, *Wondershare Data Recovery*. Wurde die Karte nach der Formatierung bereits wieder verwendet, wird es noch schwieriger, die gelöschten Bilddaten zurückzuholen.

❻ Wählen Sie bei **Dateinummer** den Eintrag **Serie**, um alle Bilder mit fortlaufenden Nummern zu speichern, egal, ob sie in verschiedenen Ordnern liegen oder in ein und demselben. Mit **Rückstellen** fängt die Dateinummer stets mit **0001** an, wenn die α6300 Bilder in neue Ordner speichert. Behalten Sie **Serie** bei, damit es nicht versehentlich zu Dopplungen und Datenverlust kommt.

 **6. Reiter**

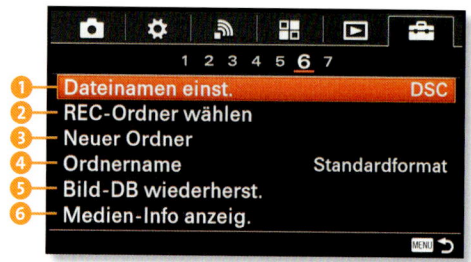

❶ Standardmäßig beginnt der Dateiname vor einer vierstelligen Bildnummer mit der Folge **DSC0** (Farbraum sRGB) oder **_DSC** (Farbraum AdobeRGB). Bei **Dateinamen einst.** können Sie dieses Präfix ändern und beispielsweise durch ein Namenskürzel ersetzen, wobei drei Zeichen eingetragen werden müssen.

❷ Nachdem Sie bei ❸ einen neuen Ordner erstellt haben, können Sie den Bilderspeicherordner bei **REC-Ordner wählen** festlegen.

❸ Legen Sie einen neuen Ordner für Ihre Bilder auf der Speicherkarte an, wenn Sie beispielsweise für jeden Tag einen eigenen Ordner benötigen. Wählen Sie in dem Fall im folgenden Menüpunkt ❹ den Ordnernamen nach dem **Datumsformat**.

❹ Vergeben Sie die **Ordnernamen** nach dem **Standardformat** (Ordnernummer + MSDCF) oder nach dem **Datumsformat** (Ordnernummer + letzte Jahresziffer/MM/TT). Ein Ordner, erstellt am 01.04.2016, würde dann heißen: **10060401**, was sich zusammensetzt aus: **100** (Ordnernummer), **6** (letzte Jahresziffer von 2016), **04** (Monat April), **01** (Tag 1).

❺ Sollten Fotos oder Videos nach Einlegen der Karte in die α6300 nicht ordnungsgemäß angezeigt werden, sollten Sie die Datenbank aktualisieren (siehe auch den Exkurs »Datenbankdatei, Ordnersystem und Formatieren« ab Seite 41).

❻ Lassen Sie sich mit **Medien-Info anzeig.** die Anzahl möglicher Bilder oder die mögliche Aufnahmezeit für Filme anzeigen, die noch auf die Speicherkarte passen. Wenn Sie die Aufnahmeformate ändern, passen sich die jeweiligen Werte entsprechend an.

7. Reiter

❶ Hier wird Ihnen die **Version** der aktuell auf Ihrer α6300 verwendeten Kamerasoftware (Firmware) angegeben – und zwar getrennt für das Gehäuse und das Objektiv (siehe dazu den Exkurs »Firmware-Updates durchführen« ab Seite 199).

❷ Mit **Einstlg zurücksetzen** können Sie alle wichtigen Aufnahmeeinstellungen wieder auf die Standardeinstellung zurücksetzen (**Kameraeinstlg. Reset**) oder die Kamera vollständig **Initialisieren**. Hierbei gehen dann wirklich alle gespeicherten Einstellungen verloren, auch die **Sprache** steht dann wieder auf **Englisch**.

Glossar

A → *Blendenpriorität (A)*

Abbildungsmaßstab
Maß für die Vergrößerung eines Objekts: Bei einem Maßstab von 1:1 sind das Objekt und die Abbildungsgröße auf dem Sensor identisch, ganz so, als würden Sie den Sensor auf das Objekt kleben und einen Abdruck davon nehmen. Bei einem Abbildungsmaßstab von 2:1 wird das Objekt doppelt so groß abgebildet, und bei 1:2 nur halb so groß, wie es in Wirklichkeit ist.

ADI-TTL
Blitzbelichtungssteuerung, die für die richtige Dosis Blitzlicht im Bild sorgt. Wie der englische Name *Through The Lens* (= durch die Linse) verrät, werden hierbei das durch das Objektiv auf den Sensor auftreffende Blitz- und Umgebungslicht von der α6300 gemessen und aufeinander abgestimmt, wobei die Blitzwirkung maßgeblich vom Aufnahmeprogramm bzw. dem gewählten Blitzmodus abhängt. ADI steht für *Advanced Distance Integration* (integrierte Entfernungsmessung) und bedeutet, dass die Entfernung zum Objekt in die Steuerung des Blitzlichts mit einberechnet wird.

APS-C
Bezeichnung für Sensoren, wie den der α6300, deren Größe dem analogen Filmformat *Advanced Photo System Classic* entsprechen.

Autofokus
Automatische Steuerung des Scharfstellvorgangs, bei dem die Objektivlinsen so verstellt werden, dass die anvisierten Motivstrukturen möglichst kontrastreich und damit für unser Auge als scharf empfunden abgebildet werden. Je heller die Umgebung und je deutlicher die Motivstrukturen, desto schneller und zuverlässiger kann der Autofokus arbeiten.

Bajonett → *E-Bajonett*

Belichtungskorrektur
Funktion, die es erlaubt, die von der α6300 ermittelten Belichtungswerte manuell in beide Richtungen zu korrigieren. So kann das Bild heller oder dunkler aufgenommen werden, als es die Kameraautomatik vorgibt. Eventuelle Belichtungskorrekturen sind in diesem Buch in ganzen oder Drittel-Stufen bei den Aufnahmedaten der Bilder stets mit angegeben, zum Beispiel +1 oder −0,3.

Belichtungsreihe
Bilderserie des gleichen Motivs, bei der die Einzelfotos unterschiedlich belichtet werden. Aus den unterbelichteten, normal belichteten und überbelichteten Bildern kann man sich das beste Ergebnis heraussuchen oder die Bilder zum Erhöhen des → *Kontrastumfangs* mittels → *HDR* fusionieren. Die Belichtungsreihe kann mit der *Serienreihe* oder *Einzelreihe* der α6300 automatisch erstellt werden.

Belichtungszeit
Zeitspanne während der Bildaufnahme, in der Licht durch das Objektiv auf den Sensor fällt. Die Belichtungszeit wird häufig auch als *Verschlusszeit* bezeichnet. Für Belichtungszeiten unter einer Sekunde werden Bruchzahlen verwen-

det (zum Beispiel 1/60 s), Belichtungszeiten länger als 1/3 s werden bei der α6300 mit ganzen Zahlen angegeben (zum Beispiel 0,5 s).

Beugungsunschärfe

Die Beugungsunschärfe wird durch Lichtstrahlen verursacht, die ungerichtet an der Blende abgelenkt werden und die Bildqualität verschlechtern. Die Ablenkung der Lichtstrahlen wird auch als → *Lichtbeugung* bezeichnet. Das gesamte Bild wird dadurch leicht unscharf. Zu beobachten ist das Phänomen im Falle der α6300 bei Blendenwerten höher als f11.

Bildrate

Anzahl an Bildern, die beim Fotografieren mit der Serienaufnahmefunktion oder beim Filmen pro Sekunde aufgezeichnet werden können. Der Einfachheit halber wird die Bildrate bei Videoaufnahmen mit ganzen Zahlen angegeben, zum Beispiel 60 p oder 60 fps (frames per second = Bilder pro Sekunde).

Bildrauschen

Ungleichmäßige Bildkörnung, die durch eine hohe Lichtempfindlichkeit (ISO) des Sensors hervorgerufen wird und bei der α6300 ab ISO 3200 sichtbar wird. Das Bildrauschen kann durch die kamerainternen Funktionen *Hohe ISO-RM* oder *Multiframe-RM* abgemildert werden – allerdings auf Kosten der Detailauflösung.

Bildstabilisator

Beweglich gelagertes Linsenelement im Objektiv, mit dem das Wackeln beim Halten der α6300 verringert wird. Damit werden scharfe Aufnahmen bei längeren Belichtungszeiten aus freier Hand möglich. Sony-Objektive mit Bildstabilisierung tragen das Kürzel *OSS (Optical SteadyShot)*.

Blende

Die Blende befindet sich im Objektiv. Sie setzt sich zusammen aus ineinander verschiebbaren Lamellen, die in der Mitte eine mehr oder weniger große Öffnung bilden, durch die das Licht zum Sensor gelangt. Reguliert wird die Blendenöffnung über den Blendenwert. Es gilt: je kleiner der Blendenwert, desto größer die Öffnung, desto kürzer die Belichtungszeit, desto geringer die Schärfentiefe – und umgekehrt. Bei der Beschreibung der Vorgehensweise beim Belichten eines Bildes wird der Begriff Blende häufig stellvertretend für den Blendenwert verwendet, zum Beispiel Blende 8 statt Blendenwert 8.

Blendenpriorität (A)

Belichtungsprogramm, bei dem der Blendenwert manuell festgelegt wird und die α6300 automatisch eine passende Belichtungszeit bestimmt, so dass das Bild korrekt belichtet wird. Mit der Blendenpriorität lässt sich die Schärfentiefe des Bildes an das Motiv individuell anpassen.

Blendenwert

Die Größe der Blendenöffnung wird mit dem Blendenwert (z. B. f8) angegeben. Je höher der Blendenwert steigt, desto kleiner wird die Blendenöffnung. Der Blendenwert berechnet sich aus dem Verhältnis der Brennweite zum Öffnungsdurchmesser der Blende. Bei f8 entspricht der Blendendurchmesser somit einem Achtel der Brennweite. Genau genommen müsste die Blende daher immer als Bruchzahl angegeben werden, wie zum Beispiel f/8 oder 1 : 8,0.

Glossar

Diese Schreibweise finden Sie beispielsweise auf den Objektiven. Im normalen Gebrauch werden die Blendenwerte der Übersichtlichkeit halber meist nur als ganze Zahlen angegeben – so wie in diesem Buch. Die folgenden Stufen beschreiben jeweils einen ganzen Blendenschritt: f2,8 • f4 • f5,6 • f8 • f11 • f16 • f22.

Bokeh

Beschreibt die Güte der Hintergrundunschärfe. Ein schönes Bokeh liegt vor, wenn unscharf abgebildete Reflexionslichter im Hintergrund glatte Kanten besitzen und die Fläche gleichmäßig hell ist. Förderlich dafür ist, wenn sich die Blende weit öffnen lässt (hohe → *Lichtstärke*) und das Objektiv eine möglichst runde Blendenöffnung besitzt.

Brennweite

Treffen Lichtstrahlen parallel auf eine Objektivlinse, werden sie abgelenkt und kreuzen sich an einem Punkt hinter der Linse, dem sogenannten *Brennpunkt*. Die Brennweite beschreibt den Abstand zwischen der Objektivlinse und ihrem Brennpunkt in Millimetern. Bei einfach aufgebauten Objektiven entspricht die Brennweite der Objektivlänge: Ein Objektiv mit 50 mm Brennweite ist demnach 5 cm lang. Bei modernen, mehrlinsigen (Zoom-)Objektiven trifft das allerdings oft nicht mehr zu.

Chromatische Aberration

Objektivbedingte Farbsäume an den Motivkanten, meist cyan- oder magentafarben, die sich vor allem an den Bildrändern bemerkbar machen. Diese Abbildungsfehler lassen sich mit der kamerainternen **Farbabweich.korr.** der α6300 oder softwaregestützt recht gut aus den Bildern herausrechnen.

Cropfaktor

Faktor, um den der Sensor in seiner breiteren Kantenlänge kleiner ist gegenüber dem Kleinbild- oder Vollformat (24 × 36 mm). Der Sensor der α6300 ist 23,5 × 15,6 mm groß und besitzt einen Cropfaktor von etwa 1,5. Alternativ wird diese Art von Sensorgröße auch mit dem Begriff → *APS-C* beschrieben.

DRO

Dynamikbereichoptimierung (= *Dynamic Range Optimizer*) mit der die α6300 in kontrastreichen Situationen für eine ausgewogenere → *Zeichnung* sorgt, indem die → *Tiefen* aufgehellt und die → *Lichter* abgedunkelt werden.

DSLM

Begriff für spiegellose Systemkameras wie die α6300 (*DSLM = Digital Single Lens Mirrorless*), die, genauso wie die digitalen Spiegelreflexkameras (*DSLR = Digital Single Lens Reflex*), mit Wechselobjektiven betrieben werden, jedoch keinen sperrigen Spiegelkasten mehr besitzen. Die Gehäuse fallen daher wesentlich kompakter und leichter aus.

Dynamikumfang

→ *Kontrastumfang*

E-Bajonett

Standardanschluss aller Sony-Systemkameras (NEX, ILCE), über den die Wechselobjektive angebracht werden. Das Bajonett besitzt zudem elektronische Kontakte für die Datenübertragung, zu der die Übermittlung des Blendenwerts oder der Abstandsinformation zählen.

Farbraum

Definiert die maximale Anzahl unterschiedlicher Farben, die im Bild vorkommen können, wobei nicht alle davon auch tatsächlich vertreten sind. Der Farbraum wird von Monitoren und Druckern genutzt, um die Bilder farblich konsistent wiederzugeben. Wählen können Sie bei der α6300 zwischen dem Farbraum *sRGB* (empfohlener Standard) und dem etwas erweiterten Farbraum *AdobeRGB*.

Farbtemperatur

Beschreibt die Farbeigenschaft von Licht und wird mit der Einheit → *Kelvin* gemessen. Der → *Weißabgleich* der α6300 stimmt die Bildfarben auf die vorhandene Farbtemperatur automatisch oder anhand bestimmter Vorgaben ab, so dass die Farben im Bild, z. B. eine weiße Blüte, ohne Farbstich wiedergegeben werden.

Farbtiefe

Anzahl an Farbabstufungen, die in einem Bild vorkommen können. Das RAW-Format der α6300 liefert eine Farbtiefe von 14 Bit (16.384 Farben pro rotem, grünem und blauem Farbkanal), während → *JPEG* nur 8 Bit Farbtiefe besitzt (256 Farben pro Farbkanal). Der geringere Informationsgehalt ist auch der Grund dafür, warum JPEG-Fotos bei der Bildbearbeitung schneller an Qualität verlieren.

Fokusfeld

Sensorbereich, der für die Scharfstellung des Bildes verwendet wird. Die Position und die Anzahl der verfügbaren Fokusfelder lässt sich mit den Vorgaben **Breit**, **Feld**, **Mitte**, **Flexible Spot** oder **Erweit. Flexible Spot** wählen.

Fokusmodus

Legt fest, ob die Schärfe nach dem Fokussieren auf dem Motivbereich bleibt (**Einzelbild-AF**) oder dem Motiv folgt (**Nachführ-AF** oder **Automatischer AF**), oder ob das Scharfstellen manuell durch Drehen am Fokussierring des Objektivs erfolgen soll (**Direkt. Manuelf.** oder **Manuellfokus**).

Graukarte

Wird verwendet, um den Weißabgleich manuell einzustellen. Hierbei werden die Bildfarben so abgestimmt, dass die graue Farbe der Karte im Bild ohne Farbstich wiedergegeben wird. Die Vorgehensweise eignet sich in Situationen mit künstlicher Beleuchtung, bei Aufnahmen im Schatten, im Fotostudio oder bei Mischlicht aus künstlichem und natürlichem Licht.

HDR

Die Abkürzung HDR steht für *High Dynamic Range*, zu Deutsch also hoher → *Dynamikumfang* und bezeichnet eine Methode, bei der unterschiedlich helle Bilder zu einem Foto verschmolzen werden. Dabei werden alle Helligkeitswerte des Motivs durchzeichnet wiedergegeben. Die Darstellung ähnelt dem natürlichen Sehempfinden oder übersteigt dieses sogar, wobei die Bildwirkung dadurch künstlich sein kann. Mit der Funktion **Auto HDR** ist die α6300 in der Lage, HDR-Bilder automatisch zu generieren.

Histogramm

Diagramm, in dem alle Bildpunkte von dunkelsten (→ *Tiefen*) bis zu den hellsten (→ *Lichter*) dargestellt werden. Die Höhe der Säulen zeigt an, wie viele Pixel den jeweiligen Helligkeitswert besitzen. Am

Histogramm können Fehlbelichtungen erkannt werden.

HSS → *Kurzzeitsynchronisation*

ISO-Wert
Maß für die *Lichtempfindlichkeit* des Sensors. Je geringer der ISO-Wert, desto weniger → *Bildrauschen* tritt auf, desto länger wird aber auch die benötigte Belichtungszeit. Geringe ISO-Werte eignen sich für Aufnahmen in heller Umgebung oder vom Stativ aus, hohe ISO-Werte sind in dunkler Umgebung hilfreich, um verwacklungsfrei aus der Hand fotografieren zu können.

JPEG
Dieses Format wurde 1993 von der *Joint Photographic Experts Group* als Standard für eine möglichst verlustfreie Bildkompression definiert. Es liefert kleinere Dateigrößen als → *RAW* und wird vorwiegend zur Archivierung, für die Internetpräsentation oder für den E-Mail-Versand verwendet. Für die Bildbearbeitung sind JPEG-Fotos weniger gut geeignet, weil weniger Farbinformationen vorhanden sind, die Bildqualität bei der Bearbeitung daher schneller sinkt und mehrfaches Abspeichern die Bildqualität weiter verschlechtern kann.

Kelvin
Maßeinheit für die Farbtemperatur, mit der der Farbeindruck einer Lichtquelle beschrieben wird. Ist die Farbtemperatur einer Lichtquelle bekannt, wie zum Beispiel das Sonnenlicht an einem klaren Vormittag (5500 Kelvin), kann der Weißabgleich der α6300 mit einer entsprechenden Vorgabe (z. B. Tageslicht) genau auf diese Lichtart abgestimmt werden. Die Farben entsprechen dann dem natürlichen Sehempfinden und die neutralen Farben Weiß und Grau werden ohne Farbstich wiedergegeben.

Kontrastumfang
Der Kontrastumfang, auch bezeichnet als *Dynamikumfang*, wird in Blendenstufen angegeben und beschreibt die Spanne an Helligkeitsstufen, die der Sensor aufnehmen und gut abgestuft wiedergeben kann. Je höher der Dynamikumfang, desto besser lassen sich kontrastreiche Motive durchzeichnet abbilden. Bei der α6300 liegt der Kontrastumfang bei ISO 100 bei etwa 13 Blendenstufen. Mit der → *HDR*-Technik kann der Dynamikumfang in der Bildbearbeitung erhöht werden.

Kurzzeitsynchronisation
Blitz-Modus, bei dem kürzere Belichtungszeiten als die → *Synchronisationszeit* der α6300 verwendet werden können. Hierbei sendet der Systemblitz nicht nur einen Blitzimpuls aus, sondern feuert während der gesamten Belichtungszeit ultrakurze Lichtblitze ab.

Leitzahl
Beschreibt die Stärke eines Blitzgeräts, also die Lichtenergie, die das Gerät maximal aussenden kann: Je höher die Leitzahl, desto höher ist auch die Reichweite des Blitzlichts.

Lichtbeugung
→ *Beugungsunschärfe*

Lichtempfindlichkeit
→ *ISO-Wert*

Lichter
Bezeichnet die hellsten Bildstellen im Foto, also alles, das fast weiß oder ganz weiß ist. Wenn die Lichter durch eine

Überbelichtung beschnitten werden, entstehen unschöne weiße Areale ohne Detailstrukturen, die beispielsweise durch eine → *Belichtungskorrektur* vermieden werden können.

Lichtstärke

Wert, der die maximale Blendenöffnung, also den niedrigsten Blendenwert des Objektivs angibt, die → *Offenblende*. Je höher die Lichtstärke, desto geringer ist der niedrigste verfügbare Blendenwert, desto mehr Licht gelangt durchs Objektiv, desto geringer ist die Schärfentiefe und desto kürzer ist die Belichtungszeit.

Lichtwert

abgekürzt mit *EV* (*Exposure Value*), beschreibt eine Kombination aus Belichtungszeit und Blendenwert, bei der eine bestimmte Lichtmenge auf den Sensor durchgelassen wird. Die Lichtmenge ist zum Beispiel bei folgenden Kombinationen gleich: 1/60 s | f4 oder 1/30 s | f5,6. Wird ein Wert um eine ganze Lichtwert- oder EV-Stufe verändert (1/60 s auf 1/30 s), muss der andere entgegengesetzt angepasst werden, damit die Lichtmenge konstant bleibt (f4 auf f5,6). Findet die Anpassung nicht statt, erhöht oder verringert sich die Lichtmenge und es liegt eine → *Belichtungskorrektur* vor, wobei eine ganze Lichtwertstufe eine Verdopplung (+ 1 EV) oder eine Halbierung (–1 EV) der Lichtmenge bedeutet. Um die Bildhelligkeit aus dem Lichtwert ableiten zu können, muss auch der ISO-Wert bekannt sein.

Livebild

Technologie, die es ermöglicht, das Motiv über den in der α6300 verbauten elekronischen Sucher oder den rückseitigen Bildschirm zu betrachten, wobei die Belichtung, der Kontrast und die Bildfarben annähernd so dargestellt werden, wie sie im fertigen Bild sein werden.

Multi (Mehrfeldmessung)

Allround-Methode zur Belichtungsmessung, bei der nahezu das gesamte Bildfeld für die Belichtungsmessung herangezogen wird.

Mitte (Mittenbetonte Messung)

Belichtungsmessmethode, bei der die Bildmitte stärker gewichtet wird als der Bildrand.

Offenblende

Größtmögliche Blendenöffnung eines Objektivs, die die → *Lichtstärke* des Objektivs definiert. Bei Offenblende wird mit dem geringstmöglichen Blendenwert fotografiert, der bei der gewählten Brennweite verfügbar ist, und somit auch die geringstmögliche Schärfentiefe erzeugt. Objektivschwächen, wie → *Chromatische Aberration* oder → *Vignettierung*, treten bei Offenblende aber auch am deutlichsten auf.

OSS → *Bildstabilisator*

Rauschen → *Bildrauschen*

RAW-Format

Kameraspezifisches Rohdatenformat, das die Information jedes einzelnen Sensorpixels speichert. Um die Bilder am Computer anzeigen oder sie ausdrucken zu können, müssen RAW-Bilder mit einem speziellen RAW-Konverter (z. B. Image Data Converter, Capture One (for Sony), Lightroom) in gängige Speicherformate, wie → *JPEG*, umgewandelt werden. Der Vorteil ist, dass diese Konvertierung verlustfrei ist: Es gehen keine Bildinformationen verloren, und das Foto kann immer wieder aufs Neue angepasst werden. Viele Funktionen sind hierbei variabel, wie z. B. der Weißabgleich, die Belichtung, der Farbraum und die Scharfzeichnung. RAW-Bilder bieten somit die höchstmögliche Bildqualität, die der Sensor der α6300 aufbringt.

S → *Zeitpriorität (S)*

Schärfentiefe
Im Bild scharf erkennbarer Bereich vor und hinter der fokussierten Schärfeebene. Die Schärfentiefe nimmt mit dem Erhöhen des Blendenwerts, also dem Schließen der Blende, zu.

Sensor
Die Bildpunkte eines Sensors nehmen das eintreffende Licht auf und wandeln es in elektrische Impulse um. Dabei reagiert der Sensor in erster Linie auf Helligkeit. Jedes Bildpixel speichert einen bestimmten Helligkeitswert. Das Farbsehen wird dem Sensor durch einen vorgelagerten Farbfilter verpasst, der ein spezifisches Muster aus grünen, roten und blauen Bildpunkten auf die Sensorpixel projiziert (Bayer-Filter). Die eigentlichen Farben entstehen daher erst durch die softwaregestützte Berechnung (Interpolation) bei der kamerainternen Bildverarbeitung oder der RAW-Konvertierung von RAW-Bildern.

Spot (Spotmessung)
Sehr genaue Belichtungsmessmethode, bei der ein sehr kleines Messfeld zur Bestimmung der richtigen Belichtung verwendet wird. Sie ist besonders geeignet für schwierige Lichtsituationen, wie zum Beispiel Gegenlicht, oder zum Ausmessen des Kontrastumfangs einer Szene.

Steady Shot → *Bildstabilisator*

Synchronisationszeit
Kürzest mögliche Belichtungszeit in welcher der Kameraverschluss zur Belichtung vollständig geöffnet wird und der Blitz das Bild aufhellen kann. Kürzere Belichtungszeiten als 1/160 s sind bei der α6300 mit dem Blitz ohne Kurzzeitsynchronisation nicht nutzbar.

Tiefen
Mit Tiefen sind die dunkelsten Bildfarben gemeint, also alles, was schwarz oder fast schwarz ist. Bei einer Unterbelichtung werden die Tiefen beschnitten, so dass zeichnungslose schwarze Bildflächen entstehen. Mit einer → *Belichtungskorrektur* können Sie dagegen ansteuern.

Verschlusszeit
→ *Belichtungszeit*

Verzeichnung
Objektivbedingte Verzerrung eigentlich gerader Motivlinien im Bild, durch die die Linen im Weitwinkel tonnenförmig nach außen oder im Tele kissenförmig nach innen gewölbt aussehen. Durch die kamerainterne *Verzeichnungskorrektur* können die Krümmungen bei Bildern im Format → *JPEG* herausgerechnet werden, bei → *RAW* erfolgt dies bei der Konvertierung mit geeigneter Software (z. B. Capture One Pro, Lightroom, Photoshop).

Videosystem
Grundlegendes System für die Filmaufzeichnung, das die verfügbaren Bildraten festlegt: 25p oder 50p bei *PAL* und 24p, 30p oder 60p bei *NTSC*. Die Begriffe PAL und NTSC stammen aus der Zeit des Analogfernsehens, bei dem die Bild-

rate auf die Stromfrequenzen der Länder abgestimmt werden musste (PAL für 50 Herz in Europa und NTSC für 60 Herz in Amerika). Damals wurde damit auch die Videoauflösung definiert, heute legen PAL und NTSC nur noch die verfügbaren Bildraten fest.

Vignettierung

Erzeugt unnatürlich abgedunkelte Bildecken. Diese können durch die Bauweise des Objektivs entstehen oder durch einen Filter, der mit einem zu dicken Rahmen den Objektivrand abschattet. Bei Blendenwerten von f8 und höher tritt die Vignettierung meist reduzierter zutage. Auch lässt sie sich durch die kamerainterne *Schattenaufhellung* der α6300 oder in der nachträglichen Bildbearbeitung gut entfernen.

Weißabgleich

Jedes Foto hängt vom richtigen Weißabgleich ab, denn darüber wird die Farbgebung der vorhandenen Lichtstimmung an die Kamera übermittelt. Der Weißabgleich erfolgt bei der α6300 automatisch, nach bestimmten Vorgaben (z. B. Sonnenlicht, Glühlampe, Schatten, etc.) oder manuell und wird in → *Kelvin* angegeben.

Zebra

Funktion mit der sich bestimmte Helligkeitsstufen im → *Livebild* schraffiert darstellen lassen, um die Belichtung darauf abzustimmen, so dass weiße Motivstellen nicht an → *Zeichnung* verlieren oder Hauttöne bei Porträts optimal hell dargestellt werden.

Zeichnung

Ein Bild hat eine gute Zeichnung oder Durchzeichnung, wenn alle darin enthaltenen Farbabstufungen sichtbar sind. Unterbelichtete Bilder haben beispielsweise in den → *Tiefen* keine Zeichnung mehr und überbelichtete Bilder sind in den → *Lichtern* zeichnungslos. Es können aber auch bestimmte Farben, vorwiegend Rot- und Blautöne, durch zu viel Farbsättigung an Zeichnung verlieren.

Zeitpriorität (S)

Belichtungsprogramm, bei dem die Belichtungszeit manuell eingestellt wird und die α6300 den Blendenwert automatisch bestimmt, um ein richtig belichtetes Bild zu erzeugen. Die Zeitvorwahl ist geeignet, um schnelle Bewegungsabläufe durch die Wahl einer kurzen Belichtungszeit (z. B. 1/500 s) scharf abzubilden oder mit durch Wahl einer langen Belichtungszeit (z. B. 1 s) Bewegungsunschärfe im Bild sichtbar zu machen.

Stichwortverzeichnis

3:2 39
4D FOCUS 26, 71, 97
4K-Ausg.Auswahl 313
16:9 39

A

Abbildungsmaßstab 221, 316
Abblenden 108
Aberration, chromatische 165
Achromat 173
Actionfotografie 239
Adapter 175, 303
  Auslösen ohne Objektiv 179
  Autofokus 176
  Firmware-Update 201
  Fokusfeld 176
  Fremdobjektive anschließen 178
  scharfstellen 176
ADI-TTL-Blitzsteuerung ... 161, 316
Adobe Photoshop Lightroom →
  Lightroom
AdobeRGB 134
AEL 18
  Belichtung länger speichern   59
  mit Auslöser 78, 243, 304
  Taste 58, 113, 217
  umschalten 59, 113, 217
AE-Speicherung 58, 217
AF-A → Automatischer AF (AF-A)
AF bei Auslösung 304
AF bei Fokusvergrößerung 77
AF-C → Nachführ-AF (AF-C)
AF-Feld auto. lösch. 302
AF-Hilfslicht 16, 79, 297
AF/MF/AEL-Schalthebel 93, 273
AF/MF-Taste 18, 93, 273
  Strg. wechs. 93, 273
AF Mikroeinst. 305
AF-S → Einzelbild-AF (AF-S)
AF Speed 272, 297

AF-Spot 209
AF-System 305
AF-Verfolg.empf. 273, 297
AF-Verriegelung 240
  Breit 88
  Erw. Flexible Spot 89
  Feld 88
  Flexible Spot 89
  Mitte 89
  Mittel-AF-Verriegel. 90
  Nachführ-AF (AF-C) 87
Akku 20, 180
  Ladegerät 180
  Ladestand 21
  Restzeitanzeige 197
  Stromverbrauch bei WLAN-
    Nutzung 189
  USB-Stromzufuhr 313
Aktualisierung der Firmware ... 199
An Comp. senden 193, 307
Anschlussplattendeckel 20
Ansetzindex 16
Ansichtsmodus 309
Ansichtsoptionen
  Alle Infos anz. 22
  ändern 22
  Daten n. anz. 22
  für Sucher 22, 35
  für Sucher und Monitor 22
  Histogramm 22
  individuell einstellen 23
  Neigung 23
  Wasserwaage 22
  Wiedergabemodus 24
An Smartph. send. 307
Anti-Beweg.-Unsch.-Modus ... 104
Anzeige
  Drehung 309
  Live-View 302
  Qualität 311

App
  Applikationsliste 195
  Auswahl 193
  Einführung 308
  erneut laden 195
  installieren 194
  installieren per WLAN 195
  löschen 195
  sortieren 195
Applikation-Menü 33, 308
Applikationsliste 308
Applikationsmanagement 308
APS-C 316, 318
Arbeitsblende 48
Architekturfotografie 213
  stürzende Linien 213
Artefakt 37
ARW → RAW
Audioaufnahme 287, 300
Aufblenden 108
Aufhellblitz 141
Auflagemaß 168
Auflösung 164
Aufnahmeeinstlg 295
Aufnahmeinformationen 21
Aufnahmemodus
  Automatik 100
  Blendenpriorität (A) 108, 317
  blitzen 143
  Film 271
  Manuelle Belichtung (M) 111
  Programmautomatik (P) 106
  Schwenk-Panorama 235
  SCN 101
  Zeitlupe (HFR) 271
  Zeitpriorität (S) 110, 240, 323
Auf TV wiedergeben 307
Augen-AF 83
Augensensor 18
Ausdrucken 310

Auslösen ohne Karte 303
Auslösen ohne Objektiv ... 173, 303
Auslösepriorität
   Einzelbild-AF (AF-S) 76
   Manuellfokus 93
Auslöser 16
Autofokus 71, 74, 316
   4D FOCUS 26, 71
   AF bei Fokusvergr. 77
   AF-C 35
   AF-Hilfslicht 79
   AF Mikroeinst. 177
   AF-Verriegelung 87
   Augen-AF 83
   Fast-Hybrid-AF 26, 96
   Fokusfeld 72, 74
   Fokusfeld verschieben 74
   High-density AF Tracking 26
   Hybrid-AF 26
   Kontrast-AF 96
   Nachführ-AF 35, 272
   Nachführ-AF mit Adapter ... 176
   Phasenerkennungs-AF 96
   PriorEinstlg bei AF-C 304
   PriorEinstlg bei AF-S 304
   Probleme 71, 91
   Technik 26, 96
   Vor-AF 79, 303
Auto HDR 232
Auto. Lang.belich. 300
Automatikmodus 100, 299
   Intelligente Automatik 100
   Szenentypen 100
   Überlegene Automatik 101
Automatischer AF (AF-A) ... 72, 296
Automatischer Weißabgleich
   (AWB) 121
Auto. Objektrahm. 210, 299
AVCHD-Format 279, 295
AWB → Automatischer Weiß-
   abgleich (AWB)

B

Banding-Effekt 270
Bedienelemente 16, 30
   AEL-Taste 58, 113, 217
   AF/MF/AEL-Schalthebel . 93, 273
   AF/MF-Taste 93, 273
   Belegung anpassen 34
   Fn-Taste 32, 35
   Fokussierring 92
   MOVIE-Taste 266, 307
Bedienkonzept 30
Belich.einst.-Anleit. 302
Belicht.reiheEinstlg. 234, 296
Belicht.stufe 297
Belichtung 44
   AEL mit Auslöser 78
   AE-Speicherung 58
   beim Filmen konstant halten .....
      271
   bei Serienaufnahmen 243
   Belichtungsmesser 65
   Blende 47, 108
   Dynamikumfang 228
   HDR 231
   Histogramm 60
   Imaging Edge Edit 255
   ISO-Wert 48
   korrigieren 63
   Neutralgrau 65
   Panorama 238
   per Farbhistogramm prüfen . 62
   per Zebra kontrollieren 66
   RAW 61
   speichern 31, 58, 217
   Überbelichtung 61, 63
   Unterbelichtung 61, 63
Belichtungskorrektur 31, 57, 63,
      316, 321, 322
   Belichtungskorr. 297
   Bel.korr einst. 305
   Filmen 268
   Regler/Rad EV-Korr. 306
   Taste 19
Belichtungsmessung 55
   Mitte (mittenbetonte
      Messung) 55, 59, 321
   Multi (Mehrfeld-
      messung) 55, 56, 321
   Spot (Spotmessung) 55, 57,
      322
Belichtungsreihe 316
   Belicht.reiheEinstlg. 296
   mit Selbstauslöser 296
   Reihenfolge ändern 296
Belichtungssimulation 113
Belichtungsstufen 65
Belichtungswarnung 107, 111
   Blitz 144
   Histogramm 61
   Zebra 66
Belichtungszeit 316
   BULB 224
   Kehrwertregel 44
Bel.korr einst. 149, 305
Benutzerdefinierter Weiß-
   abgleich 126
Benutzereinstlg.-Menü 33, 301
BenutzerKey(Aufn.) 34, 83, 306
BenutzerKey(Wdg) 34, 306
Beugungsunschärfe 109, 317
Bewegung
   Bewegungsunschärfe 244
   einfrieren 240
Bildbearbeitung, RAW 253
Bilddatenbank 41
   Bilddatenbankdatei-Fehler 41
   wiederherstellen 315
Bildeffekt 37, 131, 233, 298
Bildfolge 31, 242
Bildfolgemodus 19, 295
   DRO-Reihe 230
   Einzelreihe 232
   Selbstauslöser 83, 295

Stichwortverzeichnis

Bildfolgemodus (Forts.)
   Serienreihe 232, 234
   Weißabgleichreihe 125
Bildgestaltung 204
   Architekturfotografie 213
   Drittel-Regel 206
   Goldener Schnitt 205
   Hilfsfunktionen 205
   Landschaftsfotografie 213
   Porträt 207
Bildgröße 38, 294
   Pixelmaße 39
   und Qualität 39
Bildhelligkeit anpassen 31
Bildindex 19, 116, 309
Bildkontrolle 87, 302
Bildprozessor (BIONZ X) 27
Bildqualität 21, 37
Bildrate 281, 317
Bildrauschen 27, 51, 105,
                            299, 317
   Farbrauschen 53
   Filmen 279
   Langzeit-RM 224
   Luminanzrauschen 53
   reduzieren 51, 260
Bildsensor 16
Bildstabilisator → SteadyShot
Bildstil → Kreativmodus
Bildvergrößerung → Zoom-
   Einstellung
Bitrate 278
Blasebalg 196
Blende 47, 317
   abblenden 108
   Arbeitsblende 48
   aufblenden 108
   Beugungsunschärfe 109
   Blendenvorschau 47
   Offenblende 48
   Schärfentiefe 47
Blendenautomatik → Zeitpriorität (S)

Blendenpriorität (A) 108, 317
   Blendenvorschau 48
   blitzen 143
Blendenvorschau 208
Blendenwert 317
Blitz 138
   ADI-TTL 161
   auf den zweiten Vorhang ... 145
   Aufhellblitz (Modus) 141
   aus 142
   Automatik (Modus) 139, 140
   Belichtungswarnung 144
   Bel.korr einst. 149, 305
   Blendenpriorität (A) 143
   Blitz Aus (Modus) 142
   Blitzkompensation 147, 153,
                              156, 296
   Blitzmodus 140, 296
   Drahtlos Blitz (Modus) 142,
                          152, 154, 155
   entfesseln 152, 155
   Firmware-Update 201
   Funk-Blitzauslöser 155
   Gegenlicht 148
   Highspeed-Synchronisation
      (HSS) 150
   indirekter 151
   integrierter 17
   Langzeitsync. (Modus) 141,
                             142, 143
   Leitzahl 139, 320
   Lichtformer 157
   Manuelle Belichtung (M) 145
   Messblitz 161
   Porträt 155
   Reichweite 138
   Rote-Augen-Reduzierung 146
   Schuhadapter 155, 160
   Servo-Blitz 153
   Spitzlichter 211
   Sync 2. Vorh. (Modus) .. 142, 145
   Synchronisationszeit ... 142, 322

Taste 18, 138
Zeitpriorität (S) 144
Bokeh 171, 318
Bouncer 159
Breitbildformat 39
Breit (Fokusfeld) 72, 75
Brennweite 318
BULB 224

C

C1 (Taste) 17
C2 (Taste) 19
Capture One Express (for Sony) 262
Capture One (for Sony) 37
Chromatische Aberration 165, 318
Cropfaktor 318

D

Dateiformat 295
   AVCHD 279
   XAVC S HD/4K 279
Dateinamen einst. 314
Dateinummer 314
Datenrettung 314
Datum/Uhrzeit 314
Definition: Sensor 322
Demo-Modus 312
Detailauflösung 53, 70
Diaschau 309
Diffusor 211
Digitalzoom 246, 247
Dioptrien-Einstellrad 18
Direkt. Manuelf.
   (DMF) 72, 95, 296
DISP-Taste 18, 302
DMF → Direkt. Manuelf. (DMF)
DPOF 310
Drahtlosblitz .. 142, 152, 154, 155
   Porträt 155
Drahtlos-Menü 33, 307
Drehen 309

Stichwortverzeichnis

Drehregler 17
Drittel-Regel 206, 209
DRO → Dynamikbereichopti-
  mierung (DRO)
Druckgröße 39
DSLM 318
DSLR 318
Dual-Video-AUFN 278, 295
Durchzeichnung 323
Dynamikbereichoptimierung
  (DRO) 228, 298, 318
  DRO-Reihe 230, 296
  JPEG 229
  RAW 229
Dynamikumfang 228, 320
  DRO 228
  DRO-Reihe 230
  HDR 231

E

E-Bajonett 167, 318
Ein-/Aus-Schalter 16
Einbeinstativ 245
Einführung 308
Einstellrad 19
Einstellungen
  benutzerdefinierte ... 34, 35, 306
  Quick-Navi-Menü
    anpassen 35, 306
  vornehmen 30
  zurücksetzen 315
Einstellung-Menü 33, 310
Einzelbild-AF (AF-S) 72, 75, 76,
                    78, 295, 296
  Mittel-AF-Verriegel. 90
  PriorEinstlg bei AF-S 76
Einzelreihe 232, 296
Elekt. 1.Verschl.vorh. 305
Elektronischen ersten Ver-
  schluss ausschalten 176
Elektronischer Sucher ... 18, 21, 27

Elektronische
  Wasserwaage 23, 205
Energiesp.-Startzeit 311
Entfesselter Blitz 152, 155
Erweit. Flexible Spot
  (Fokusfeld) 73, 82
EV-Skala 112
EV-Stufe 321
EXIF-Daten 255
EXMOR-CMOS-Sensor 27
Exposure Value (EV) 65
Eye-Start AF 303

F

Farbhistogramm 62
Farbraum 134, 300, 319
  AdobeRGB 134
  sRGB 134
Farbrauschen 53
Farbstich 120, 121
  erkennen 62
  vermeiden 62
Farbtemperatur 120, 319
Farbtiefe 319
Fast-Hybrid-AF 26, 96
Fehleranzeige 24
  Bilddatenbankdatei-Fehler 41
Feld (Fokusfeld) 73
Fernbedienung 184, 224, 312
  per Smartphone ... 188, 190, 194
  Sensor 17
Feuerwerk 224
Filmen 266
  4K-Ausg.Auswahl 313
  AF Speed 272, 297
  AF-Verfolg.empf. 273, 297
  Audioaufnahme 287, 300
  Aufnahmeeinstellung ... 275, 295
  Aufnahmemodus 299
  Auto. Lang.belich. 300
  AVCHD-Format 279
  Banding-Effekt 270

Belichtungskorrektur 268
Bildrate 281, 317
Bildrauschen 279
Bitrate 278
Blendenpriorität (A) 269
Dateiformat 278, 295
Dual-Video-AUFN 278, 295
externes Mikrofon 288
Fokusfeld 272
Follow Focus 306
Fotoprofil 289
Gamma-Anz.hilfe 310
Halbbilder 281
konstante Belichtung 271
Kreativmodus 269
Manuelle Belichtung (M) 271
Markier.einstlg. 301
Markierungsanz. 301
Mikrofon 285
Modus Film 271
MOVIE-Taste 307
Nachbearbeitung 269
Nachführ-AF (AF-C) 272
Neutraldichtefilter 270
PAL/NTSC-Auswahl 283, 312
Powerzoom-Hebel 267
Programmautomatik (P) 268
Pull-Focus-Effekt 274
Qualität 21
REC-Steuerung 313
Schärfezieheinrichtung 274
Schwenks 267
TC Ausgabe 313
TC/UB-Einstlg. 312
Timecode 312
Tonaufnahme 285
Tonaufnahmepegel 287, 300
Tonpegelanzeige 286, 302
Überhitzung 282
User Bit 312
Videoformat 275
Videoneiger 274
Video-Rig 275

327

Filmen (Forts.)
  Videosoftware 280
  Videosystem 282
  Weißabgleich 274
  Weißabgleich, manueller 127
  Windgeräuschreduz. ... 287, 300
  XAVC S HD-/-4K-Format 279
  XLA-Adapter 288
  Zeitlupenvideo (HFR) 271, 283, 295
  Zeitpriorität (S) 269
  zoomen 267
Film/HFR 271
Filter
  Grauverlaufsfilter 215, 217
  Neutraldichtefilter 185, 186, 270
  Polfilter 185
FINDER/MONITOR 303
Firmware 199
Flexible Spot (Fokusfeld) 73, 76
Flugzeug-Modus 307
Fn-Taste 18, 32, 35
  Regler-/Radsperre 307
Focus Peaking → Kantenanhebung
Fokus
  Feld verschieben 31
  manueller 31
Fokusfeld 72, 74, 296, 319
  Adapter 176
  AF-Feld auto. lösch. 302
  Breit 72, 75, 176
  Erweit. Flexible Spot 73, 82
  Feld 73
  Filmen 272
  Flexible Spot 73, 76, 176
  große Messzone 73
  kleine Messzone 73
  Mitte 73, 78, 176
  SCN-Modus 105
  verschieben 74
Fokushaltetaste 35

Fokusindikator 21
Fokusmodus 72, 74, 296, 319
  Automatischer AF (AF-A) 72
  Direkt. Manuelf. (DMF) 72, 95
  einstellen 31
  Einzelbild-AF (AF-S) 72, 75, 76, 78
  Manuellfokus (MF) .. 72, 92, 224
  Nachführ-AF (AF-C) 72, 86
Fokusprobleme 71, 91
Fokussieren → Scharfstellen
Fokussierring 17, 92
Fokus-Standard 74, 83
Fokusvergrößerung 77, 93, 299
  Zeit 301
Follow Focus 306
Format
  JPEG 320
  RAW 321
Formatieren 41, 283, 314
  geschützte Bilder 117
  Speicherkarte 181
Fotoprofil 289, 298
Funk-Blitzauslöser 155
Funkt. d. AEL-Taste 113, 217
Funktionsumfang erweitern ... 193
Funkt.menü-Einstlg. 35, 306

G

Gamma-Anz.hilfe 310
Garantieverlust 198
Gebietseinstellung 314
Gegenlicht, Blitzeinsatz 148
Geräuschlose Aufnahme 234, 240, 304
Gesichtserkennung .. 80, 210, 299
  Augen-AF 83
  Auto. Objektrahm. 210
  erweiterte Funktionen 81
  Grenzen 82
  Lächelerkennung 81

Soft Skin-Effekt 81
Gesichts-
  registrierung 81, 210, 305
Gitterlinie 23, 204, 239, 301
  4 × 4 Raster + Diag. 206
  6 × 4 Raster 205
  Goldener Schnitt 205
Graufilter 185, 186
Graukarte 128, 319
  Imaging Edge Edit 256
Grauverlaufsfilter 215
  einsetzen 217
Gyrosensor 45

H

Handgeh.-bei-Dämm.-Modus 103
Haut weichzeichnen 212
HDMI
  Auflösung 313
  Einstellungen 313
  Infoanzeige 313
  Mikrobuchse 19
HDR (High Dynamic Range) ... 231, 298, 319
  Auto 232
  HDR Gemälde (Bildeffekt) ... 132
  manuell 233
Helligkeitshistogramm 60
Helligkeitsrauschen 53
Hell (Kreativmodus) 130
Herbstlaub (Kreativmodus) 62, 130
HFR (Zeitlupenvideo) 271, 284
  Einstellungen 285, 295
High-Density-AF-Tracking ... 26, 97
Highspeed-Synchronisation
  (HSS) 150, 320
Histogramm 60, 230, 319
  Anzeige 24
  Belichtungswarnung 61
  deaktiviertes 63

Farbhistogramm 62
Farbstich erkennen 62
　im Sucher einblenden 22
　im Wiedergabemodus
　　einblenden 24
　Überbelichtung 61
　Unterbelichtung 61
Hohe ISO-RM 51, 299
Horizont ausrichten 204
Horizontausrichtung 23
HSS → Highspeed-Synchronisation (HSS)
Hybrid-AF 26, 96

I

Illustration (Bildeffekt) 133
Image Data Converter 37
Imaging Edge Edit 250, 253
　Belichtung optimieren 255
　Farben außerhalb der
　　Farbskala 255
　Farbreproduktion bei
　　Spitzlicht 258
　Farbsättigung 257
　Graukarte 256
　Kreativmodus 257
　Lichter 255
　Linsenkorrektur 261
　nachschärfen 258
　Rauschunterdrückung 260
　RAW-Entwicklung 253
　speichern 261
　Tiefen 255
　Vignettierung 259
　Weißabgleich 256
Imaging Edge Remote 250
Imaging Edge Viewer 250
Import auf Computer 250
Integrierter Blitz 17
Intelligente Automatik 100
Internet
　Kamera verbinden 191

Senden an Computer 192
WPS-Tastendruck 191
Zugriffspunkt-
　Einstellungen 191
IRE-Einheit 67
ISO AUTO 49
　ISO AUTO Min. VS 50, 297
　Maximalwert 49
　Minimalwert 49
ISO-Taste 19
ISO-Wert 27, 48, 49, 297, 317, 320
　Bildrauschen 51
　Detailauflösung 53
　Dynamikbereich-
　　optimierung (DRO) 230
　einstellen 30, 31, 49
　Einstellungsempfehlung 49
　ISO-Automatik 45, 49
　ISO AUTO Min. VS 241
　ISO-Stufe 53
　SCN-Modus 105

J

JPEG 37, 294, 320
　Bildgröße 38
　Bildrauschen 51
　Dynamikbereich-
　　optimierung (DRO) 229
　Extrafein 37
　Fein 37
　Kreativmodus 131
　Objektivfehlerkorrektur 166
　Standard 37
　Verzeichnung 165

K

Kachelmenü 311
Kameraeinstlg.-Menü 33, 294
Kameramenü → Menü
Kantenanhebung 94

Kantenanheb.farbe 302
Kantenanheb.stufe 302
Kehrwertregel 44
Kelvin-Wert 120, 320
Klarbild-Zoom 247
Klar (Kreativmodus) 129
Klemmstativ 183
Kontakte 16
Kontrast-AF 96
Kontraste, hohe 228
　Auto HDR 232
　Dynamikbereich-
　　optimierung (DRO) 228
　HDR 231
Kontrastumfang 320
Kreativmodus 37, 62, 128, 298
　Herbstlaub 62
　Imaging Edge Edit 257
　JPEG 131
　Landschaft 62
　Lebhaft 62
　RAW 131
　Schwarz/Weiß 95
Kurzzeitsynchronisation →
　Highspeed-Synchronisation (HSS)

L

Lächel-/Ges.-Erk. 299
Ladekontrollleuchte 19
Landschaft
　(Kreativmodus) 62, 102, 130
Langzeit-RM 55, 224, 299
Langzeitsynchronisation 141, 142, 143
Lautsprecher 19
Lautstärkeeinstellung 311
LC-Display 18
Lebhaft (Kreativmodus) 62, 129
Leitzahl 139, 320
Leuchtdichtegrenzwarnung ... 61
Lichtbeugung 317

329

Lichtempfindlichkeit,
   Sensor 48, 317, 320
Lichter
   Definition 320
   Imaging Edge Edit 255
Lichtformer 157
   Diffusor 211
   Reflektor 211
Lichtstärke 166, 321
Lichtverhältnissteuerung 159
Lichtwertstufe (LW) 65, 321
Lightroom 37
Linien, stürzende 213
Livebild 321
Löschen 117, 309
   bestätigen 311
   mehrere Bilder 117
   Taste 19
Luminanzrauschen →
   Helligkeitsrauschen
Lupenansicht 93
Lächelerkennung 81, 85
Lächel-/Ges.-Erk. 80, 85
   registr. Gesicht 82

M

MAC-Adresse anzeigen 308
Makrofotografie 220
   Abbildungsmaßstab 221
   Achromat 173
   Makro-Modus 105
   Makroobjektiv 171
   Manuellfokus (MF) 222
   MF-Unterstützung 223
   Naheinstellgrenze 220
   Nahlinse 173
   Objektiv 171
   Vorsatzlinse 173
   Zwischenring 173
Manuelle Belichtung (M) 111
   Blendenvorschau 48
   blitzen 145

Manueller Filmmodus (M) 271
Manueller Weißabgleich 126
Manuellfokus (MF) 31, 222,
                              224, 273, 296
   MF-Unterstützung 223, 301
Manuell scharfstellen 91
   Entfernungsskala 93
   Fokusvergrößerung 93
   Fokusvergröß.zeit 94
   Kantenanhebung 94
   Lupenansicht 93
   MF-Unterstützung 94
Manuellfokus (MF) 72, 91, 92
Markier.einstlg. 301
Markierungsanz. 301
Master-Blitz 153
Medien-Info anzeig. 315
Menü 33
   Applikation 33, 308
   Benutzereinstlg. 33, 301
   Drahtlos 33, 307
   Einstellung 33, 310
   Kachelmenü 311
   Kameraeinstlg. 33, 294
   MENU-Taste 18
   Wiedergabe 33, 309
Messblitz 161
Messmodus 298
Messzone
   groß 72
   klein 72
   mittlere 73
MF → Manuellfokus (MF)
Micro-HDMI-Kabel 280
Mikrofon 16
   Anschluss für externes 19
Mindestverschlusszeit 50
Miniatur (Bildeffekt) 133
Mischlicht 123
Mitte (Fokusfeld) 73, 78
Mittel-AF-Verriegel. 90, 299
   beim Filmen 273
Mitteltaste 19

Mitte (mittenbetonte
   Messung) 55, 59, 321
Mitziehen 244
Modusregler-Hilfe 101, 311
Moduswahlrad 17, 20
Mondfotografie 218
Monitor 18, 24, 303
   benutzerdefinierte
     Anzeige 22, 23
   Helligkeit 310
Monochrom (Bildeffekt) ... 132, 133
Motivverfolgung 87
Mount-Adapter → Adapter
MOVIE-Taste 19, 266, 307
MP4-Format 295
Multi (Mehrfeldmessung) 55
Multiframe-RM 53, 54
   ISO-Automatik 54
Multi-Interface-Schuh 17, 138
   Adapter 155, 160
Multi (Mehrfeldmessung) 321
Multi/Micro-USB-Buchse 19

N

Nachführ-AF (AF-C) 35, 72,
                                      86, 296
   AF-Verriegelung 87
   Filmen 272
   mit Adapter 176
   PriorEinstlg bei AF-C 243
   Strombedarf 86
Nachführ-AF-B. anz. 302
Nachtaufnahme
   (Kreativmodus) 104
Nachtszene
   (Kreativmodus) 104, 130
Naheinstellgrenze 220
Nahlinse 173
Neigung 23
Netzw.einst. zurücks. 308
Neutraldichtefilter 185, 186
   RAW 187

Stichwortverzeichnis

Neutralgrau 65
Neutral (Kreativmodus) 129
NFC 19, 190, 307
   Bilder auf Smartphone
      übertragen 190
   Fernbedienung
      per Smartphone 190
NTSC (Videosystem) 282, 322
N-Zeichen → NFC

O

Objektiv
   Abkürzungscode 166
   Achromat 173
   Adapter 175, 178
   AF Mikroeinst. 177, 305
   A-Objektiv 168
   Auflösung 164
   Auslösen ohne 173, 179, 303
   Auswahltipps 164
   Bokeh 171
   chromatische Aberration 165
   E-Bajonett 167, 168
   Fehlerkorrektur 166
   Firmware-Update 201
   Fokushaltetaste 35
   Fokusmodus-Schalter 92
   Fokussierring 92
   Fokus testen 177
   Fremdobjektive
      anschließen 175, 176, 178
   für Porträt 207
   Lichtstärke 166
   Makroobjektiv 171
   Naheinstellgrenze 220
   Nahlinse 173
   Objektiventriegelungsknopf ... 17
   Objektivkomp. 166, 305
   Objektivkontakte 16
   Powerzoom-Hebel 267
   reinigen 196

Verzeichnung 165
Vignettierung 165
Vorsatzlinse 173
Zoomring-Drehricht. 306
Zwischenring 173
Offenblende 48, 321
One-Touch(NFC) 190, 307
Ordner
   Name 315
   neuer Ordner 314
   System 41

P

PAL (Videosystem) 282, 322
Panorama 235
   Ausrichtung 236, 295
   Belichtung 238
   Größe 236, 295
   manuell 239
   Schwenk-Panorama 235
Perspektive, stürzende Linien   213
Pfeiltaste 18
Phasenerkennungs-AF 96
PlayMemories
   Camera Apps 193, 308
   App erneut laden 195
   App installieren 194
PlayMemories Home 41, 192,
                      250, 253, 280
   Filme übertragen 280
   Import 251
   Update 201
PlayMemories
   Mobile (App) 187, 194
   An Smartph. send. 190
   Bilder übertragen 187
   Kamera per Smartphone
      bedienen 187
   NFC 190
Polfilter 185
Pop-Farbe (Bildeffekt) 132

Porträt 207
   Augen-AF 83
   Bildaufbau 209
   Gesichtserkennung 210
   Haut weichzeichnen 212
   Kreativmodus 130
   Lächelerkennung 85
   Modus 102
   Objektiv 207
   Selbstauslöser 83
   Soft Skin-Effekt 212
Powerzoom (PZ) 17
   Schalter 267
PriorEinstlg bei AF-C 243, 304
PriorEinstlg bei AF-S 76, 304
Programmautomatik (P) 106
Programmverschiebung 107
Pufferspeicher 244
Pull-Focus-Effekt 274

Q

QR-Code 188
Qualität 37, 294
   Extrafein 37
   Fein 37
   JPEG 294
   RAW 37, 294
   RAW & JPEG 37
   Standard 37
   und Bildgröße 39
Quick-Navi-Menü 31
   anpassen 35, 306
   Ansichtsoption 35
   aufrufen 32

R

Raster einblenden 239
Rauschen → Bildrauschen
Rauschminderung (RM) 51
   Hohe ISO-RM 51

Langzeit-RM 55
Multiframe-RM 53, 54
RAW 37, 294
   16:9-Seitenverhältnis 40
   Belichtung 61
   Bildgröße 38
   Dynamikbereich-
      optimierung (DRO) 229
   Entwicklung 253
   Histogramm 60
   Imaging Edge Edit 253
   Konverter 37, 262
   Kreativmodus 131
   nachschärfen 258
   Neutraldichtefilter 187
   Soft Skin-Effekt 212
   Weißabgleich 124, 128
RAW-Format 321
REC-Ordner wählen 314
REC-Steuerung 313
Reflektor 211
Reflexschirm 157
Regler/Rad
   EV-Korr. 306
   Konfiguration 306
   Sperre 307
Reichweite (Blitz) 138
Reihenfolge Belichtungsreihe ... 296
Reinigung 195
   Feucht- 197
   Garantieverlust 198
   Reinigungsmodus 196, 312
   Sensor 196
Reiter 33
Remote-Blitz 153
Restladungsanzeige 21
Retro-Foto (Bildeffekt) 132
Rote-Augen-Reduzierung
   Blitz 146
   Rot-Augen-Reduz 296

S

Schärfe
   selektive 108
   speichern 78
Schärfeebene 70
Schärfentiefe 47, 70, 108, 322
   Blendenvorschau 47, 208
   blitzen 143
Schärfepriorität bei
   Einzelbild-AF (AF-S) 76
Schärfespeicherung 209
Scharfstellen 71, 304
   4D FOCUS 26, 71
   Adapter 176
   AF bei Fokusvergr 77
   AF-Hilfslicht 79
   AF/MF-Strg. wechs. 93, 273
   AF-Verriegelung 87, 240
   Auslösepriorit 76
   Fast-Hybrid-AF 96
   Fokusfeld 72
   Fokusfeld verschieben 74
   Fokusmodus 72, 74
   Fokusprobleme 71, 91
   Fokusvergrößerung 77
   Gesichtserkennung 80, 299
   Gesichtsregistrierung 81
   Kantenanhebung 94
   kontrollieren 77
   Lächel-/Ges.-Erk. 80
   manuell 91
   Messzone 71
   Objektiv testen 177
   PriorEinstlg bei AF-C 243
   PriorEinstlg bei AF-S 76
   Schärfepriorität 76
   SCN-Modus 105
   Vor-AF 79
Schützen 117, 309
Schwarz/Weiß
   (Kreativmodus) 130
Schwenk-Panorama 235

SCN-Modus 101
   Anti-Beweg.-Unsch. 104
   Fokusfeld 105
   Grenzen 105
   Handgeh. bei Dämm. 103
   ISO-Wert 105
   Landschaft 102
   Makro 105
   Nachtaufnahme 104
   Nachtszene 104
   Porträt 102
   scharfstellen 105
   Sonnenuntergang 103
   Sportaktion 102
Seitenverhältnis 39, 294
   RAW 40
Selbstauslöser 83, 184, 295
   Licht 16
   Selbstaus(Serie) 84
   Selbst. whrd. Reihe 234, 296
Selbstauslöser bei
   Belichtungsreihe 296
Selektive Schärfe 108
Sensor 16, 27, 322
   Cropfaktor 318
   Flecken 198
   Garantieverlust 198
   Reinigung 196, 197
   Reinigungsmodus 312
   Sensorebene 17, 168
Sensorebene 220
Sepia (Kreativmodus) 130
Serienaufnahme 31, 102, 242
   AEL mit Auslöser 243
   Belichtung fixieren 243
   Hi 295
   Hi+ 295
   Lo 295
   Mid 295
   Soft Skin-Effekt 212
Serienbild 27
Serienreihe 232, 234, 296

Stichwortverzeichnis

Service-Verfügbarkeit 308
Servo-Blitz 153
Sightseeingfotografie 213
Signaltöne 71, 311
    Lautstärkeeinst. 311
Smartphone
    Bilder per NFC übertragen ... 190
    Bilder per WLAN
        übertragen 187
Smart-Zoom 246
Softbox 155, 157
Soft High-Key (Bildeffekt) 132
Soft Skin-Effekt 81, 212, 299
    RAW 212
    Serienaufnahme 212
Software
    Datenrettung 314
    Imaging Edge Edit 250, 253
    Imaging Edge Remote 250
    Imaging Edge Viewer 250
    PlayMemories Home ... 250, 251,
        253, 280
    Videosoftware 280
Sonnenuntergang
    (Kreativmodus) 103, 130
Speicher 115, 301
    Abruf 115, 300
Speicherkarte 20, 180
    Auslösen ohne Karte 303
    Bilder löschen 309
    formatieren ... 41, 181, 283, 314
    Ordnersystem 41
    Steckplatz 20
    Zugriffslampe 20, 244
Spielzeugkamera (Bildeffekt) . 131
Spitzlichter 211
Sportaktion-Modus 102
Spotmessung 55, 57, 322
Sprache 313
sRGB 134
SSID/PW zurücks. 308
Standard (Kreativmodus) 129

Stativ 181
    Einbeinstativ 245
    Klemmstativ 183
    Schnellkupplungssystem 183
    Stativkopf 183
    Videoneiger 274
SteadyShot 44, 245, 266,
    300, 322
    ein- und ausschalten 46
    Gyrosensoren 45
STRG FÜR HDMI 313
Stromsparmodus 107
Stürzende Linien 213
    Software 215
Sucher 303
    Anzeige 22
    benutzerdefinierte Anzeige 23
    Bildfrequenz 243, 303
    elektronischer 18, 21, 27
    Farbtemperatur 310
    Fokusindikator 21
    Helligkeit 310
Sucheranzeige 21
Sync 2. Vorh. 142, 145
Synchronisationszeit 142, 322
Systemblitzgerät 158
    Blitzkopf 151
    Lichtformer 157
    Schuhadapter 155, 160
S → Zeitpriorität (S)
Szenenprogramme 101
Szenenwahl 299

T

Tastenbelegung
    anpassen 34, 306
    Regler-/Radsperre 307
TC Ausgabe 313
TC/UB-Einstlg. 312
Teilfarbe (Bildeffekt) 132
Tethered-Shooting 303

Tiefen
    Definition 322
    Imaging Edge Edit 255
Tief (Kreativmodus) 130
Timecode 312
Tonaufnahmepegel 300
Tonpegelanzeige 302
Tontrennung (Bildeffekt) 132

U

Üb. Auto. Bildextrah. 305
Überbelichtung 61, 63
    Überbelichtungswarnung 66
Überhitzung 282
Überlegene Automatik 101
Übertragen auf Computer 250
Unschärfe
    Beugung 109
    durch Verwacklung 44
    Verwacklungswarnung 111
Unterbelichtung 61, 63
Update der Firmware 199
Urheberrechtsinfos 314
USB
    Kabel 250
    USB-LUN-Einstlg. 313
    Verbindung 192, 251, 313
USB-Stromzufuhr 313
User Bit 312

V

Vergrößern 309
Vergrößerungstaste 18
Verschluss, elektronischer
    erster 176
Verschlusszeit
    Mindestverschlusszeit 50
Version 199, 315
Verwacklungsunschärfe 44
Verwacklungswarnung 111

Verzeichnung 165, 322
Videoaufnahmen → Filmen
Videoformat 275
   MP4 1080/50p 28M 277
   XAVC S 4K 25p 60M 277
   XAVC S 4K 25p 100M 277
   XAVC S HD 50p 50M 277
   XAVC S HD 100p 60M 277
   XAVC S HD 100p 100M 277
Videoneiger 274
Videosoftware 280
Videosystem 282, 322
   NTSC/PAL-Auswahl 312
Vignettierung 165, 323
   Imaging Edge Edit 259
Vor-AF 79, 303
Vorsatzlinse 173

W

Wartung 195
Wasserfarbe (Bildeffekt) 133
Wasserwaage 22, 23, 205
   aktivieren 23
Weichzeichnung (Bildeffekt) ... 132
Weißabgleich 19, 31, 37,
                          120, 298, 323
   AWB 62, 121
   benutzerdefiniert 126
   Farbstich 121
   Farbstich vermeiden 62
   Filmen 274
   Graukarte 128
   Imaging Edge Edit 256
   Kelvin-Wert 120, 124
   Leuchtst./warmweiß 62
   manuell 126
   manuell im Modus Film 127
   Mischlicht 123
   RAW 124, 128

Schatten 103
Vorgaben 123
Vorwahl 122
Weißabgleichanpassung 125
Weißabgleichreihe 125, 296
Wiedergabe 116
   Ansichtsmodus 309
   Anzeige-Drehung 309
   Aufnahmeinformationen
     einblenden 24
   benutzerdefinierte Bedien-
     elemente 34
   Bildindex 116, 309
   Diaschau 309
   Drehen 309
   Histogrammanzeige 24
   Menü 33, 309
   Taste 19
   Vergrößern 309
   Zoom 116
Wi-Fi
   An Smartph. send. 307
   Auf TV wiedergeben 307
   MAC-Adresse anz. 308
   Netzw.einst. zurücks. 308
   One-Touch(NFC) 307
   SSID/PW zurücks. 308
   WPS-Tastendruck 307
   Zugriffspkt.-Einstlg. 308
Wi-Fi-Antenne 17
Windgeräuschreduz. 300
Wischeffekt 244
WLAN 187, 307
   An Comp. senden 193, 307
   Bilder auf Smartphone
     übertragen 187
   Fernbedienung
     per Smartphone 188, 194
   Flugzeug-Modus 307

Kamera verbinden 191
One-Touch(NFC) 190
QR-Code 188
Stromverbrauch 189
Zugriffspunkt-
   Einstellungen 191
WPS-Tastendruck 307

X

XAVC S 4K 295
XAVC S HD 295
XAVC S HD-/-4K-Format 279
XLA-Adapter 288

Z

Zebra 66, 230, 301, 323
   Belichtungswarnung 66
   benutzerdefinierte
     Einstellung 67
Zeichnung 323
Zeilensprungverfahren 281
Zeitlupenvideo
   (HFR) 271, 283, 295
Zeitpriorität (S) 110, 240, 323
   blitzen 144
Zoom 247, 299
   Digitalzoom 246, 247
   Einstellung 246, 303
   Hebel 17
   Klarbild-Zoom 247
   Nur optischer Zoom 246
   Smart-Zoom 246
Zoomring 17
   Drehrichtung anpassen 306
Zugriffslampe 244
Zugriffspkt.-Einstlg. 308
Zwischenring 173

Bastian Werner

Fotografieren mit Wind und Wetter
Wetter verstehen und spektakulär fotografieren!

Wetter gibt es immer. Wie wäre es, wenn Sie es gezielt für die eigene Fotografie nutzen würden, anstatt sich nur auf den Zufall zu verlassen? Bastian Werner zeigt Ihnen, wie Sie allgemein zugängliche Wetterdaten lesen und interpretieren. Ob Regen, Nebel, Schnee, Raureif, Polarlichter, Sonnenauf- und Sonnenuntergang oder Gewitter: Sagen Sie gezielt für Ihre Wunschgegend verschiedene Wetter- und Lichtverhältnisse vorher. Fotografieren Sie, wenn das Wetter zu Ihrem Motiv passt, und fotografieren Sie spektakuläre Wetterphänomene!

356 Seiten, gebunden, 39,90 Euro, ISBN 978-3-8362-4222-6
www.rheinwerk-verlag.de/4176

Markus Botzek, Frank Brehe
Abenteuer Naturfotografie
Auf Fotopirsch mit Botzek und Brehe

Nebeldampfende Seen im Morgengrauen, goldenes Abendlicht über schroffen Felsen, ein Fuchs, der durch den nächtlichen Wald schnürt … All das ist unsere wilde Heimat Deutschland. Zwei gestandene Naturfotografen nehmen Sie mit auf ihre Touren – Erlebnis garantiert und fotografisches Know-how inklusive.

397 Seiten, gebunden, 39,90 Euro
ISBN 978-3-8362-4592-0
www.rheinwerk-verlag.de/4403

Eib Eibelshäuser

Licht
Die große Fotoschule

Licht ist der zentrale »Werkstoff« der Fotografie, unabhängig von Ihren bevorzugten Motiven und der verwendeten Kameratechnik. Eib Eibelshäuser konzentriert sich auf die ästhetischen und gestalterischen Aspekte des Lichts und zeigt Ihnen, wie Sie mit ihrer Hilfe zu individuellen Fotos gelangen, die aus der Masse herausstechen.

438 Seiten, gebunden, 44,90 Euro, ISBN 978-3-8362-6418-1
www.rheinwerk-verlag.de/4687

Hans-Peter Schaub
Naturfotografie
Die große Fotoschule

In diesem Buch erfahren Sie alles, was Sie über die Naturfotografie wissen möchten! Der erfahrene Naturfotograf Hans-Peter Schaub führt Sie in die heimischen Landstriche und zeigt Ihnen, dass überall um Sie herum Naturmotive zu finden sind – egal, ob Sie bevorzugt Landschaften, Tiere oder Pflanzenmakros fotografieren. Dieses Buch inspiriert Sie mit wunderschönen Bildern zu Ihren eigenen Fotografien und liefert Ihnen wichtige Praxistipps, damit Sie im richtigen Moment bei bestem Licht auslösen können!

415 Seiten, gebunden, 3. Auflage, 39,90, Euro, ISBN 978-3-8362-5910-1
www.rheinwerk-verlag.de/4492

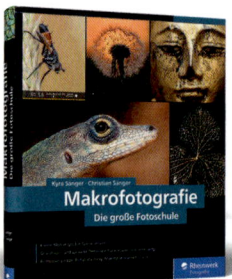

Kyra Sänger, Christian Sänger
Makrofotografie
Die große Fotoschule

Ob im Garten, im Zoo oder im Heimstudio – Kyra und Christian Sänger zeigen Ihnen, wi faszinierende Makroaufnahmen gelingen. Sie geben Ihnen zahlreiche Tipps rund um Ausrüstung, Fototechnik und Bildbearbeitung. Lassen Sie sich auch von den vielen k ativen Ideen und Bildbeispielen inspirieren.

348 Seiten, gebunden, 39,90 Euro
ISBN 978-3-8362-4542-5

www.rheinwerk-verlag.de/4380

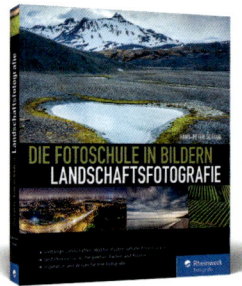

Harald Franzen
Bildgestaltung
Die Fotoschule in Bildern

Der Fotojournalist Harald Franzen zeigt Ihnen, wie Sie Motive bewusst sehen und mithilfe von Linien, Formen, Licht, Farbe, Zeit u. v. m. inszenieren. Viele inspirierende Fotos, Entstehungsgeschichten und Aufnahmedaten veranschaulichen Ihnen alle Aspekte der Bildgestaltung – Bild für Bild!

315 Seiten, Klappbroschur, 34,90 Euro
ISBN 978-3-8362-4463-3

www.rheinwerk-verlag.de/4308

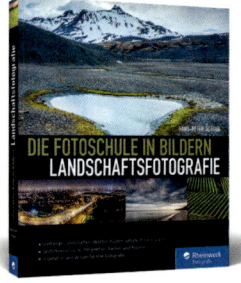

Hans-Peter Schaub
Landschaftsfotografie
Die Fotoschule in Bildern

Von den Bergen über das kultivierte Land bis zum Meer: Hans-Peter Schaub präsentiert Ihnen zahlreiche inspirierende Landschaftsbilder inklusive deren Entstehungsgeschichte – mit allen Aufnahmedaten, der Lichtsituation oder besonderen Gestaltungsidee bzw. Skizzen und Vergleichsbildern. Der ideale Einstieg ins Genre!

311 Seiten, Klappbroschur, 29,90 Euro
ISBN 978-3-8362-3673-7

www.rheinwerk-verlag.de/3803

Lambert Heil, Julia Poker, Joachim Wimmer
Tierfotografie
Die Fotoschule in Bildern

Die Tierwelt bietet Ihnen unzählige Motive für Ihre Fotografie – vom Stubentiger im eigenen Garten über Eisbär, Luchs & Co. in Zoo und Wildpark bis hin zu wilden Tieren in Europa und in Afrika. Infos zur Bildidee und Tipps zur Tierbeobachtung, Motivsuche und Bildgestaltung helfen Ihnen dabei, »Ihre« Tiere im besten Licht zu zeigen.

318 Seiten, Klappbroschur, 34,90 Euro
ISBN 978-3-8362-4250-9

www.rheinwerk-verlag.de/4193